全国高等院校精品规划教材
宁夏大学新华学院电子信息工程产教融合示范专业

应用型
计算机技术

主　编／曾建成
副主编／郭爱坤　邵　璐　王　荣　马　亮　马耀军

北京希望电子出版社
Beijing Hope Electronic Press
www.bhp.com.cn

内 容 简 介

在本书的编写过程中，强调实践性和实用性。本书主要介绍了计算机科学与技术的基本概念和原理，使学生能较全面、系统地掌握计算机软、硬件技术与网络技术的基本概念，了解信息处理与信息安全的基本知识，掌握典型计算机系统的基本构成，具备安装、设置与使用计算机硬件和常用软件的能力，具有较强的办公自动化能力。全书共分为 8 章，从计算机系统概述到 Windows 操作系统；从 Office 2010 到计算机网络与信息安全以及常用工具软件等方面，全面系统地讲解了应用型计算机技术，旨在加强对学生实践能力的培养和训练。

本书可作为高等院校非计算机专业计算机基础课程教材，也可作为计算机爱好者的自学用书。

图书在版编目（CIP）数据

应用型计算机技术 / 曾建成主编. -- 北京 ： 北京希望电子出版社，2020.10（2023.8 重印）

ISBN 978-7-83002-808-4

I. ①应... II. ①曾... III. ①计算机技术 IV.
①TP3

中国版本图书馆 CIP 数据核字（2020）第 194612 号

出版：北京希望电子出版社
地址：北京市海淀区中关村大街 22 号
   中科大厦 A 座 10 层
邮编：100190
网址：www.bhp.com.cn
电话：010-82626270
传真：010-62543892
经销：各地新华书店

封面：赵俊红
编辑：李 萌 李 金
校对：龙景楠
开本：787mm×1092mm 1/16
印张：19.5
字数：499 千字
印刷：唐山唐文印刷有限公司
版次：2023 年 8 月 1 版 2 次印刷

定价：48.00 元

前　言

随着科学技术的迅猛发展，以计算机技术为代表的信息产业的崛起为世人瞩目。以计算机技术为基础的高新技术的广泛应用，改变着人们的生产方式、工作方式以及学习方式。计算机作为一种广泛应用的工具，对社会的发展产生了巨大的影响，计算机基础知识已经成为现代公民文化素质中不可缺少的重要组成部分。目前，绝大多数高校都把大学计算机基础课程作为重点课程（精品课程）进行建设和管理。其目的就是要让学生掌握有关计算机硬件、软件、网络、多媒体和信息系统中的最基础概念和知识，了解计算机基本应用，为后续课程中利用计算机解决本专业和相关领域中的问题打下良好的基础。

本书针对非计算机专业的计算机基础教育，是专门为在校大学生及那些希望通过自学掌握计算机实用操作技能的计算机爱好者编写的教材。内容安排上参照了非计算机专业计算机基础课程教学指导分委会提出的"关于进一步加强高等学校计算机基础教学的意见"中大学计算机基础的课程大纲。

全书共分为 8 章，主要包括计算机基础知识、Windows 7 操作系统、文字处理 Word 2010、电子表格 Excel 2010、演示文稿 PowerPoint 2010、计算机网络与信息安全、多媒体技术基础和计算机维护与常用工具软件。

本书由宁夏大学的曾建成教授主编，由宁夏大学郭爱坤，宁夏大学新华学院邵璐、王荣、马亮和马耀军任副主编。在编写过程中，参考了国内外许多高校正式出版的教材和网络资源，但限于篇幅，未能一一列出，在此特别向本书中引用的所有资料的原作者表示崇高的敬意和衷心的感谢。

本书在编写过程中，得到了宁夏大学新华学院和北京希望电子出版社的大力支持与帮助，在此表示诚挚的感谢。本书的相关资料和售后服务可扫封底二维码或登录 www.bjzzwh.com 下载联系获得。

由于编者水平有限，书中难免有疏漏或不妥之处，恳请广大师生和读者批评指正。

编　者

目 录

第1章 计算机基础知识

【本章概览】

21世纪是信息化的时代，计算机在科研、教育、生产等领域得到广泛的应用，成为日常学习、生活中不可或缺的工具。

了解计算机的基本知识，掌握计算机的日常使用与维护，不仅仅是专业技术人员必备的技能，同时也是现代职场对每一位计算机应用者提出的基本要求。

【知识要点】

➢ 计算机基本知识
➢ 计算机硬件系统
➢ 计算机软件系统

1.1 计算机基本知识

1.1.1 计算机的发展简史

计算机逻辑的奠基人，英国科学家阿兰·麦席森·图灵（Alan Mathison Turing，1912—1954，见图1-1）提出了图灵机的概念和用"图灵测试"作为衡量人工智能的标准，他对计算机的发展提出了许多预见性的观点。这些观点在后人的研究工作中不断得到证实，由于他杰出的贡献被人们推崇为人工智能之父。后来为了纪念这位伟大的科学家，美国计算机协会在1966年设立了图灵奖。图灵奖主要授予每年在计算机技术领域做出突出贡献的个人。

1945年6月，美国科学家冯·诺依曼（John Von Neumann，1903—1957，见图1-2）与他的同事联名发表了一篇长达101页纸的报告。在这份报告中提出了"存储程序"的概念，规定了计算机硬件的基本体系结构和计算机的工作原理，在冯·诺依曼与同事研制的电子计算机EDVAC中采用了"存储程序"的概念。此后，以"存储程序"概念设计的计算机被称为"冯·诺依曼机"，冯·诺依曼的计算机设计思想奠定了现代计算机体系结构的基础。

1946年，美国宾夕法尼亚大学的莫克利（John W. Mauchly）和埃克特（J. Presper Eckert）研制成功了公认的第一台计算机，它的名称叫ENIAC（埃尼阿克），即电子数字积分计算机（The Electronic Numerical Integrator and Computer），如图1-3所示。它使用了17 468个真空电子管，占地170 m²，重达30 t，每秒钟可进行5 000次加法运算。ENIAC的最大缺点是程序与计算两分离。程序指令被存放在机器的外部电路里，在计算某个题目前，必须有人像电话接线员那样把数百条线路用手接通，才能进行几分钟运算。虽然 ENIAC 的发明存在很多不足，但是它的问世表明了电子计算机时代的到来，奠定了电子计算机的发展基础，在计算机发展史上具有划时代的意义。

图 1-1　阿兰·麦席森·图灵　　　　　图 1-2　冯·诺依曼

1948 年，莫克利和埃克特创办了世界上第一家商业电脑公司，使得计算机第一次作为商品被出售，也标志着计算机开始为大众事业服务。

图 1-3　ENIAC

从第一台电子计算机问世至今，计算机得到了飞速的发展，经历了几次更新换代。每一次更新换代都使计算机的体积和耗电量大大减小，功能大大增强，应用领域进一步拓宽。特别是体积小、价格低、功能强的微型计算机的出现，使得计算机迅速普及，进入了办公室和家庭，在办公自动化和多媒体应用方面发挥了很大的作用。计算机在推动社会的发展与进步的同时，也改变了人们的工作和生活方式。目前，计算机的应用已经渗透到了社会的各个领域中。计算机采用的基本元器件经历了电子管、晶体管、中小规模集成电路、大规模和超大规模集成电路四个发展阶段。

1. 第一代电子计算机（1946 年—1957 年）

第一代电子计算机是以电子管为逻辑开关元件的计算机。这一代电子计算机体积大、耗电多、存储容量小、运算速度低，运算速度仅为每秒几千次至几万次，外存使用纸带、卡片等，数据和指令必须通过穿孔卡片输入，使用机器语言或汇编语言。主要用于军事目的和科学研究，具有代表性的机型有电子数值积分计算机 ENIAC、电子离散变量计算机 EDVAC、电子延迟存储自动计算器 EDSAC 和通用自动计算机 UNIVAC-I 型。

2. 第二代电子计算机（1958 年—1963 年）

第二代电子计算机是以晶体管作为逻辑开关元件的计算机。这一代电子计算机具有体积小、重量轻、省电、寿命长、速度快等特点，将磁芯作为内存储器，磁盘、磁带作为外存储器，使用接近人类语言的高级程序设计语言，如 FORTRAN、COBOL、ALGOL 等高级语言。应用领域从科学研究扩展到数据处理和事物处理等，具有代表性的机型有从 1958 年起 IBM 陆续开发的 7090、7094 等大型科学计算机和 7040、7044 等大型数据处理机。

3. 第三代电子计算机（1964 年—1970 年）

第三代电子计算机是以中小规模集成电路作为逻辑元件的计算机。与第二代电子计算机相比，体积更小、更省电、寿命更长、可靠性更高、运算速度更快，运算速度每秒几百万次至几千万次，存储器体积越来越小，开始采用虚拟存储技术，计算机软件技术有了较大发展，出现了操作系统和会话式语言。计算机开始应用于文字处理、图形处理等领域，代表机型有 IBM 公司在 1964 年推出的 IBM 360 计算机。

4. 第四代电子计算机（1971 年至今）

第四代电子计算机是以大规模和超大规模集成电路作为逻辑器件的计算机。电子计算机体积不断减小，价格越来越低，运算速度达到每秒数百万亿次，主存储器采用了集成度更高的半导体存储器，在硅半导体上集成大量的电子元器件，操作系统不断完善，出现了网络操作系统和分布式操作系统。计算机开始广泛应用于社会各领域。

1.1.2　计算机的特点

计算机开始主要用于数值计算，但随着计算机技术的迅猛发展，其应用范围不断扩大，随后便广泛地应用于自动控制、信息处理、智能模拟等各个领域。计算机能处理包括数字、文字、表格、图形、图像等信息。计算机之所以具有如此强大的功能，主要是因为它有以下几方面的特点：

1. 运算速度快

运算速度是标志计算机性能的重要指标之一，衡量计算机处理速度的尺度一般是用计算机一秒钟时间内所能执行加法运算的次数。计算机的运算部件采用的是电子器件，其运算速度远非其他计算工具所能比拟，其高速运算能力可以应用在天气预报和地质勘探等需要进行大量运算的科技中。

2．存储容量大

计算机的存储器可以把原始数据、中间结果、运算指令等存储起来，以备随时调用。存储器不但能够存储大量的信息，而且能够快速准确地存入或取出这些信息。由于计算机的广泛应用，使得从浩如烟海的文献、资料、数据中查找信息并且处理这些信息成为十分容易的事情。

3．工作自动化

计算机内部的操作运算是根据人们预先编制的程序自动控制执行的。只要把包含一连串指令的处理程序输入计算机，计算机便会依次取出指令，逐条执行，完成各种规定的操作，直到得出结果为止。

4．运算精度高

由于计算机内部采用二进制数进行运算，使数值计算非常精确。一般计算机可以有十几位以上的有效数字，如利用计算机可以计算出精确到小数点后 200 万位的 π 值。计算机的高精度性使它运用于航空航天、核物理等方面的数值计算中，而且从机器和算法的设计，在理论上可以保证达到所要求的计算精确度。

5．可靠性高、通用性强

由于采用了大规模和超大规模集成电路，现在的计算机具有非常高的可靠性。现代计算机不仅可以用于数值计算，还可以用于数据处理、工业控制、辅助设计、辅助制造和办公自动化等领域，具有很强的通用性。

6．具有逻辑判断能力

逻辑运算与逻辑判断是计算机基本的也是重要的功能。计算机的逻辑判断能力，能实现计算机工作的自动化，并赋予计算机某些智能处理能力，从而奠定了计算机作为一种智能工具的基础。

1.2　计算机常用计数制及相互转换

在计算机中，信息是以数据的形式表示和使用的，计算机能表示和处理的数据包括数值、文字、语音、图形、图像等，而这些数据在计算机内部都是以二进制的形式表现的。因为计算机中的基本逻辑元件有两个可控制且能相互转换的稳定状态，即可用来表示一位二进制数。也就是说，二进制是计算机内部存储、处理数据的基本形式。但由于二进制在书写和记忆上不方便，所以往往还采用人们习惯上常用的十进制形式以及八进制、十六进制等。而对于非数值型数据，可通过编码的形式变换成计算机能接受的二进制数。

1.2.1　数制

数制是按一定进位规则进行计数的方法，它根据表示数值所用的数字符号的个数来命名。其中数制中所用的数字符号的个数称为数制的基，数值中每一位置都对应特定的值，称为位权。对于 R 进制数，有数字符号 0，1，2，…，R-1，共 R 个数码，基数是 R，位权 R^k（k 是指该数值中数字符号的顺序号，从高位到低位依次为 n，n-1，n-2，…，2，1，0，-1，-2，…，-m），进（借）位规则是逢 R 进一。在 R 进制计数中，任意一个数值均可以表示为如下形式：

$$a_n a_{n-1} a_{n-2}\ldots a_2 a_1 a_0.a_{-1} a_{-2}\ldots a_{-m}$$

其值为：

$$S=a_n R^n+a_{n-1}R^{n-1}+a_{n-2}R^{n-2}+\ldots+a_2 R^2+a_1 R^1+a_0+a_{-1}R^{-1}+a_{-2}R^{-2}+\ldots+a_{-m}R^{-m}=\sum_{k=-m}^{n}a_k R^k$$

1.2.2　常用数制

1. 十进制

十进制的基数为 10，有十个数字号：0，1，2，3，4，5，6，7，8，9，各位权是以 10 为底的幂，进（借）位规则为：逢十进一，借一当十。如：

十进制：3　1　5　.　7　6

各位权：10^2　10^1　10^0　10^{-1}　10^{-2}

数值为：$(315.76)_{10}=3\times10^2+1\times10^1+5\times10^0+7\times10^{-1}+6\times10^{-2}$

2. 二进制

二进制的基数为 2，有两个数字符号：0，1，各位权是以 2 为底的幂，进（借）位规则为：逢二进一，借一当二。如：

二进制：1　0　1　1　.　0　1

各位权：2^3　2^2　2^1　2^0　2^{-1}　2^{-2}

数值为：$(1011.01)_2=1\times2^3+0\times2^2+1\times2^1+1\times2^0+0\times2^{-1}+1\times2^{-2}$

$$=8+0+2+1+0+0.25$$

$$=(11.25)_{10}$$

3. 八进制

八进制的基数为 8，有十个数字号：0，1，2，3，4，5，6，7，各位权是以 8 为底的幂，进（借）位规则为：逢八进一，借一当八。如：

八进制：3　　1　　5　　.　　7　　6

$\downarrow$　$\downarrow$　$\downarrow$　　$\downarrow$　$\downarrow$

各位权：8^2　8^1　8^0　　8^{-1}　8^{-2}

数值为：$(315.76)_8 = 3 \times 8^2 + 1 \times 8^1 + 5 \times 8^0 + 7 \times 8^{-1} + 6 \times 8^{-2}$

$$= 3 \times 64 + 1 \times 8 + 5 \times 1 + 7 \times 0.125 + 6 \times 0.015625$$

$$= (206.8125)_{10}$$

4. 十六进制

十六进制的基数为 16，有十六个数字号：0，1，2，3，4，5，6，7，8，9，A，B，C，D，E，F，各位权是以 16 为底的幂，进（借）位规则为：逢十六进一，借一当十六。如：

十六进制：3　　B　　E　　.　　A　　6

$\downarrow$　$\downarrow$　$\downarrow$　　$\downarrow$　$\downarrow$

各位权：　16^2　16^1　16^0　　16^{-1}　16^{-2}

数值为：$(3BE.A6)_8 = 3 \times 16^2 + B \times 16^1 + E \times 16^0 + A \times 16^{-1} + 6 \times 16^{-2}$

$$= 3 \times 256 + 11 \times 16 + 14 \times 1 + 10 \times 0.0625 + 6 \times 0.00390625$$

$$= (958.6484375)_{10}$$

1.2.3　常用数制之间的转换

数制间的转换如表 1-1 所示。

表 1-1　各数制之间的对应关系

十进制	二进制	八进制	十六进制
0	0	0	0
1	1	1	1
2	10	2	2
3	11	3	3
4	100	4	4
5	101	5	5
6	110	6	6
7	111	7	7
8	1000	10	8
9	1001	11	9
10	1010	12	A

（续表）

11	1011	13	B
12	1100	14	C
13	1101	15	D
14	1110	16	E
15	1111	17	F
16	10000	20	10
17	10001	21	11
:	:	:	:

1. R 进制转换成十进制

在 R 进制计数中，任意一个数值：$a_n a_{n-1} a_{n-2}\ldots a_2 a_1 a_0.a_{-1} a_{-2}\ldots a_{-m}$，其对应的十进制数值为：

$$S=a_n R^n + a_{n-1} R^{n-1} + a_{n-2} R^{n-2} + \ldots + a_2 R^2 + a_1 R^1 + a_0 + a_{-1} R^{-1} + a_{-2} R^{-2} + \ldots + a_{-m} R^{-m} = \sum_{k=-m}^{n} a_k R^k$$

2. 十进制转换成二进制

数值由十进制转换成二进制，要将整数部分和小数部分分别进行转换。整数部分采用"除以 2 取余，直到商 0"的方法，所得余数按逆序排列就是对应的二进制整数部分。小数部分采用"乘以 2 取整，达到精度为止"的方法，所得整数按顺序排列就是对应的小数部分。如：把 $(11.25)_{10}$ 转换成二进制数。

                       余数

```
2 | 11          1
  2 | 5         1
    2 | 2       0
      2 | 1     1
        0
```

$0.25 \times 2 = 0.5$；$0.5 \times 2 = 1.0$；所以，$(11.25)_{10} = (1011.01)_2$

3. 十进制转换成八进制

数值由十进制转换成八进制时，要将整数部分和小数部分分别进行转换，然后再组合起来。整数部分采用"除以 8 取余，直到商 0"的方法，所得余数按逆序排列就是对应的八进制整数部分。小数部分采用"乘以 8 取整，达到精度为止"的方法，所得整数按顺序排列就是对应的小数部分。如：把 $(11.25)_{10}$ 转换成八进制数。

<pre>
                                      余数
    8 │11   3
      8 │1   1
          0
</pre>

$0.25 \times 8=2.0$；所以，$(11.25)_{10}=(13.2)_8$

4. 十进制转换成十六进制

数值由十进制转换成十六进制时，要将整数部分和小数部分分别进行转换，然后再组合起来。整数部分采用"除以16取余，直到商0"的方法，所得余数按逆序排列就是对应的十六进制整数部分。小数部分采用"乘以16取整，达到精度为止"的方法，所得整数按顺序排列就是对应的小数部分。如：把$(958.6484375)_{10}$转换成十六进制数。

<pre>
                                      余数
    6 │958   E
      16 │59   B
         16 │3   3
             0
</pre>

$0.6484375 \times 16=10.375$；$0.375 \times 16=6.0$，所以，$(958.6484375)_{10}=(3BE.A6)_{16}$

5. 二进制与八进制数之间的转换

（1）二进制数转换成八进制数。从小数点开始分别向左和向右把整数及小数部分每3位分成一组，若整数最高组不足3位，在其左边加0补足3位，小数最低组不足3位，在其最右边加0补足3位，然后用每组二进制数所对应的八进制数取代该组的3位二进制数，即可得该二进制数所对应的八进制数。如：把$(11010.01)_2$转换成八进制数。

<pre>
011   010. 010
 ↓   ↓   ↓
 3   2   2
</pre>

所以，$(11010.01)_2=(32.2)_8$

（2）八进制数转换成二进制数。把八进制数的每一位均用对应的3位二进制数去取代，即得该八进制数对应的二进制数。如：把$(27.5)_8$转换成二进制数。

<pre>
 2   7 . 5
 ↓   ↓   ↓
010   111   101
</pre>

所以，$(27.5)_8=(10111.101)_2$

6. 二进制与十六进制数之间的转换

（1）二进制数转换成十六进制数。从小数点开始分别向左和向右把整数及小数部分均每4位分成一组，若整数最高位不足4位，则在其左边加0补足4位，小数最低位的一组不足4

位，则在其最右边加 0 补足 4 位，然后用与每组二进制数所对应的十六进制数取代每组的 4 位二进制数，即可得该二进制数所对应的十六进制数。如：把（11010.01）$_2$ 转换成十六进制数。

```
0001   1010.   0100
  ↓      ↓       ↓
  1      A       4
```

所以，（11010.01）$_2$=（1A.4）$_{16}$

（2）十六进制数转换成二进制数。把十六进制数的每一位均用对应的 4 位二进制数取代，即可得该十六进制数所对应的二进制数。如：把（2C.F）$_{16}$ 转换成二进制数。

```
  2      C  .  F
  ↓      ↓     ↓
 0010   1100  1111
```

所以，（2C.F）$_{16}$=（101100.1111）$_2$

1.3　计算机中数据的存储

1.3.1　数据存储的基本单位

一个数可以用二进制、八进制、十进制或十六进制数表示，但在计算机中实际上最终只能使用二进制数。在计算机中，数据的表示有三个基本单位：位、字节和字。

1. 机器数

"数"以某种方式存储在计算机中，即称为机器数。机器数一般以二进制的形式存放在计算机中。

2. 位（bit）

位是指二进制数的一位。位是计算机存储数据的最小单位。

3. 字节（byte）

8 位二进制数为一个字节。字节是最基本的数据单位，字节常用大写字母"B"表示。

4. 字（word）

计算机进行数据处理时，一次存取、加工和传送的数据长度称为一个字。一般来说，一个字是由一个字节或多个字节组成的。

5. 字长

计算机一次所能处理的实际二进制的位数称为"字长"。字长已成为计算机性能的一个指标。如：常说的 32 位机（字长为 32，4 个字节），64 位机（字长为 64，8 个字节）。

6. 存储容量的单位和换算公式

存储容量的单位：KB、MB、GB、TB。1 位为 1 个二进制数 0 或 1，1 字节为 8 位二进制数。

1KB＝1 024B、1MB＝1 024KB、1GB＝1 024MB、1TB＝1 024GB。

1.3.2　编码

计算机作为一个信息处理工具，数值运算只占到其工作的一小部分。事实上，在计算机所处理的信息中，很大一部分是字符信息，而计算机只能识别二进制，无法直接接受字符信息。因此，需要对字符进行编码，建立字符与 0 和 1 之间的对应关系，以便计算机能识别、存储和处理字符。

1. 数值型信息的编码

计算机可处理的数值型信息分无符号数和有符号数两种。在计算机中，通常把一个数的最高位作为符号位，该位为 "0" 表示正数，为 "1" 表示负数。为了方便运算，计算机中对有符号数常采用三种表示方法，即原码、补码和反码。以下均以 8 位二进制数码表示。

（1）原码。正数的符号为 0，负数的符号为 1，其他位按一般的方法表示数的绝对值，用这种方法得到的数码就是该数的原码。如：

[+99]$_{原码}$＝（01100011）$_2$　　[-99]$_{原码}$＝（11100011）$_2$

原码简单易懂，但用这种码进行两个异号数相加或两个同号数相减时都不方便。为了将加法运算和减法运算统一为加法运算，以便简化运算逻辑电路，就引入反码和补码。

（2）反码。正数的反码与原码相同，负数的反码为其原码除符号位外的各位按位取反（0 变 1，1 变 0）。如：

[+99]$_{反码}$＝（01100011）$_2$　　　[-99]$_{反码}$＝（10011100）$_2$

（3）补码。正数的补码与其原码相同，负数的补码为其反码在其最低位加 1。如：

[+99]$_{补码}$＝（01100011）$_2$　　　[-99]$_{补码}$＝（10011101）$_2$

综上：

①对于正数，原码＝反码＝补码；

②对于负数，补码＝反码＋1；

③补码运算遵循以下基本规则：［X±Y］＝［X］补±［Y］补。补码的作用在于能把减法运算化成加法运算，现代计算机都是采用补码形式机器数的。

（4）定点数和浮点数。在计算机中，根据机器数中的小数点的位置是否固定，分为定点表示法和浮点表示法两种，它们不但关系到小数点的问题，而且关系到数的表示范围、精度以及电路复杂程度。

①定点数。在机器数中，小数点的位置固定不变，称为定点数，这种表示方法称为定点

表示法。常用的有定点纯整数和定点纯小数。

②浮点数。在机器数中，任意一数均可通过改变指数部分，使小数点位置发生移动，这种表示方法称为浮点表示法，它类似于科学计数法。例如：$352 = 0.352 \times 10^3$。

浮点表示法的一般形式为：N＝±尾数×基数$^{\pm 阶码}$（即 N＝±S×2$^{\pm P}$）。

图解为：

阶符	阶码 P	尾符	尾码 s

例如：＋110.101=2+11×（+0.110101）

阶符	阶码 P	尾符	尾码 s
0	11	0	110101

2. 西文字符的编码

目前国际上普遍使用的是美国标准信息交换码，即 ASCII 码。ASCII 码共有 128 个字符，用 7 位二进制数编码，另外增加一位奇偶校验位，共 8 位。其中包括 32 个通用字符、10 个十进制数码、52 个英文大小写字母和 34 个专用符号。表 1-2 列出了其中 95 个可以显示或打印出来的图形符号，以及第 0 列、第 1 列和第 7 列第 15 行的 DEL 共 33 个字符都不可直接显示或打印的控制字符。

表 1-2 ASCII 码表

ASCII	缩写/字符	ASCII	缩写/字符	ASCII	缩写/字符	ASCII	缩写/字符
0	NUL（null）	32	（space）	64	@	96	`
1	SOH （start of headling）	33	!	65	A	97	a
2	STX （start of text）	34	"	66	B	98	b
3	ETX （end of text）	35	#	67	C	99	c
4	EOT （end of transmission）	36	$	68	D	100	d
5	ENQ （enquiry）	37	%	69	E	101	e
6	ACK （acknowledge）	38	&	70	F	102	f
7	BEL （bell）	39	'	71	G	103	g
8	BS （backspace）	40	(	72	H	104	h
9	HT （horizontal tab）	41	)	73	I	105	i
10	LF （NL line feed， new line）	42	*	74	J	106	j
11	VT （vertical tab）	43	+	75	K	107	k
12	FF （NP form feed， new page）	44	,	76	L	108	l
13	CR （carriage return）	45	-	77	M	109	m
14	SO （shift out）	46	.	78	N	110	n

（续表）

15	SI （shift in）	47	/	79	O	111	o
16	DLE （data link escape）	48	0	80	P	112	p
17	DC1 （device control 1）	49	1	81	Q	113	q
18	DC2 （device control 2）	50	2	82	R	114	r
19	DC3 （device control 3）	51	3	83	S	115	s
20	DC4 （device control 4）	52	4	84	T	116	t
21	NAK （negative acknowledge）	53	5	85	U	117	u
22	SYN （synchronous idle）	54	6	86	V	118	v
23	ETB （end of trans. block）	55	7	87	W	119	w
24	CAN （cancel）	56	8	88	X	120	x
25	EM （end of medium）	57	9	89	Y	121	y
26	SUB （substitute）	58	:	90	Z	122	z
27	ESC （escape）	59	;	91	[	123	{
28	FS （file separator）	60	<	92	\	124		
29	GS （group separator）	61	=	93	]	125	}
30	RS （record separator）	62	>	94	^	126	~
31	US （unit separator）	63	?	95	_	127	DEL （delete）

3. 中文字符的编码

西文字符是拼音文字，基本符号比较少，利用键盘就可以输入有关信息，因此编码比较容易，在计算机系统中，输入、内部处理、存储和输出都可以使用同一代码。汉字种类繁多，编码比拼音文字困难得多，因此在输入、计算机内部处理、输出时要使用不同的编码，各种编码之间要进行转换。

（1）汉字输入码。汉字输入码是一种用计算机标准键盘上的按键的不同组合输入汉字而编制的编码，也是汉字外部码，简称外码。目前按输入法可分为以下四类：

①数字编码是用数字串代表一个汉字，国标区位码是这种类型编码的代表。各用 4 位十进制数表示，例如汉字"中"的区位码为"5448"，汉字"玻"的区位码为"1803"。

②字音编码是以汉语拼音为基础的输入方法。全拼输入法、智能 ABC 输入法、微软拼音输入法等都属于这种类型的编码。

③字型编码是以汉字的形状为基础确定的编码，即按汉字的笔画部件用字母或数字进行编码，如五笔字型属于这种类型的编码。

④音形码，如自然码等。

（2）汉字交换码。汉字相对于西文字符而言，其数量较大，我国在 1980 年颁布了《信息交换使用汉字编码字符集》，简称国标码，代号"GB2312-1980"。国标码规定：一个汉字用两个字节来表示，每个字节只用低 7 位，最高位为 0。但为了与标准的 ASCII 码兼容，避免每个字节的 7 位中的个别编码与计算机的控制符冲突，实际每个字节只使用了 94 种编码。也就是说，将编码分为 94 个区（Section），对应第一字节，每个区 94 个位（Position），对应第二字节。两个字节的值，分别为区号值和位号值各加 32（20H）。

（3）汉字机内码。由于国标码每个字节的最高位都是"0"，与国际通用的标准 ASCII 码无法区分。因此，计算机内部采用机内码来表示，又称汉字内码，是设备和汉字信息处理系统内部存储、处理、传输汉字而使用的编码。机内码就是将国标码的两个字节的最高位设定为"1"。

（4）汉字字形码。表示汉字字形的字模数据，也称输出码，用于显示或打印汉字时产生字形，该编码有两种表示方式：点阵和矢量表示方式。用点阵表示时，字形码指的就是这个汉字字形点阵的代码。根据输出汉字的要求不同，点阵的类型也不同，有 16×16、24×24、32×32、48×48 等点阵类型。例如对于黑点用二进制数"1"表示，白点用"0"表示。这样，一个汉字的"中"字形就可以用一串二进制数表示了，这就是字形码，如图 1-4 所示，显然它是对汉字的点阵信息进行的编码。

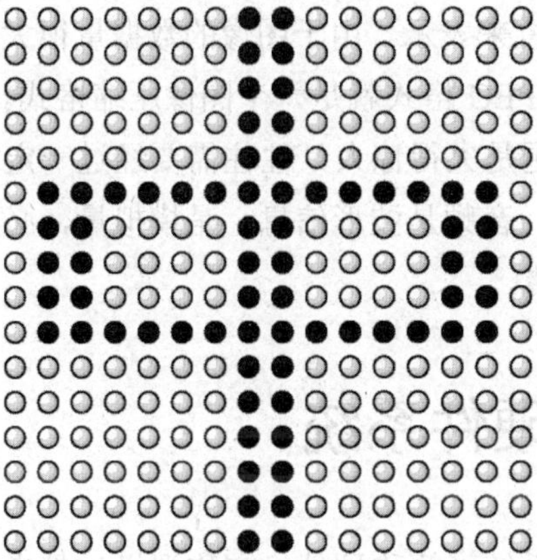

（a）字形点阵　　　　　　　　　　　（b）字形二进制码

图 1-4　汉字字形码

4. Unicode

随着互联网的迅速发展，要求进行数据交换的需求越来越大，于是不同的编码体系越来越成为信息交换的障碍，而且又因为多种语言共存的文档不断增多，单靠 ANSI 的代码也很难解决这些问题，于是 Unicode 应运而生。

Unicode 是一个多种语言的统一编码体系，被称为"万国码"。Unicode 给每个字符提供了一个唯一的编码，而与具体的平台和语言环境无关。Unicode 采用的是 16 位编码体系，因此能够表示 65 536 个字符，这对表示所有字符及世界上使用的象形文字的语言（包括一系列的数学符号和货币的集合）来说是非常充裕的。前 128 个 Unicode 字符是 ASCII，接下来的 128 个是 ASCII 的扩展，其余的字符供不同语言的文字和符号使用。其版本 V3.0 于 2000 年公布，内容包含字母和符号 10 236 个、汉字 27 786 个、韩文拼音 11 172 个、造字区 6 400 个、保留 20 249 个、控制符 65 个。Unicode 一律使用两个字节表示一个字符，对于 ASCII 字符它也使用两字节表示，因此不用通过高字节的取值范围来确定是 ASCII 字符，还是汉字的高字节，简化了汉字的处理过程。

5. 其他信息在计算机中的表示

如今，计算机的应用更多地涉及了图形、图像、音频和视频。这些信息也必须经过数字化，转换成计算机能够接受的形式，也就是 0 和 1 组成的信息，才能被计算机处理、存储和传输。

在计算机中表示图形、图像一般有两种方法：一种是矢量图，另一种是位图。基于矢量技术的图形以图元为单位，用数学方法来描述一幅图，如图中的一个圆可通过圆心的位置、半径来表示。而在位图技术中，一个图像被看成是点阵的集合，每一个点被称作是像素。在黑白图像中，每个像素都用 1 或者 0 来表示黑和白。而灰度图像、彩色图像则比黑白图像更复杂些，每一个像素都是由许多位来表示的。如彩色图像可以各用 1 个字节（8 位）表示颜色中红、绿、蓝的分量，这样，一个像素就要用 24 位来表示。由于图像的数据量很大，一般都要经过压缩后才能进行存储和传输，通常使用的 JPEG 格式就是一个图像压缩格式。

视频可以看作是由多帧图像组成的，其数据量更是大得惊人，往往需要经过一定的视频压缩算法（如 MPEG-4）处理后，才能存储和传输。音频是波形信息，是模拟量，必须经过数模转换，转换成数字信号才能被计算机处理和存储。

1.4 计算机硬件系统

计算机系统由硬件系统和软件系统组成。硬件系统（简称硬件，亦称裸机）是指计算机的物理实体，是可以摸得着的部件的总称，包括由电子、机械和光电元件等组成的各种部件和设备。软件系统（简称软件）是指计算机的逻辑实体，是控制计算机接受输入、产生输出、存储数据和处理数据的各种程序的总称。硬件是实体，软件是灵魂。计算机进行信息交换、处理和存储等操作都是在软件的控制下，通过硬件实现的，没有了硬件，软件就失去了发挥其作用的"舞台"，只有硬件而没有软件的计算机是无法工作的。硬件和软件有机结合、相互配合，才构成了计算机系统。计算机系统体系如图 1-5 所示。

中央处理器（CPU）┬ 运算器
　　　　　　　　└ 控制器

主机
　　各种总线（主板和各板卡）
　　主存储器（内存）
　　辅存储器（硬盘和光驱等）

硬件系统

外部设备
　　输入设备（如键盘、鼠标、摄像头等）
　　输出设备（显示器、打印机、音箱等）
　　外存储器（移动硬盘和 U 盘等）

计算机系统

操作系统（OS）┬ Windows
　　　　　　　├ Linux……
　　　　　　　└ Mac

系统软件

计算机语言处理程序 ┬ 编译程序
　　　　　　　　　├ 解释程序……
　　　　　　　　　└ 汇编程序

数据库管理系统 ┬ Oracle
　　　　　　　├ SQL Server　……
　　　　　　　└ 汇编程序

软件系统

系统服务程序 ┬ 监控程序
　　　　　　├ 检测程序……
　　　　　　└ 调试程序

应用软件 ┬ 办公自动化软件
　　　　├ 信息管理软件……
　　　　└ 软件

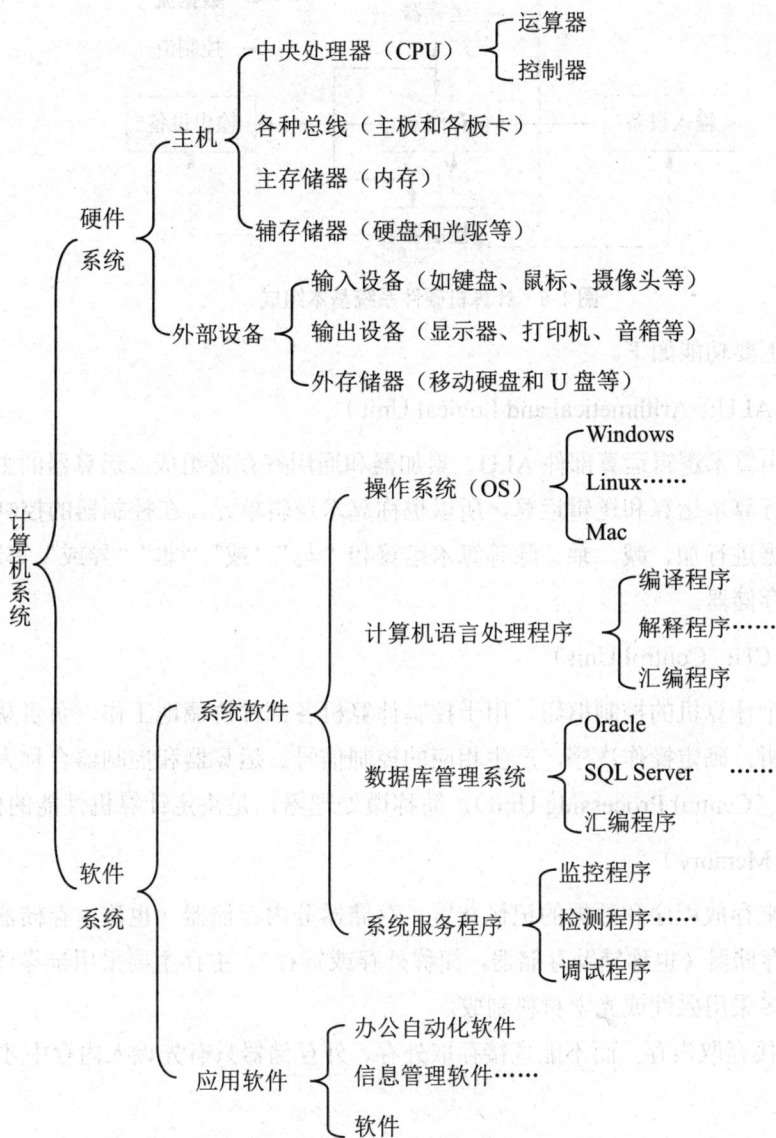

图 1-5　计算机系统体系

1.4.1　计算机硬件系统的组成

基于冯·诺依曼的"存储程序和程序控制"理论，计算机硬件系统由运算器、控制器、存储器、输入设备和输出设备等五大基本部件组成。计算机硬件系统基本组成如图 1-6 所示。

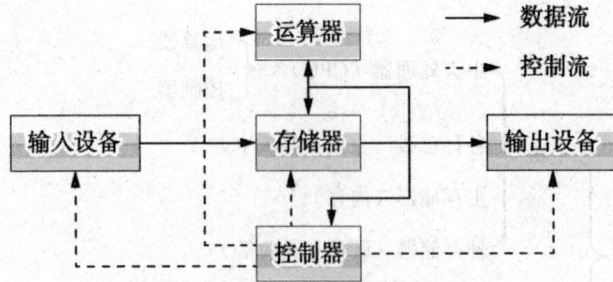

图 1-6　计算机硬件系统基本组成

各个部件的主要功能如下。

1. 运算器（ALU：Arithmetical and Logical Unit）

运算器通常由算术逻辑运算部件 ALU、累加器和通用寄存器组成。运算器的主要功能是对二进制数据进行算术运算和逻辑运算，所以也称算术逻辑单元。在控制器的控制下，对取自内存储器的数据进行加、减、乘、除等算术运算和"与""或""非""异或"等逻辑运算，并将结果送到内存储器。

2. 控制器（CU：Control Unit）

控制器是整个计算机的控制枢纽，用于控制计算机各部件协调地工作，负责从内存中取出指令，进行分析，确定操作次序，产生相应的控制信号。运算器和控制器合称为计算机的中央处理器 CPU（Central Processing Unit），简称微处理器，是决定计算机性能的核心部件。

3. 存储器（Memory）

存储器是用来存放程序和数据的记忆装置。存储器分内存储器（也称主存储器，简称内存或主存）和外存储器（也称辅助存储器，简称外存或辅存）。主存主要采用半导体集成电路制成，而辅存大多采用磁性或光学材料制成。

CPU 只能直接存取内存，而不能直接存取外存，外存储器只有先调入内存中才能被 CPU 访问。

4. 输入设备（Input Device）

输入设备是将程序和数据变为计算机能接受的电信号，送入计算机的内存，供计算机处理。常用的输入设备有键盘、鼠标、扫描仪、触摸屏、卡片阅读机、视频摄像机等。

5. 输出设备（Output Device）

输出设备是将运算结果、工作过程（包括程序）以人们所期望的形式表示出来的电子设备。常用的输出设备有显示器、打印机、绘图仪和音响等。

有些设备既可作为输入设备，又可作为输出设备，如磁盘驱动器、磁盘等。

1.4.2　主板与 CPU

1. 主板（Mainboard）

主板又叫主机板、母板或系统板，它安装在机箱内，是微型计算机系统（简称微机）中最大的一块电路板，如图 1-7 所示。主板上分布着各种电子元件、插座、插槽、接口等，一般有 BIOS 芯片、I/O 控制芯片、键盘接口、面板控制开关接口、指示灯插接件、扩充插槽、CPU 与外设数据交换通道（总线）等，它们把微机的 CPU、内存和各种外围设备有机地联系在一起。主板分 AT 主板和 ATX 主板两大类型。

早期在传统主板上使用的芯片有 100 多个，生产成本高，而且维修也不方便。现在的主板和扩展卡上，把大大小小的芯片浓缩在芯片组（ChipSet）里，使得板卡的体积不断缩小，成本不断下降，而且稳定可靠。主板使用的芯片组决定了主板的性能，无论是 CPU、显示卡还是鼠标、键盘、声卡、网卡等都得靠主板来协调工作。

图 1-7　主板

2. CPU

CPU 即中央处理器，又称微处理器，如图 1-8 所示。它是微机的核心部件，由控制器、运算器和寄存器组成，其作用类似人的大脑，三个部分相互协调便可以进行分析、判断和计算，并控制计算机各部分协调工作。最新的 CPU 除包括这些功能外，还集成了高速缓存（Cache）等部件。目前大部分微机的 CPU 都采用 Intel 公司的系列芯片。

寄存器是 CPU 内部的临时快速存储单元，其中包括指令寄存器、累加寄存器、状态寄存器、地址寄存器、数据寄存器等。寄存器的位数影响 CPU 的速度和性能。

图 1-8　CPU 结构

1.4.3 存储器

存储器是存储程序和数据的电子装置。存储器分内存储器和外存储器，能与 CPU 直接相连，可以与 CPU 直接进行数据交换的存储器称为内存，而把不直接与 CPU 相连的存储器（如磁盘）称为外存。

1. 内存储器

内存储器位于主机板上，包括随机存储器（RAM: Random Access Memory）和只读存储器（ROM: Read Only Memory）。

（1）随机存储器（RAM）。在计算机中，RAM 用来暂时保存程序和数据，其特点是：信息可随时写入或读出，计算机一旦断电，其中的信息立即丢失。RAM 分为静态 RAM（SRAM）和动态 RAM（DRAM）。SRAM 一般用作小容量的存储器系统，如高速缓冲存储器（Cache）采用 SRAM，以实现内存的高速存取，适应高速 CPU 的需要。DRAM 适合于做大容量的存储器系统。SRAM 的存取速度是 DRAM 的 10 倍左右。内存条如图 1-9 所示。

图 1-9　内存条

（2）只读存储器（ROM）。内存中含有一定容量的 ROM，其内容只能读出，不能写入。计算机断电后，信息仍能长期保存，且不会丢失。因此，ROM 用来保存系统引导程序、系统自检程序及系统初始化程序等。当开机后，CPU 自动读出 ROM 中程序并执行，以实现系统引导、系统自检及系统初始化。ROM 还包括可编程 PROM、紫外光可擦除可编程 EPROM 及电可擦除可编程 EEPROM。

内存的性能指标包括内存容量、读写速度及 Cache 的大小。目前微机的内存配置容量一般为 1 GB～4 GB，读写速度用一次存取时间表示，目前大约为 50 ns～100 ns（1 ns 为 10 亿分之 1 秒），Pentium 微机一般都配有 2 MB～8 MB 的 Cache。

2. 外存储器

外存储器简称外存，为微机存储器的重要组成部分，用来长期存储程序和数据。外存储器存取信息时要通过内存，而不与 CPU 直接打交道。与内存储器相比，其特点是存储容量大，存取速度较慢，信息可长期保存，断电后不丢失信息，价格便宜。目前常用的外存主要有闪存、硬盘（包括固态硬盘）。

（1）闪存。闪存具备快速读写、掉电后仍能保留信息的特性。拥有容量超大、存取快捷、轻巧便捷、即插即用、安全稳定等许多传统移动存储设备无法替代的优点。此外，也把闪存称之为"电子软盘"或"闪盘"，因此绝大多数人都把其作为软盘的替代品了，且习惯用"盘"来称呼它，虽然从原理上说闪存并非光磁存储设备。

（2）硬盘（Hard Disk）。硬盘作为主要的外存设备之一，如图 1-10 所示，其结构和工作原理与软盘类似，而且是几片组成一组。硬盘的盘片组都固定在驱动电机的主轴上，同轴旋转，并与多个读写磁头封装在真空的铝合金的盒子内。因此，磁盘片和硬盘驱动器合二为一，统称为硬盘。其内无阻力，也不受灰尘的影响，稳定性好，速度快，存储容量大。目前 PC机使用的硬盘，其容量大多高于 500 GB。硬盘需要格式化后才能使用。

图 1-10　硬盘驱动器

（3）固态硬盘。固态硬盘是用固态电子存储芯片阵列而制成的硬盘，如图 1-11 所示。SSD 由控制单元和存储单元（FLASH 芯片、DRAM 芯片）组成。固态硬盘的接口类型很多，目前市面上包括 SATA 3.0、M.2（NGFF）、Type-C、SATA、PCI-E、SATA 2.0、USB 3.0、SAS和 PATA 等多种，但最常用的还是 SATA 3.0、M.2（NGFF）、mSATA 和 PCI-E 四种。

目前市面上推崇的 M.2 接口的原名是 NGFF 接口，设计目的是用来取代 mSATA 接口。不管是从非常小巧的规格尺寸上讲，还是从传输性能上讲，这种接口要比 mSATA 接口好很多。M.2（NGFF）接口能够同时支持 PCI-E 通道以及 SATA，让固态硬盘的性能潜力大幅提升。另外，该 M.2（NGFF）接口固态硬盘还支持 NVMe 标准，通过新的 NVMe 标准接入的固态硬盘，在性能提升方面非常明显。固态硬盘具有读写速度快、防震抗摔、低功耗、无噪声、工作温度范围大以及轻便等优点。

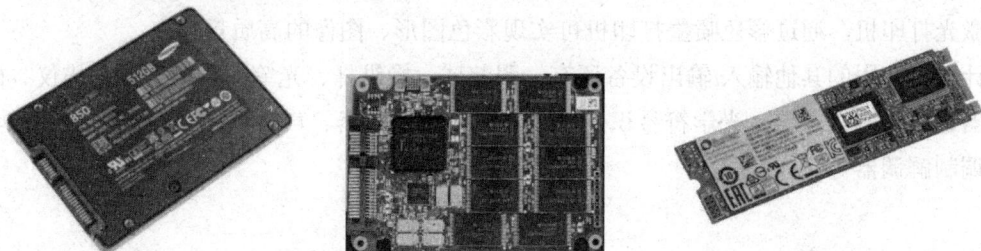

图 1-11　固态硬盘

1.4.4 输入/输出设备

微机同一般计算机一样，也要配备具有人机联系、交换数据功能的输入输出设备，简称 I/O 设备。微机常用的 I/O 设备包括键盘、鼠标、显示器和打印机等。

1. 输入设备

键盘（Keyboard）是计算机的基本输入设备，通过键盘可完成数据、字符、汉字及操作命令、程序指令等的输入。微机上常用的键盘有 101 键、102 键和 104 键等几种。

目前常用的键盘主要有机械触点式、机械薄膜式和电容式三种。其中机械触点式键盘结构简单、成本低，但使用寿命较短；薄膜式键盘成本低，但使用寿命也不长；电容式键盘无触点，利用电容量变化来控制按键信号，故在灵敏度、耐久性和稳定性几方面都高于前两种键盘。另外，电容式键盘还有功耗低，结构简单，易于小型化，易于批量生产及成本低等特点，已成为当前使用最广泛的键盘。

鼠标（Mouse）是一种使用越来越广泛的输入设备。其上有两个或三个按键，各键的功能可由软件或通过 Windows 操作界面任意设置，一般左键用得较多。鼠标通过 RS232C 串行口或 USB 口与主机连接。

目前常用的鼠标主要有机械式和光电式两种。机械式鼠标底座上装有一金属或橡胶圆球，在光滑的桌面上移动鼠标时，球体的转动可使鼠标内部电子器件测出位移的方向和距离，并经连接线将有关数据传给计算机；光电鼠标必须与布有小方格的专用板配合使用，鼠标底部的光电装置可测出鼠标在专用板上位移的方向和距离，并传送给计算机。

2. 输出设备

显示器（Monitor）是计算机的基本输出设备，它必须与显示适配器（显示卡）连接才能构成一个完整的显示系统。显示器种类较多，常用的有阴极射线管显示器（CRT）、液晶显示器（LCD）、发光二极管显示器（LED）等。

打印机（Printer）是计算机的基本输出设备，其作用是将信息以字符、表格、图形、图像的形式打印在纸上。打印机按工作原理分为击打式和非击打式两类。击打式打印机是用机械撞击的方式通过色带将信息打印在纸上。针式打印机是目前使用中最普及的击打式打印机，其特点是：价格适中，性能稳定，使用方便。激光打印机和喷墨打印机是非击打式打印机中最常用的两种，前者打印效果最好，打印速度最快，噪声最小，而喷墨打印机的打印效果仅次于激光打印机，通过彩色喷墨打印机可实现彩色图形、图像的高质量输出。

计算机使用的其他输入/输出设备还有：跟踪球、操纵杆、光笔、触摸屏、扫描仪、磁卡阅读器、条形码读入器、光学符号识别器、光学字符识别器、声音识别器、绘图仪、音响设备、调制解调器等。

1.5　计算机软件系统

软件是程序开发、使用和维护程序所需要的所有文档和数据的集合。软件系统是计算机系统的另一重要组成部分，它包括各种操作系统、编辑程序、各种语言程序、诊断程序、工具软件、应用软件等。软件系统由系统软件和应用软件两部分组成。

1.5.1　系统软件

系统软件是计算机系统的基本软件，也是计算机系统必备的软件。主要功能是管理、监控和维护计算机资源（包括硬件和软件），以及开发应用软件。它主要包括：操作系统、程序设计语言和语言处理程序、数据库管理系统。

1. 操作系统（OS：Operating System）

操作系统是对计算机的硬件和软件资源进行控制和管理的程序，是系统软件的核心。用户通过操作系统来使用计算机。因此，操作系统也是用户和计算机之间的接口（Interface）。操作系统的主要功能包括：进程管理、作业管理、存储管理、设备管理、文件管理，它是计算机硬件系统功能的首次扩充。按照不同的分类标准，操作系统分类如下：

（1）按运行环境分，操作系统可分为实时操作系统、分时操作系统和批处理操作系统。

实时操作系统是一种能及时响应外部事件的请求，在规定时间范围内完成对事件的处理的系统。

分时操作系统多用于对一个 CPU 连接多个终端的系统，CPU 按着优先级分配给各个终端时间片，轮流为其服务。

批处理操作系统以作业为处理对象，连续处理在计算机中运行的多道程序和多个作业。

（2）按管理用户数量分，操作系统可分为单用户操作系统、多用户操作系统。

单用户操作系统是只有一个用户独占计算机的全部软件和硬件资源，单用户操作系统按它同时管理的作业数又分为单用户单任务操作系统和单用户多任务操作系统。

多用户操作系统是一台 CPU 上接有多个终端用户系统，多个用户共享计算机的软件和硬件资源，如 UNIX 操作系统等。

（3）按管理计算机的数量分，操作系统可分为个人计算机操作系统和网络操作系统。

个人计算机操作系统（Personal Computer Operating System）是一种单用户的操作系统，主要供个人使用，功能强，价格便宜，在很多地方都可安装使用。它能满足一般人操作、学习、游戏等方面的需求。个人计算机操作系统的主要特点是：计算机在某一时间内为单个用户服务；采用图形界面人机交互的工作方式，界面友好；使用方便，用户无须具备专门知识，也能熟练地操纵系统。

网络操作系统用于对多台计算机的软件和硬件资源进行管理和控制，提供网络通信和网络资源的共享功能。它要保证网络中信息传输的准确性、安全性和保密性，提高系统资源的利用率和可靠性。如 Netware、Windows NT、Linux 等。

2. 程序设计语言和语言处理程序

人类语言是"自然语言",人要使用计算机,就必须与计算机进行交流,要交流就必须使用"语言",这种语言就称为计算机语言。计算机语言是人和计算机之间用以交流信息的符号系统。通过计算机语言编写程序来实现与计算机的交流,因此,计算机语言也称为程序设计语言。计算机语言按发展过程分为机器语言、汇编语言和高级语言。

(1)机器语言(Machine Language)。机器语言是指直接用计算机指令作为语句与计算机交换信息,一条机器指令就是一个机器语言的语句。机器指令是由二进制代码表示的、指挥计算机进行基本操作的命令,它由操作码和操作数组成。机器语言是计算机唯一能识别和执行的语言。其优点是执行速度快、占用内存少,缺点是面向机器,通用性差,指令难记,编写繁琐,容易出错,调试复杂,程序可读性、可维护性差。

(2)汇编语言(Assembly Language)。汇编语言是用助记符(符号)替代二进制代码的机器指令的语言,也称符号语言。相对于机器语言,其优点是易学易记,缺点是面向机器,通用性较差,其广泛用于实时控制和实时处理领域。用汇编语言编写的程序称为汇编语言源程序,它不能直接运行,必须通过汇编程序把它翻译成目标程序(机器代码或目标代码),计算机才能执行,这个翻译过程叫汇编。

(3)高级语言(High Level Programming Language)。高级程序设计语言类似于人们习惯用的自然语言。高级语言是"面向问题"的语言,用高级语言编写的程序不但表达直观、可读性好,而且与具体的机器无关,便于交流和移植。常用的高级语言有 FORTRAN、COBOL、PASCAL、BASIC、C、Java、Visual Basic、C++和 Visual C++等。如同汇编语言一样,用高级语言编写的"源程序"也不能被计算机直接运行,必须经过翻译,翻译成机器能识别的"目标程序"。高级语言的翻译即语言处理有编译方式和解释方式两种方式。

编译方式是将高级语言源程序通过编译程序翻译成机器语言目标代码。

解释方式是通过解释程序对高级语言源程序进行逐句解释,解释一句执行一句,但不产生机器语言目标代码。

大部分高级语言只有编译方式,而 BASIC 语言两种方式都有。

3. 数据库管理系统

数据库管理系统(DBMS)是对数据进行管理的软件系统,它是数据库系统的核心软件。数据库系统的一切操作,包括创建数据库对象,对这些数据对象的操作(插入、修改、删除等)以及数据管理、控制等,都是通过 DBMS 进行的。常见的数据库管理系统有 ACCESS、SQL 和 ORACLE 等。

1.5.2　应用软件

应用软件主要为用户提供各个具体领域中的辅助应用,也是多数用户非常感兴趣的内容。

应用软件具有很强的实用性和专用性，是专门为解决某个应用领域中的具体问题而设计的软件，它包括应用软件包和面向问题的用户程序。

1. 应用软件包

应用软件包是指生产厂家或软件公司为解决带有通用性问题而精心研制的程序，这些程序供用户选择使用。如办公自动化软件包 WPS 2010，Office 2010 中包含的 Word、Excel 和 PowerPoint，CAD、CAM 及 CAI 软件，网络应用软件（如 Outlook）等。

2. 用户程序

用户程序是指特定用户为解决特定问题而开发的软件，通常由自己或委托别人研制，只适合于特定用户使用。如××管理系统、××财务管理系统等。

【本章习题】

一、单项选择题

1. 人们习惯上尊称_____为现代电子计算机之父。

A. 巴贝奇　　　　　B. 图灵　　　　　C. 冯·诺依曼　　　　D. 比尔·盖茨

2. 世界上公认的第一台计算机是在_____诞生的。

A. 1846 年　　　　B. 1864 年　　　　C. 1946 年　　　　D. 1964 年

3. 第四代计算机主要采用_____作为逻辑开关元件。

A. 电子管　　　　　　　　　　　B. 晶体管

C. 中小规模集成电路　　　　　　D. 大规模、超大规模集成电路

4. 计算机之所以能按人们的意志自动进行工作，最直接的原因是因为采用_____。

A. 二进制数制　　　　　　　　　B. 调整电子元件

C. 存储程序控制　　　　　　　　D. 程序设计语言

5. 按计算机应用分类，目前各部门广泛使用的人事档案管理属于_____。

A. 实时控制　　　B. 科学计算　　　C. 计算机辅助工程　　D. 数据处理

6. 在计算机内部，数据是以_____形式加工、处理和传送的。

A. 二进制码　　　B. 八进制码　　　C. 十进制码　　　D. 十六进制码

7. 十进制数转换成二进制数的方法是_____。

A. 乘 2 取整法　　B. 除 2 取整法　　C. 乘 2 取余法　　D. 除 2 取余法

8. 十进制数 269 转换成十六进制数是_____。

A. 10B　　　　　B. 10C　　　　　C. 10D　　　　　D. 10E

9. 下列一组数中，最小的数是_____。

A. $(2B)_{16}$　　　　B. $(44)_{10}$　　　　C. $(52)_8$　　　　D. $(101001)_2$

10. 在计算机中，字节的英文名称是_____。

A. bit B. byte C. bou D. baud

11. 计算机中用来表示存储器容量大小的最基本单位是_____。

A. 位 B. 字 C. 字节 D. 兆

12. KB 是度量存储容量大小的常用单位之一，1KB 实际等于_____。

A. 1 000 个字节 B. 1 024 个字节

C. 1 000 个二进制位 D. 1 024 个字

13. 在计算机中表示存储器容量时，下列描述正确的是_____。

A. 1KB=1 024bit B. 1MB=1 024KB C. 1KB=1 000B D. 1MB=1 024B

14. 在计算机中，应用最普遍的字符编码是_____。

A. BCD 码 B. 汉字编码 C. 计算机码 D. ASCII 码

15. 下列字符中，ASCII 码值最小的是_____。

A. A B. a C. k D. M

16. 一个汉字的内码占_____字节。

A. 1 B. 2 C. 32 D. 不能确定

17. 一般情况下，1KB 内存最多能存储_____个 ASCII 码字符，或_____个汉字内码。

A. 1 024，1 024 B. 1024，512 C. 512，512 D. 512，1 024

18. 切换汉字输入法常用的键盘命令是_____。

A. Shift+空格 B. Ctrl+Shift C. Ctrl+空格 D. Enter+Shift

19. "全角"和"半角"的主要区别是_____。

A. 全角方式下输入的英文字母与汉字输出时同样大小，半角方式下为汉字的一半大

B. 全角方式下不能输入英文字母，半角方式下不能输入汉字

C. 全角方式下只能输入汉字，半角方式下只能输入英文字母

D. 半角方式下输入的汉字是全角方式下输入汉字的一半大

20. 键盘上的【Ctrl】键，通常它_____其他键配合使用。

A. 总是与 B. 不需要

C. 有时与 D. 和【Alt】键一起使用

21. 下面_____存储器在关机后，它的存储内容会丢失？

A. RAM B. ROM C. EPROM D. PROM

22. CPU 包括_____。

A. 控制器、运算器和存储器 B. 控制器和运算器

C. 内存储器和控制器 D. 内存储器和运算器

23. 一个完整的计算机系统包括_____。

A. 主机、键盘和显示器 B. 主机和外围设备

C. 硬件系统和软件系统 D. 主板、CPU 和硬盘

24．下列设备属于输入设备的是_____。

A．显示器　　　　　　B．打印机　　　　　　C．鼠标　　　　　　　　D．绘图仪

25．裸机是指计算机_____。

A．无产品质量保证书　　　　　　　　B．只有软件没有硬件

C．没有包装　　　　　　　　　　　　D．只有硬件没有软件

二、问答题

1．简述计算机工作原理是什么，有哪些主要特点？

2．衡量微型计算机性能的指标通常有哪些？

3．计算机主要有哪些应用领域？

第2章　Windows 7 操作系统

【本章概览】

    Windows 中最常见的用于计算机的操作系统有简易版、家庭普通版、家庭高级版、专业版及旗舰版等多个版本。其中，简易版保留了一些用户比较熟悉的特点和兼容性，并吸收了在可靠性和相应速度方面的最新技术；家庭普通版可以更快、更方便地访问使用最频繁的程序和文档；家庭高级版拥有最佳的娱乐功能，可以轻松地欣赏和共享电视节目、照片、视频和音乐；专业版提供办公和家用所需的一切功能；旗舰版集各版本功能之大全，兼备家庭高级版的娱乐功能和专业版的商务功能，同时增加了安全功能和在多语言环境下工作的灵活性。

【知识要点】

> ➤ Windows7 的基本操作
> ➤ Windows7 的资源管理器
> ➤ Windows7 的控制面板
> ➤ Windows7 的附件及注册表

2.1　Windows 7 基本知识

2.1.1　Windows 7 新增功能

    Windows 7 是由微软公司开发的操作系统，于 2009 年 10 月正式发布。该系统旨在让人们的日常电脑操作更加简单和快捷，为人们提供高效易行的工作环境。Windows 7 中包含多种新的应用程序和功能改进，其中更是含有比尔·盖茨一直大肆宣传的"未来技术"。

    触摸技术：Windows 7 的系统中包含触摸与多触点一体化。利用触摸技术，用户可以利用手指任意改变计算机桌面图标的尺寸与位置。用户能够利用 10 个手指进行图片的放大、缩小以及排序，还可以翻阅 Word 文档。

    多核支持：　Windows 7 提高了多核系统的性能，允许程序/应用程序与多核处理器协作，加快其执行和访问 CPU 的速度。

    控制面板：控制面板是 Windows 7 中的升级部分，Windows 7 的控制面板中添加了很多新的功能。例如：加速器（鼠标）、ClearType 文本声腔、显示色彩校准向导、工具（包括以网络为基础的和工具栏小工具）、红外、恢复、Wokspaces 中心、凭据管理器、故障排除和

Windows 解决方案中心。

任务栏：Windows 7 新任务栏默认只显示程序图标，但也可以像现在一样显示文字标签，不过只有激活的程序才会有文字。此外，如果打开了很多个同一程序，Jump List 菜单首先只会显示一列缩略图，然后才变成只有文字的菜单。另外会让选定的窗口正常显示，其他窗口则变成透明的，只留下一个个半透明边框。

2.1.2 Windows 7 的安装

1. Windows 7 的运行环境

Windows 7 对计算机硬件环境的要求较高，官方的最低配置要求如下。

处理器：1 GHz 32 位或者 64 位处理器。

内存：1 GB 及以上。

显卡：支持 DirectX 9 128 MB 及以上（开启 AERO 效果）。

硬盘空间：16 GB 以上（主分区，NTFS 格式）。

显示器：要求分辨率在 1 024×768 像素及以上（低于该分辨率则无法正常显示部分功能）。

2. 安装前的准备

在安装 Windows 7 之前，需要进行一些相关的设置，例如：BIOS 启动项的调整，硬盘分区的调整以及格式化等。正确、恰当地调整这些设置将为顺利安装系统，方便地使用系统打下良好的基础。

在安装系统之前首先需要将光驱设置为第一启动项。不同的计算机进行设置的方式不同，具体方法请参考说明书，大部分计算机都要进入 BIOS 中进行设置。进入 BIOS 的方法一般来说是在开机自检通过后按【Delete】键或者是【F2】键。进入 BIOS 以后，找到"Boot"项目，然后在列表中将第一启动项设置为"CD-ROM"（CD-ROM 表示光驱）即可。一般在 BIOS 将 CD-ROM 设置为第一启动项之后，重启电脑之后就会发现"boot from CD"提示符。这个时候按任意键即可从光驱启动系统。

从光驱启动系统后，在完成对系统信息的检测之后，进入系统的正式安装界面，首先会要求用户选择安装的语言类型、时间和货币方式、默认的键盘输入方式等，界面如图 2-1 所示。如安装中文版本，就选择中文（简体）、中国北京时间和默认的简体键盘即可。设置完成后则会开始启动安装。

因为 Windows 7 的安装过程只在少数地方，例如：输入序列号、设置时间、网络、管理员密码等项目需要人工干预的，其余不需要人工干预，所以安装过程在此不再赘述。

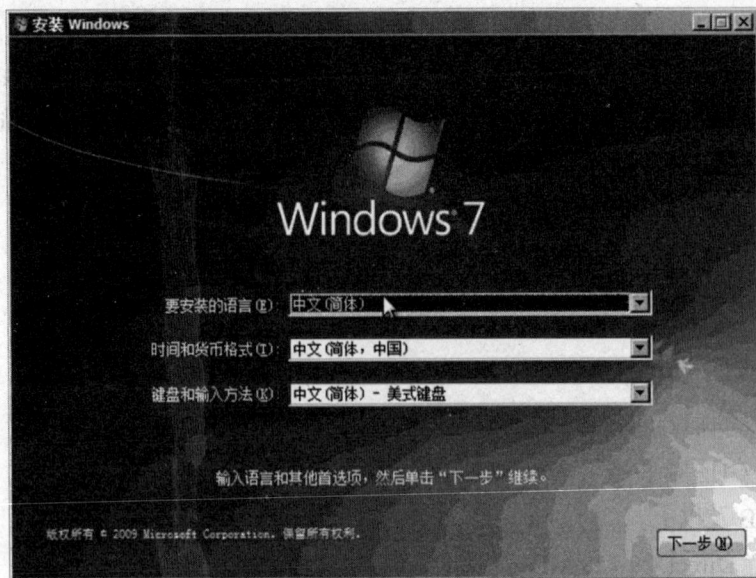

图 2-1　安装界面

2.1.3　Windows 7 的启动、退出和注销

1. Windows 7 的启动

安装过程结束以后，系统会自动重新启动计算机，进入 Windows 7 系统。以后上机时，接通计算机的电源，启动计算机将直接进入 Windows 7 系统。如果在安装时设置了管理员口令，在启动时会出现登录提示，输入正确的用户名和口令方能登录。

2. Windows 7 的退出

在退出 Windows 7 前，用户应关闭所有打开的程序和文档窗口，若不关闭，则系统会在退出时强行关闭。此时，若有文件未存盘，将可能造成数据的丢失。退出 Windows 7 只要单击"开始"菜单下的"关机"，即可安全退出系统。

3. Windows 7 的注销

"注销"指关闭程序并注销当前登录用户。"切换用户"指在不关闭当前登录用户的情况下，切换到另一个用户，当再次返回时系统会保留原来的状态。

为了便于不同的用户快速登录计算机， Windows 7 提供了"注销"功能。不必重新启动计算机就可以切换到另一个用户，既快捷方便，又减少了对硬件的损耗。

"注销"或"切换用户"的方法是用鼠标单击"开始"菜单的"关机"右边的■，会出现一个弹出菜单，如图 2-2 所示，就可在菜单中选择相应的操作。

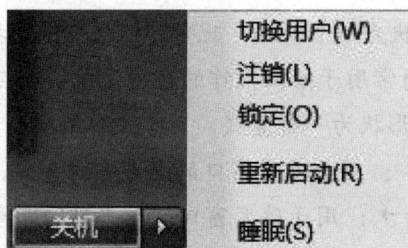

图 2-2　关机菜单

2.2　Windows 7 的基本操作

2.2.1　键盘和鼠标基本操作

键盘和鼠标是计算机中最重要的输入设备，用户主要通过它们对计算机进行操作。

1. 鼠标操作

常用的鼠标操作有如下几种：

➢ 单击（默认是左按钮）：当鼠标指针移到某个目标上时，按一下鼠标左按钮。此操作常用来选中目标，选中的对象会以不同的颜色显示。

➢ 右击：鼠标指针指向一个对象时，单击右按钮。此操作往往可以弹出与此对象相关的快捷菜单，此菜单又被称为弹出菜单。

➢ 双击（默认是左按钮）：鼠标指针指向一个对象时，连续快速地按两次左按钮。此操作常用来打开对象。"打开"的含义可能是展开一个文件夹，也可能是执行一个程序或打开一个文档。

➢ 拖动（默认是左按钮）：鼠标指针指向一个对象时，按下左按钮，不松开，然后移动鼠标，到一个新位置后，松开鼠标按钮。此操作常用来复制/移动对象，或者调整窗口的边框。

➢ 转动滚轮：使窗口区内容上下移动。

2. 鼠标指针光标

鼠标指针光标指示鼠标的位置，使用鼠标时，指针光标能够变换形状而指示不同的含义。常见光标形状参见"控制面板"中"鼠标属性"窗口的"指针"标签，其含义如下。

➢ 普通选定指针：指针光标为这种形状时，可以选定对象，进行单击、双击或拖动操作。

➢ 帮助选定指针：指针光标为这种形状时，可以单击对象，获得帮助信息。

➢ 后台工作指针：其形状为一个箭头和一个沙漏，表示前台应用程序正在进行读写操作，不能进行选定操作，而后台应用程序可以进行选定操作。

> ➢ 忙状态指针🕘：其形状为一个沙漏，此时不能进行选定操作。
> ➢ 精确选定指针十：通常用于绘画操作的精确定位，如在"画图"程序中画图。
> ➢ 文本编辑指针I：其形状为一个竖线，用于文本编辑，称为插入点。
> ➢ 垂直改变大小指针↕：用于改变窗口的垂直方向距离。
> ➢ 水平改变大小指针↔：用于改变窗口的水平方向距离。
> ➢ 改变对角线大小指针↖或↗：用于改变窗口的对角线大小。
> ➢ 移动指针✥：用于移动窗口或对话框的位置。
> ➢ 禁止指针⊘：表示禁止用户的操作。

3. 键盘操作

键盘的主要功能是向计算机输入数字、字母、各种控制命令，文字输入主要是用键盘的字符键部分，对系统的操作和控制则主要是用各功能键以及组合键，这些能完成一定功能的组合键称为快捷键，是快速操作、控制系统、提高使用效率的有效手段。常用的快捷键如下。

快捷键	功能
Ctrl+A	选中全部内容
Ctrl +C	复制
Ctrl +X	剪切
Ctrl +V	粘贴
Ctrl +F4	在允许同时打开多个文档的程序中关闭当前文档
Ctrl +Z	撤销
Ctrl +→	将插入点移动到下一个单词的起始处
Ctrl +Esc	显示"开始"菜单
Ctrl +←	将插入点移动到前一个单词的起始处
Ctrl +↓	将插入点移动到下一段落的起始处
Ctrl +↑	将插入点移动到前一段落的起始处
Ctrl +Tab	在打开的项目之间切换
Alt+Esc	以项目打开的顺序循环切换
Alt +Space	空格键显示当前窗口的控制菜单
Alt +Enter	在 Windows 下查看所选项目的属性
Alt +菜单名中带下划线的字母	将相应的菜单下拉
Alt +F4	关闭当前项目或者退出当前程序
菜单命令中带有下划线的字母	执行相应的命令
Alt +Shift+任何箭头键	选定一块文本
Delete	删除所选择的项目，如果是文件，将其放入"回收站"
Shift+Delete	永久删除，即直接删除所选项
拖动某一项时按 Alt +Shift	创建所选项目的快捷方式

Shift+F10	显示所选项目的快捷菜单
Shift+任何箭头键	在窗口或桌面上选择连续的多项，或者选中文档中的文本
向右键	选择下一项目或打开右边的下一菜单或者打开子菜单
向左键	选择上一项目或打开左边的下一菜单或者关闭子菜单
F1	显示当前程序或者 Windows 的帮助内容
F2	在 Windows 下重新命名所选项目
F3	在 Windows 下搜索文件或文件夹
F4	显示"地址栏"列表
F5	刷新当前窗口
F6	在窗口或桌面上循环切换屏幕元素
F10	激活当前程序中的菜单条
退格键	查看上一层文件夹
Esc	取消当前任务

以前使用的键盘都是标准化的 101/102 键盘，随着 Windows 操作系统的发布，由于网络和其他需要，目前键盘上一般都增加了两个 Windows 键（窗口键▦）和一个 Application 键（应用程序键▦），其主要功能如下：

键	功能
▦	显示或隐藏"开始"菜单
▦+Break	显示"系统属性"对话框
▦+E	打开"我的电脑"（资源管理器方式）
▦+F	搜索文件或文件夹
Ctrl+▦+F	搜索计算机
▦+R	打开"运行"对话框
▦+Tab	在打开的项目之间切换
▦+M	最小化所有被打开的窗口
▦	显示所选项目的快捷菜单

2.2.2 Windows 7 桌面的基本设置

桌面（Desktop）是用户工作的台面，是指启动 Windows 之后，首先出现在屏幕上的整个区域，将常用的程序或文件以图标的方式放在屏幕上，便于使用，如图 2-3 所示。

图标（Icon）是指 Windows 系统中各种构成元素的图形表示，这些构成元素包括应用程序、磁盘、文件夹、文件、快捷方式等，即操作系统将各个程序和文件用一个个生动形象的小图片来表示，这样就可以很方便地通过图标辨别程序的类型，进行一些复杂的文件操作，如复制、移动、删除文件等。

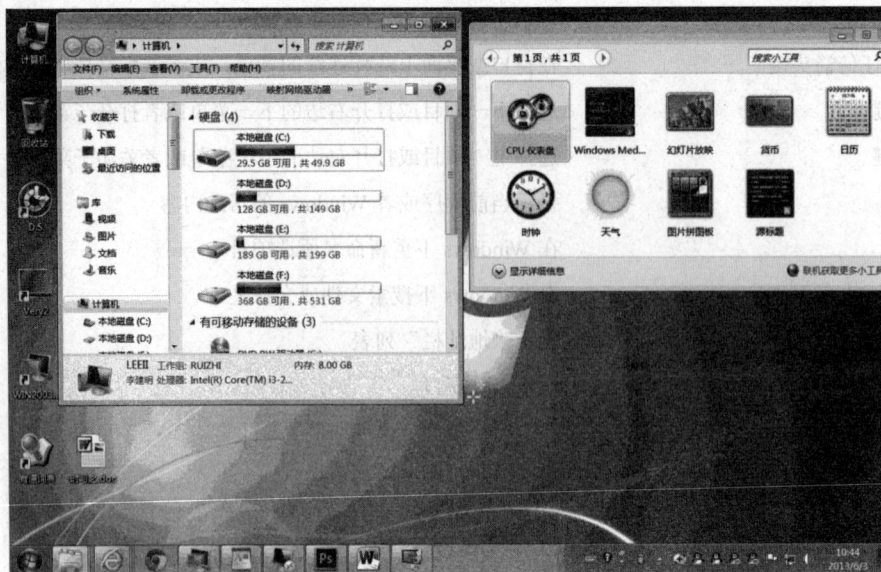

图 2-3　Windows 7 桌面

如果要运行某个程序，需要先找到程序的图标，然后移动鼠标至图标上双击即可。如果要对文件进行管理，如复制、删除或者移动，则必须先选定该文件的图标，方法是移动鼠标到图标上单击，使该图标高亮显示，表示该图标被选中。

若对系统默认的桌面主题、壁纸并不满意，可以通过对应的选项设置，进行个性定制，方法是在桌面空白处单击鼠标右键，选择菜单中的"个性化"选项，可进入到桌面布局和主题信息设置当中。

1. 添加桌面图标

在安装好中文版 Windows 7 后，第一次登录系统时，看到的是一个非常简洁的画面，默认的 Windows 7 桌面上只有一个"回收站"图标，充分体现 Windows 7 简洁的风格。如果要在桌面上添加常用的系统图标，可按下列操作步骤操作：

首先用鼠标右键单击桌面空白处，会弹出如图 2-4 所示的快捷菜单，在该菜单中选择"个性化"命令，即可打开"个性化"对话框。

Windows 7 系统为用户内置了桌面主题，按照不同的主题类型、风格等进行整齐排列，点击即可自动切换到对应的主题状态当中，同时在"桌面背景"选项中，还可以启用幻灯片形式，自动切换壁纸文件等，通过"窗口颜色"可以对界面窗口的色调进行调整。"个性化"对话框如图 2-5 所示。

在该对话框中，可以进行一些个性化的设置，如更换主题、桌面背景、窗口颜色等。也可进行桌面图标的更改，只需要在此对话框中选择左边的"更改桌面图标"，即可打开"桌面图标设置"对话框，如图 2-6 所示。在"桌面图标"选项组中选择需要的图标添加到桌面，如"我的电脑""用户的文件"等。最后设置完成后，单击"确定"按钮。

用户也可以将常用的程序或文件等的图标（通常是用来打开各种程序和文件的快捷方式）

放置在桌面上。在桌面上添加图标最方便的是用拖动的方法，即将经常使用的程序、文件和文件夹等对象拖放到桌面上，以建立新的桌面对象。除此之外，还可以用鼠标右击桌面空白处，在如图 2-4 所示的快捷菜单中指向"新建"，在下级菜单中选择"快捷方式"，如图 2-7 所示。

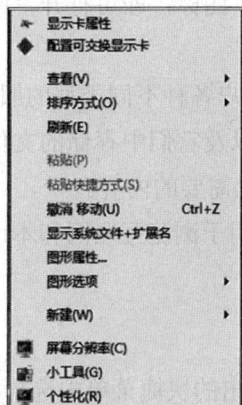

图 2-4 右键单击桌面的快捷菜单   图 2-5 "个性化"对话框

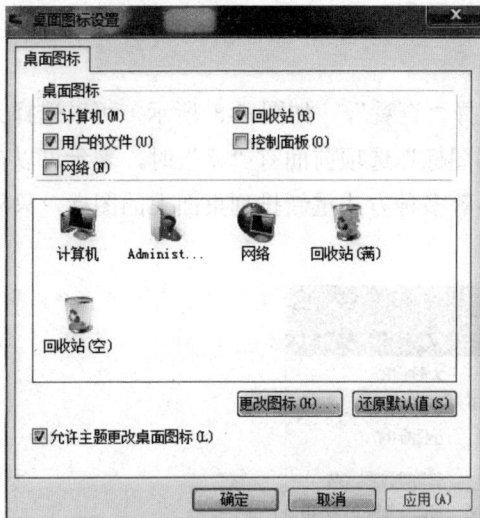

图 2-6 "桌面图标设置"对话框   图 2-7 "新建"的快捷菜单

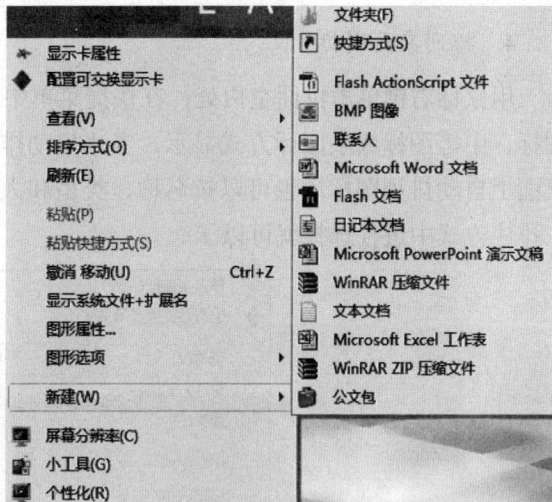

2. 常用图标

常用图标有计算机、回收站、网络和 Internet Explorer 等。

（1）计算机。计算机是 Windows 用来管理文件与文件夹的应用程序。双击桌面上的"计算机"图标即可启动"计算机"。使用"计算机"可以查看计算机上的所有内容，如浏览文件与文件夹，新建、复制、移动、删除文件与文件夹，查看网络系统中其他计算机及磁盘驱动器中的内容等。

（2）回收站。回收站是 Windows 为有效地管理已删除文件而准备的应用程序，用于存放所有被删除的文件或文件夹等。当用户为释放磁盘空间，将那些不再使用的旧文件、临时文件和备份文件删除时，Windows 会把它们放入桌面上的"回收站"中。放入"回收站"中的文件或文件夹并没有真正被清除，只是做好了被清除的准备。如果用户又改变主意，则可以使用"回收站"恢复误删除的文件。如果用户确实想删除某些文件或文件夹，则可以使用"清空回收站"命令，真正释放磁盘空间。双击桌面上的"回收站"图标，即可打开"回收站"。

（3）网络。网络是用户计算机所处的外部环境，它能提供给用户各种不同类型的服务。通过"网上邻居"可以浏览工作组中的计算机和网上的全部计算机以及它们中存储的文件和文件夹。双击"网络"图标，即可打开它的窗口，从中即可查找自己需要的内容。

（4）Internet Explorer。Internet Explorer 是 Internet 浏览器，用于浏览互联网和本地的 Intranet 上的资源。

3. 删除桌面图标

要删除桌面上的对象，可用鼠标右键单击相应的图标，然后在弹出的快捷菜单中选择"删除"。也可将需要删除的图标直接拖放到桌面上的"回收站"中，或者是选中要删除的对象后按键盘上的删除键。

4. 排列桌面图标

用鼠标右键单击桌面空白处，在快捷菜单中选择"查看"， 如图 2-8 所示，可以选择大图标、中等图标或小图标方式显示。当"自动排列图标"选项前面有"√"时，表示可以在桌面上自动排列图标；也可以按名称、类型和大小等多种方式重新排列桌面上的图标，只要在排序方式中进行选择就可以了。

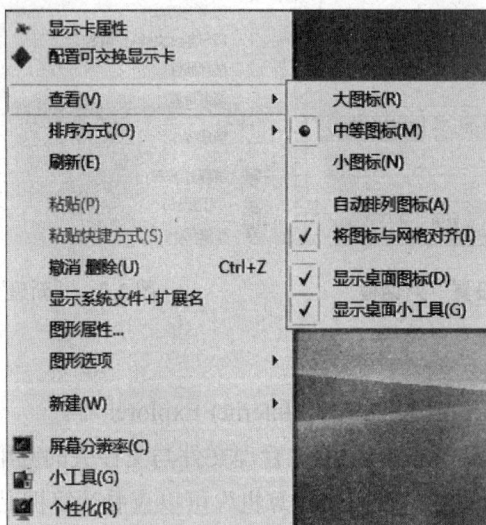

图 2-8 排列图标

5. 任务栏

任务栏（Taskbar）是指位于桌面最下方的小长条，主要由快速启动栏、应用程序区、语言选项带和托盘区组成，Windows 7 系统的任务栏有"显示桌面"功能。从开始菜单可以打开大部分安装的软件与控制面板，快速启动栏里面存放的是最常用程序的快捷方式，并且可以按照个人喜好拖动并更改。应用程序区是多任务工作时的主要区域之一，它可以存放大部分正在运行的程序窗口。托盘区是通过各种小图标形象地显示电脑软硬件的重要信息与杀毒软件动态。"任务栏"通常位于桌面的底部。

任务栏从左到右依次为"开始"按钮、快速启动区、窗口显示区和系统托盘区，如图 2-9 所示。可将常用程序的快捷方式放在"任务栏"的快速启动区，默认情况下包含"Internet Explorer 浏览器""Windows Media Player"等图标。系统托盘区最右边是时钟按钮，还存放有常驻内存的程序图标，如输入法、音量调节、网络连接、防火墙或计算机病毒监控等图标。

图 2-9 Windows 7 任务栏

进入 Windows 7 后，系统会自动显示任务栏，为了便于工作或追求个性等，用户可以重新对任务栏进行一些设置。方法是在任务栏上右击，在弹出的菜单中，点击属性选项，会弹出如图 2-10 所示的"任务栏和「开始」菜单属性"对话框，可在对话框中对相关功能进行调整，如恢复到小尺寸的任务栏窗口，也包括对通知区域的图标信息进行调整、是否启用任务栏窗口预览（Aero Peek）功能等。

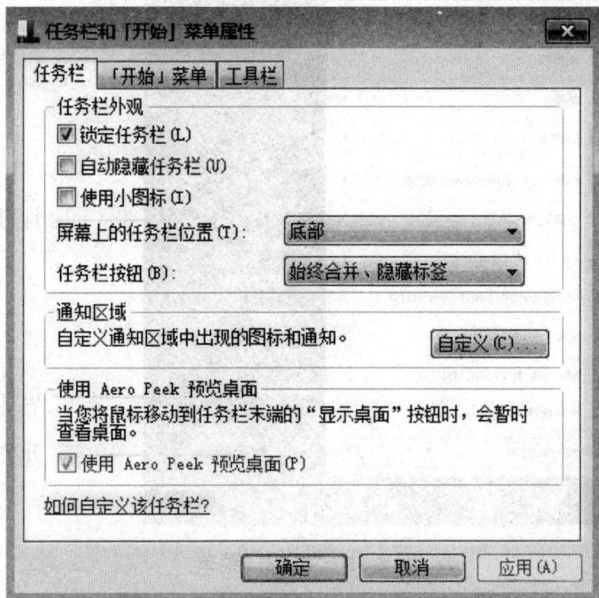

图 2-10 "任务栏和「开始」菜单属性"对话框

从任务栏和开始菜单属性对话框中就可以看出，任务栏主要分为三部分，任务栏外观、通知区域和使用 Aero Peek 预览桌面。

➢ 锁定任务栏：在进行日常电脑操作时，常会一不小心将任务栏"拖曳"到屏幕的左侧或右侧，有时还会将任务栏的宽度拉伸并十分难以调整到原来的状态，为此，Windows 添加了"锁定任务栏"这个选项，可以将任务栏锁定，避免误操作。

➢ 自动隐藏任务栏：若用户需要的工作面积较大，勾选上"自动隐藏任务栏"，可将屏幕下方的任务栏隐藏起来，这样可以让桌面显得更大一些。自动隐藏任务栏后不会显示任务栏，若想要打开任务栏，只需将鼠标光标移动到屏幕下边即可。

➢ 使用小图标：进行图标大小的选择，用户可根据需要进行调整。

➢ 屏幕上的任务栏位置：默认是在底部。可以点击选择左侧、右侧、顶部。如果是在任务栏未锁定状态下的话，拖曳任务栏可直接将其拖拽至桌面四侧。

➢ 任务栏按钮：有三个选择，一是始终合并、隐藏标签，二为当任务栏被占满时合并，第三是从不合并。

6. "开始"菜单

"开始"菜单是 Microsoft Windows 系列操作系统图形用户界面（GUI）的基本部分，可以称为是操作系统的中央控制区域，存放了设置系统的绝大多数命令，而且还可以通过该菜单使用安装到当前系统里面的所有的程序。

在默认状态下，开始按钮位于屏幕的左下方，是一颗圆形 Windows 标志，如图 2-11 所示。在桌面上单击此标志，或者按【Ctrl+Esc】组合键，即可打开"开始"菜单。

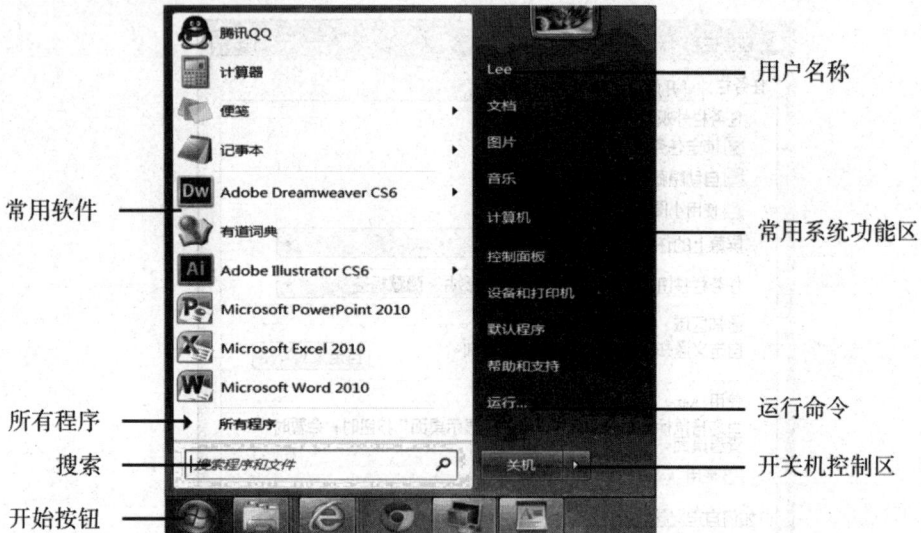

图 2-11 "开始"菜单

左上角区域为常用软件历史菜单，系统会根据用户使用软件的频率自动把最常用的软件展示在该区域。

常用系统功能区域，可调用常用的系统功能并可进行常用的设置，如查看文档、图片或播放音乐等。也可设置控制面板、设备和打印机等，在最上边有一个 Administrator，为系统用户名和用户图片区，Administrator 是默认的系统管理员身份用户名，单击该名称可打开相应用户的个人文件夹。

左下角区域为所有程序开始导航的地方，单击"所有程序"即可弹出级联菜单，通过该菜单可执行相应的程序，通过"所有程序"下的文件搜索框，可以进行文件搜索。

右下角为开关机控制区，可以通过单击该关机按钮关机，也可通过菜单选择进行相应的注销、切换用户、重启等操作。

开始菜单也可以进行个性化设置，方法是在桌面空白处右击，选中弹出菜单中"个性化"，打开个性化设置对话框，单击左下角的"任务栏和「开始」菜单属性"，选中开始菜单选项卡，打开如图 2-12 所示的"「开始」菜单"设置对话框，即可通过该对话框进行开始菜单的个性化设置。

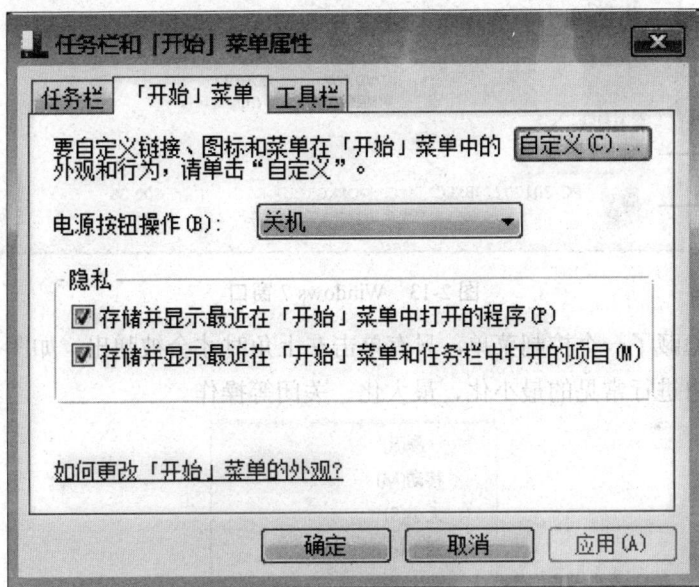

图 2-12　"「开始」菜单"设置对话框

2.2.3　窗口

在 Windows 中所有的程序都是运行在一个框内，在这个框内集成了诸多的元素，这个方框就叫做窗口。Windows 7 的操作是以窗口为主体进行的，尤其是资源管理器窗口一直是用户和计算机中文件进行操作的重要通道。虽然在 Windows 7 下不同的程序和文档可能会打开不同的窗口，但窗口具有通用性，窗口的外观和操作方法都是基本相同的。

1. 窗口的组成

图 2-13 为打开桌面上的"计算机"后显示的"计算机"窗口，接下来以此窗口为例，对 Windows 7 中窗口的结构以及基本操作进行介绍。

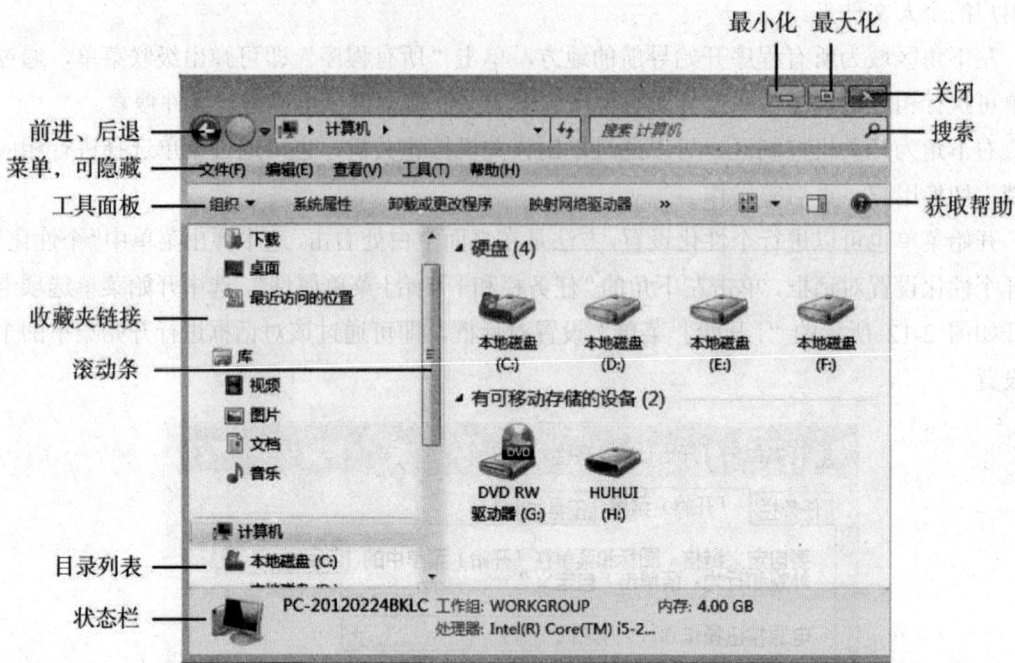

图 2-13　Windows 7 窗口

窗口左上角隐藏了一个控制菜单，只有单击左上角时才会被弹出，如图 2-14 所示。可通过控制菜单对窗口进行常见的最小化、最大化、关闭等操作。

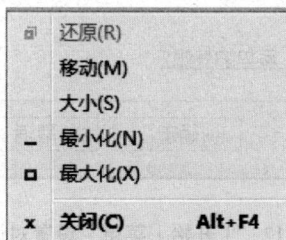

图 2-14　控制菜单

在窗口的左上角，为"前进"与"后退"按钮，在"后退"按钮旁边的向下箭头则分别给出浏览的历史记录或可能的前进方向；在其右边的路径框则不仅给出当前目录的位置，且其中的各项均可点击，帮助用户直接定位到相应文件夹下；而在窗口的右上角，是功能强大的搜索框，在这里可以输入任何想要查询的搜索项进行搜索。

Windows 7 中的工具面板可看成新形式的菜单，根据文件夹具体位置不同，在工具面板中还会出现其他的相应工具项，如浏览回收站时，会出现"清空回收站""还原项目"的选项；而在浏览图片目录时，则会出现"放映幻灯片"的选项；浏览音乐或视频文件目录时，相应的播放按钮会出现。

主窗口的左侧面板由两部分组成，位于上方的是收藏夹链接，如文档、图片等，其下则是树状的目录列表，目录列表面板可折叠、隐藏，而收藏夹链接面板则无法隐藏。

2. 窗口的基本操作

（1）打开窗口。打开窗口的方法主要有：双击需要打开的窗口图标，或用鼠标右击对象，在快捷菜单中选择"打开"命令。

（2）移动窗口。将鼠标移动到窗口标题栏，然后按下鼠标左键移动鼠标，当移动到合适的位置时放开鼠标，那么窗口就会出现在这个位置。注意：窗口最大化状态时不可移动。

（3）调整窗口大小。单击"最大化"按钮▣，可以使活动窗口扩展到整个屏幕，此时该按钮变为"还原"按钮▣；单击"还原"按钮，可将窗口还原到原始大小；单击"最小化"按钮▬，将窗口以按钮形式排列在"任务栏"上。需要还原窗口时，可单击"任务栏"上的窗口按钮。当鼠标光标移动到边框或边角时，鼠标光标会变成双箭头，此时对边框或边角进行拖动操作，可以改变窗口的大小。

另外，当窗口最大化时，双击标题栏可使窗口还原，反之可使其最大化。单击窗口左上角的控制菜单，会弹出控制菜单，也可通过该控制菜单对窗口进行调整。

（4）切换窗口。如果有多个窗口同时被打开，最多只能有一个处在活动状态，其标题栏通常呈现鲜艳的颜色。改变活动窗口进行窗口切换的办法有多种，一是单击"任务栏"上的窗口按钮，可以很方便地实现活动窗口的切换；或是单击某个窗口的可见部分，把它变换为活动窗口；还可以按【Alt+Tab】组合键，屏幕上出现"切换任务栏"窗口，其中列出了当前正在运行的窗口。保持【Alt】键，按【Tab】键从"切换任务栏"中选择一个窗口，选中后再松开这两个键，所选窗口即成为当前窗口。

（5）排列窗口。当屏幕上出现多个窗口时，可以采用Windows 提供的"层叠""堆叠"和"并排显示"等方式，自动排列窗口在桌面上的位置。方法是将鼠标指向"任务栏"的空白处，单击右键，弹出如图 2-15 所示菜单，在该菜单上可选择需要排列的方式。

（6）关闭窗口。用户完成对窗口的操作后，想要关闭窗口，也有多种办法。

➢ 单击标题栏上的"关闭"按钮▣。

➢ 双击窗口左上角控制菜单。

图 2-15 右击任务栏空白处弹出的菜单

➢ 单击窗口左上角控制菜单，在弹出的控制菜单中选择"关闭"命令。

➢ 使用【Alt+F4】快捷键。

➢ 选择"文件"菜单中的"退出"命令。

➢ 鼠标右键单击任务栏上的窗口按钮，在弹出的快捷菜单中选择"关闭"命令。

对于文档窗口，用户在关闭窗口之前需要保存文档。如果忘记保存，当执行"关闭"命

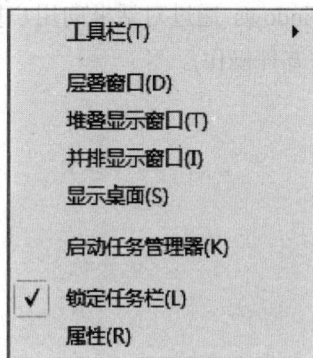

令时，系统会弹出一个提醒对话框，询问是否要保存所做的修改。

3. 菜单

菜单是一组告诉 Windows 要做什么的相关命令的集合，这些命令往往以逻辑分组的形式进行组织。要从菜单上选择一个命令，只要单击该命令即可。如果不选择命令且又想关闭菜单，可以单击该菜单以外的空白处或按【Esc】键。

虽然不同的菜单项代表不同的命令，但其操作方式却有相似之处。Windows 为了方便用户识别，为菜单项加上了某些特殊标记，对菜单项的使用约定如表 2-1 所示。

表 2-1 菜单项的使用约定

菜单项	说明
黑色字符	正常的菜单项，表示可以选用
暗淡字符	变灰的菜单项，表示当前不可选用
后面带省略号 "…"	执行命令后会打开一个对话框，供用户输入信息或修改设置
后面带三角 "▶"	级联菜单项。表示含有下级菜单，鼠标指向或单击，会打开一个子菜单
分组线	菜单项之间的分隔线条，通常按功能将一个菜单分为若干组
前面带符号 "●"	选择标记。在分组菜单中，有且仅有一个选项标有 "●"，表示被选中
前有符号 "✓"	选择标记。"✓" 表示命令有效，再次单击可删除标记，表示命令无效
后面带组合键	用组合键可直接执行菜单命令，如按【Ctrl+V】组合键可执行粘贴命令

4. 对话框

对话框是系统与用户进行信息交流的界面，如图 2-16 所示，Windows 使用对话框来显示一些附加信息或警告信息，或解释没有完成操作的原因。为了获得用户必要的操作信息，Windows 通过对话框向用户提问，用户通过对选项的选择、属性的设置或修改，完成必要的交互性操作。

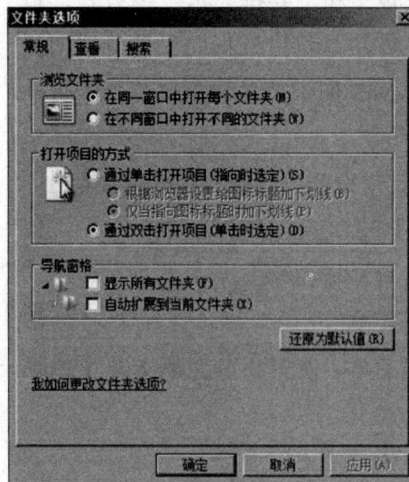

图 2-16 Windows 7 对话框

对话框的组成和窗口有基本相似，但一般不能改变大小，即没有最小化、最大化、还原按钮。有关对话框的组成说明如表 2-2 所示。

表 2-2　对话框的组成说明

对象	说明
标题栏	位于对话框的顶部，左端显示对话框的名称，右端为"关闭"按钮█，大部分对话框含有一个"帮助"按钮█
选项卡	紧挨标题栏下面，用来选择对话框中某一组功能，有"常规""编辑"等
单选按钮	多选一，用来在一组选项中选择一个，且只能选择一个，被选中的按钮中央出现一个圆点
复选框	用于列出可以选择的项目，可以根据需要选择一个或多个。被选中的复选框中显示"√"标记，单击可取消选择
文本框	用于输入文本和数字，通常在右端有一个下拉按钮。可直接输入，或从下拉列表中选取预选的文本或数字
列表框	列表框提供了对应于某项设置的若干选项，当其中的内容不能全部列出时，系统会自动显示滚动条。用户不能修改其中的选项
下拉列表框	下拉列表框与列表框作用相同，但可节省屏幕空间。单击下拉列表按钮，可在列表中选择设置。与带有下拉按钮的文本框不同，下拉列表框不提供输入和修改功能
命令按钮	执行一个命令。如果命令按钮呈暗淡色，表示当前不可选用。按钮名称后有省略号"…"，表示将打开新的对话框。常见的命令按钮是"确定""取消"和"应用"

2.2.4　启动和退出应用程序

1. 启动应用程序

在 Windows 中，启动应用程序有多种方法。

（1）从"桌面"上启动应用程序，双击"桌面"上应用程序的快捷方式图标即可。

（2）从"程序"菜单中启动应用程序。单击任务栏的"开始"按钮，激活开始菜单，选择"所有程序"，再选择相应的文件夹直到选中相应的应用程序，单击左键即可启动该应用程序。例如从"所有程序"菜单启动"画图"应用程序，步骤为：单击"开始"按钮，从弹出的"开始"菜单中，选择"所有程序"菜单项；从弹出的"所有程序"菜单中，选择"附件"文件夹；最后单击"画图"应用程序图标。

（3）从"文档"启动应用程序。单击任务栏的"开始"按钮，激活开始菜单，选择"文档"，文档列表显示出最近使用过十五个文档的文件名，单击想使用的文档，Windows 自动打开建立文档的应用程序，同时打开该文档。

（4）使用"运行"命令运行应用程序。单击任务栏的"开始"按钮，激活开始菜单，选择"运行"命令，此时出现"运行"对话框，如图 2-17 所示，输入需要的命令及相应的命令参数或选项，如果没有记住运行应用程序的命令，亦可单击运行对话框中的"浏览"按钮，在出现的"浏览"对话框中，选择想运行的文件。一旦输入完毕或选择完毕，直接按【Enter】键或单击"确定"按钮便可运行该程序。若想作废前面的选择，单击"取消"按钮。

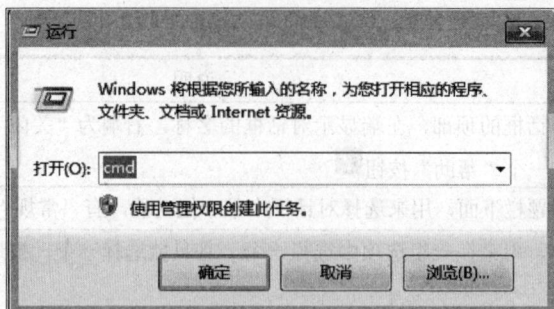

图 2-17　运行对话框

（5）从"Windows 资源管理器"或"计算机"中启动应用程序。"Windows 资源管理器"在"开始"菜单的"所有程序"下的"附件"中，用户可打开"Windows 资源管理器"或"计算机"窗口，再打开应用程序 / 文档所在的文件夹，然后双击该应用程序 / 文档的图标，也可以启动相应的应用程序。

2．退出应用程序

退出任一个 Windows 应用程序都比较简单，主要有如下三种方法：单击应用程序窗口标题栏右端的"关闭"按钮；按【Alt+F4】组合键；单击应用程序的"文件"菜单，在弹出的文件菜单中选择"退出"命令。

2.2.5　中文输入

Windows 提供了多种汉字输入法，在系统安装时已经预装了"智能 ABC 输入法""微软拼音输入法""全拼输入法"等。可以根据使用习惯选择一种汉字输入法，也可以安装喜欢用的其他输入法。

1．汉字输入法热键

安装 Windows7 中文版后，系统将自动设置若干输入法热键。下面是系统设置的三种常用操作热键：

【Ctrl+Space】：输入法/非输入法切换（实际操作中可用来切换中文/英文输入）。

【Shift+Space】：全角/半角切换。

【Ctrl+.（句点）】：中文/英文标点符号切换。

2．输入法设置与添加

在控制面板中点击打开"区域和语言"对话框，如图 2-18 所示，在该对话框中可以添加新的输入法，也可以进行默认输入法的设置。

通常，中文版 Windows 系统默认输入法为"中文（简体）—美式键盘"，若要将自己习惯的输入法设置为默认输入法，可以进行以下操作：

在"区域和语言"对话框中切换到"键盘和语言"选项卡，并点击"更改键盘…"按钮，打开"文本服务和输入语言"对话框。

在"文本服务和输入语言"对话框的"常规"选项卡中，看到当前默认输入法的设置。在默认输入语言框中进行默认输入法的设置，如果没有所需要的输入法，那么可以单击"添加…"按钮添加新的输入法。完成添加后，可以根据"默认输入语言"的下拉列表指定默认输入法，也可以将不需要的多余输入法进行删除。

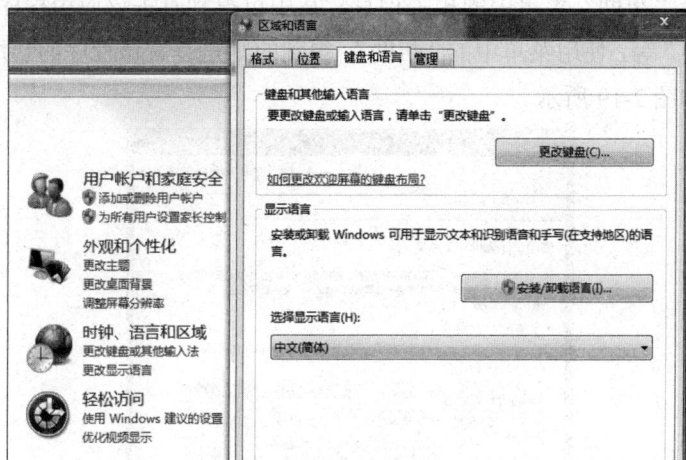

图 2-18 "区域和语言"对话框

3. 中文标点的输入

中文标点和英文标点是不同的，在键盘上是看不到中文标点符号对应的键位的。中文输入法虽然有很多种，但不同的输入法中的中文标点符号在键盘上的键位却是差不多的。若要输入中文标点，必须使当前输入法处于中文标点输入状态。例如，当选择"微软拼音输入法"时，应使"中文/英文标点"按钮显示为 ▇。表 2-3 列出了中文标点在键盘上的对应位置。

表 2-3 中文标点键位表

标点	名称	键位	说明	标点	名称	键位	说明
。	句号	.		）	右括号	)	
，	逗号	,		〈《	单、双书名号	<	自动嵌套
；	分号	;		〉》	单、双书名号	>	自动嵌套
：	冒号	:		……	省略号	^	双符处理
？	问号	?		——	破折号	-	双符处理
！	惊叹号	!		、	顿号	\	
""	双引号	"	自动配对	·	间隔号	@	
''	单引号	'	自动配对	—	连接号	&	
（	左括号	(		￥	人民币符号	$	

2.2.6　使用帮助

Windows 提供了功能强大的系统帮助，可以获取帮助信息的方法也很多。

（1）单击 ![?] 图标，就可以获取相应的帮助。

（2）可以从对话框获取帮助，Windows 7 的大部分对话框的标题栏右端都含有一个"帮助"按钮 ![?]，单击可打开有关该对话框的帮助窗口。

（3）可以获得应用程序的帮助，Windows 中的应用程序一般都有"帮助"菜单。打开应用程序窗口，选择"帮助"菜单中的相关项目，从中可得到有关该应用程序的帮助信息。例如"写字板""画笔"等，使用菜单中的"帮助"，得到的则是有关该程序的帮助信息。Windows 帮助和支持窗口如图 2-19 所示。

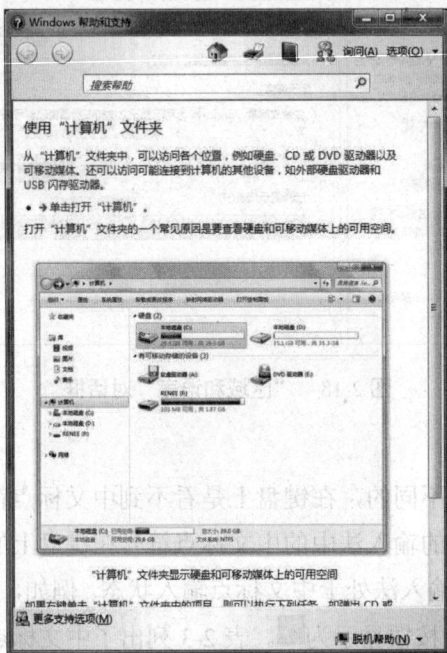

图 2-19　Windows "帮助和支持" 窗口

2.3　资源管理器的使用

计算机中的软件资源都是以文件的形式存放在外存上的，文件是操作系统中用来存储和管理信息的基本单位，是指记录在存储介质（例如磁盘、光盘和磁带）上的一组相关信息的集合。文档是用计算机语言编写的程序，以及进入计算机的各种多媒体信息比如声音图像动画等，都是以文件的方式存放在计算机中的。为了区分磁盘上各个不同的文件，必须给每个文件取一个确定的名字，即文件名，用户就是通过操作系统按名存取文件的。文件的操作包括对文件的建立、存储、打开、关闭和删除等操作。

2.3.1 文件名

文件就是用户赋予了名字并存储在外部介质上的信息的集合，它可以是用户创建的文档，也可以是可执行的应用程序或一张图片、一段声音等。

文件夹不是文件，是存放文件的夹子，是系统组织和管理文件的一种形式，是为了方便用户查找、维护而设置的，如同文件袋，可以将一个文件或多个文件分门别类地放在建立的各个文件夹中，目的是方便查找和管理。可以在任何一个盘中建立一个或多个文件夹，在一个文件夹下还可以再建多级文件夹，一级接一级，逐级进入，有条理地存放文件。

1. 文件和文件夹的命名

任何一个文件都有文件名。文件全名由盘符、路径、文件名和扩展名四部分组成。其格式为：[盘符：][路径]< 文件名>[.扩展名]，例如：E:\学生管理系统\readme.doc。

Windows 可使用长文件名，文件名包括两个部分：文件主名和文件扩展名。

文件主名：建议使用描述性的名称作为文件名，可让用户不需要打开文件就知道文件的内容和用途；

文件扩展名：最后一个 " ." 后的部分，可以为 0 到 3 个字符，用以标识文件类型和创建此文件的程序。

Windows 文件和文件夹的命名应遵循如下约定：

➢ 在文件名或文件夹名中，最多可以有 255 个字符或 127 个汉字，其中包含驱动器和完整路径信息。

➢ 每一文件都可以有 0~3 个字符的文件扩展名，用以标识文件类型和创建此文件的程序，文件名和扩展名中间用符号 "." 分隔，其格式为： "文件名.扩展名"，扩展名一般由系统自动给出。

➢ 文件名或文件夹名中不能出现以下字符：\ / : * ? " < > | 、 "。

➢ 系统保留用户命名文件时的大小写格式，但不区分其大小写，比如 MYfile.txt 与 myfILE.TXT 是同一个文件的文件名。

注意：同一个文件夹中的文件不能同名。

搜索和排列文件时，都可以使用通配符 "*" 和 "? "。其中， "? " 代表文件中的一个任意字符，而 "*" 代表文件名中的 0 个或多个任意字符。比如，要查找所有的文本文件，就可以用*.txt，要查找以 A 打头的所有文件，可以用 A*.*。可以使用多分隔符的名字。例如，Work.教材.2011.DOC。文件夹命名规则和文件命名规则一样，但文件夹没有扩展名。

2. 文件的分类

扩展名常用来标明文件的类型，因此扩展名也称为类型名。常见文件类型与其扩展名如表 2-4 所示。

表 2-4　常见文件类型与扩展名

扩展名	文件类型	扩展名	文件类型
.COM	可执行的系统文件	.PPT	PowerPoint 文件
.EXE	可执行的程序文件	.OBJ	目标程序文件
.BAT	批处理文件	.ASM	汇编源程序文件
.BAK	后备文件	.SYS	系统文件
.LIB	库文件	.HLP	帮助支持文件
.SYS	系统文件	.TMP	暂存或不正确存储的文件
.TXT	文本文件	.DOC	Word 文档文件
.DAT	数据文件	.MDB	Access 数据库文件
.BAK	备份文件	.ZIP	压缩文件
.AVI	视频文件	.BMP	位图文件

在 Windows 系统中，扩展名不同的文件会显示不同的图标，因此可以通过图标的不同来区分文件的类型。但是显示文档图标的依据仍然是文件的扩展名，注意不要轻易修改文件的扩展名，一旦修改了扩展名，会使系统无法识别文件的类型，并可能导致文件无法正确打开。

2.3.2　文件的存储管理——树形目录结构

大量的文件存储在磁盘上，如何有序地对文件进行管理，更快地搜索文件，这是文件管理中的大问题，操作系统采用了日常生活中分类存档的思想，在文件系统中引入了"树形目录结构"的概念。

首先，操作系统将磁盘分为若干盘区，并用 A、B、C、D 等盘符加以标识。通常，用 A 盘、B 盘分别对应两个软盘驱动器表示。硬盘可被划分为一个或多个盘区（或称分区），可分别命名为 C 盘、D 盘等；C 盘一般作为系统盘。此外，还可将移动硬盘、U 盘等也映射成分区。虽然各盘区的储存介质及存储的位置可能不同，但操作系统为用户屏蔽了设备的物理特性，用户可以用同样的方法访问不同的盘。

在每个盘区中，有且仅有一个根目录。当对盘区进行格式化后，在盘区上会自动建立一个根目录。根目录可以用"\"表示。用户可在根目录下建立各种文件，也可以建立子目录。子目录下又可以建立文件，也可以再建子目录。这样，在每一个盘区中都可以形成一个树形目录结构，这是一棵倒置的树，树根在上（即根目录）。由于操作系统中的文件系统采用了树形结构，用户便可以通过建立若干个子目录，把文件分门别类地放在不同的目录之下。

由于文件是以名字来区分的，因而在同一级目录下，文件不能重名。不同目录下的同名文件是允许的，也是可以区分的，不同目录下的子目录也可以重名。

目录的命名方法和文件命名一样，可将其看成是一种特殊的文件。它除了包括所属的文件名外，还包含各文件的附属信息，如文件大小、种类、文件的建立与修改日期、文件存放在磁盘的起始位置等。通过对有关目录的操作就可以方便的对某一目录下的文件进行管理。

在 Windows 中，用"文件夹"的概念代替了"目录"的概念。文件夹是用来储存文件或其他文件夹的地方，使用文件夹的目的是为了对文件进行归类提供方便。文件夹不仅可以理解为普通的文件夹和磁盘驱动器符号，还可以包括"我的电脑"窗口中的"打印机""控制版面""计划任务"和"拨号网络"等。

2.3.3 路径

操作系统对文件是"按名存取"的，磁盘采用树形目录结构。在树形目录结构中，用户创建一个文件时，仅仅指定文件名就显得很不够，还应该说明该文件是在哪一盘区的哪个目录之下，这样才能确定唯一的一个文件。因此，引入了"路径"的概念。路径，准确地说，就是从根目录（或当前目录）出发，到达被操作文件所在目录的目录列表。即路径由一系列目录名组成，目录名和目录名之间用"\"隔开。例如：

路径名："D：\计算机基础\第四章 \ch4.DOC"，是指在 D 盘根目录下"计算机基础"子目录下的"第四章"子目录中的 ch4.DOC 文件。

路径若以"\"开始，表示路径从根目录出发。从根目录出发的路径被称为绝对路径。

路径若从当前目录开始，则称之为相对路径。

注意：路径名中的反斜杠"\"如果夹在目录和文件名之间，它是起隔离目录或文件名的作用，否则就是代表根目录。

如果不指定盘符部分，就表示隐含使用当前盘，如果不指定目录部分，就表示隐含使用当前目录。如上所述，如果将 D 盘指定为当前盘，并将 D 盘上的计算机基础\第四章子目录指定为当前目录，那么指定 ch4.DOC 文件仅用其文件名就可以了。

Windows 用一个".."，表示其上一级目录。

在 Windows 环境下，很多情况都不必直接使用路径，因为打开一个窗口（如资源管理器）以后，已经将树形目录结构中的路径显示在地址栏中了，当前文件夹下的文件或目录也显示在窗口中了。可以单击相关的文件夹和文件，直接进行有关的操作。但在查找文件等一些场合，或是在程序中，或是一些办公软件中，如果要调用文件，应该给出文件所在的路径。

2.4.4 文件和文件夹的浏览

浏览文件和文件夹的主要工具是"计算机"和"资源管理器"。利用它们可以显示文件夹的结构和文件的有关详细信息，启动应用程序、打开文件、复制文件等，此外，还可以利用"地址栏"和"搜索"工具来查找文件和文件夹。

1. "计算机"和"Windows 资源管理器"窗口

"Windows 资源管理器"和"计算机"这两个用于资源管理的工具在 Windows 7 中已经

没有区别，结构、布局和功能均相同，仅仅延续了它们在早期版本中的概念。

双击桌面上"计算机"图标，可打开"计算机"窗口，如图 2-20 所示。

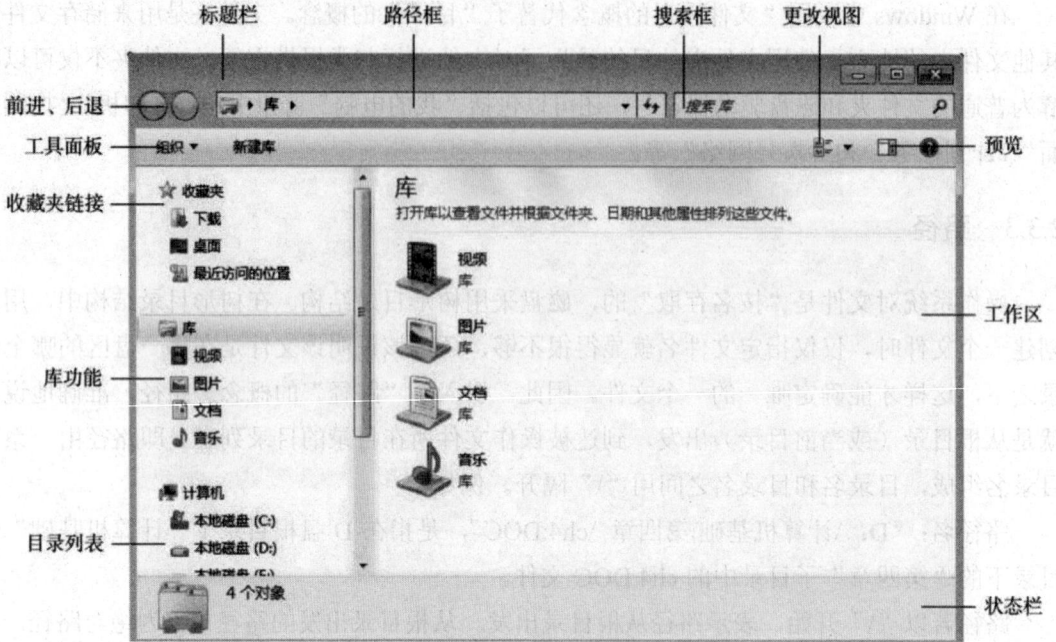

图 2-20 "计算机"窗口

为了方便用户，除了直接双击桌面上"计算机"图标外，Windows 7 还提供了多种方法，用来打开"Windows 资源管理器"。

方法一：单击"开始"菜单，鼠标光标移动到"所有程序"上，选择附件，在附件中选择"Windows 资源管理器"，即可打开"Windows 资源管理器"窗口。

方法二：右键单击"开始"按钮，在快捷菜单中选择"Windows 资源管理器"。

方法三：右键单击 Windows 7 默认的任何组件图标（不含桌面上的应用程序快捷方式图标），或窗口中的驱动器、文件夹图标，在弹出的快捷菜单中选择"在新窗口中打开"。

方法四：右击任务栏上的 图标，选择"Windows 资源管理器"。

2. Windows 的"库"

Windows 把搜索功能和文件管理功能整合在一起的一个具有文件管理的功能叫作"库"。其实质是将分布在硬盘上不同位置的同类型文件进行索引，将文件信息保存到"库"中，也就是说库里面保存的只是一些文件夹或文件的快捷方式，并没有改变文件的原始路径。通过库可以将相关散落在各个盘符、路径下的文件如视频、音频、图片、文档等资料进行统一管理、搜索，可以大大提高工作效率。

Windows7 系统默认建有四个库：视频库、音乐库、图片库、文档库。打开资源管理器，在左侧窗口可以看到库的基本情况。单击相应的库名，则库里的内容可以显示在工作区内。往库里添加内容的方法是在库名上右击，在弹出菜单中选择"属性"命令，打开属性对话框，点击包含文件夹按钮，选择文件夹即可。

用户也可以创建自己的新库，比如，为下载文件夹创建一个库。

方法一：在"Windows 7资源管理器"窗口中，点击工具栏中的"新建库"进行新建。

方法二：首先在任务栏中单击"库"图标 ，打开"库"文件夹，在"库"中右键单击"新建"→"库"，创建一个新库，并输入库的名称。选择文件夹，将其包含到库里即可。可以在一个库里添加多个子库，这样可以将不同文件夹中的同一类型的文件放在同一库中进行集中管理。

为了让用户更方便地在"库"中查找资料，系统提供了强大的"库"搜索功能，这样可以不用打开相应的文件或文件夹就能找到需要的资料。

搜索时，在"库"窗口上面的搜索框中输入需要搜索文件的关键字，然后按【Enter】键，这样系统能自动检索当前的库中的文件信息。随后在该窗口中会列出搜索到的信息，库搜索功能非常强大，不但能搜索到文件夹、文件标题、文件信息、压缩包中的关键字信息外，还能对一些文件中的信息进行检索，这样可以非常轻松地找到自己需要的文件。

在库中可以根据需要对某个库进行共享，这样其他用户就可以通过网上邻居来访问该库了。在Windows 7中，对库进行共享和对文件夹共享的方式是一样的。右击需要共享的库，在弹出的菜单中选择"共享"，并在下拉菜单中选择共享权限即可。

3. 文件和文件夹的显示以及排列方式

在"Windows资源管理器"中，有多种浏览文件和文件夹的方法，可以根据需要随时改变文件和文件夹的显示方式。

打开"Windows资源管理器"窗口，单击搜索框下的"更改视图"。可以改变文件和文件夹的显示方式，单击其右边的三角，弹出快捷菜单，在该快捷菜单中进行需要的设置。

"缩略图""平铺""图标"和"列表"方式仅显示文件和文件夹的图标与名称。"详细信息"方式则可显示文件和文件夹的名称、大小、类型及修改时间等。在使用"详细信息"方式显示文件时，把鼠标放到列标题右侧的分界线上，待鼠标指针变为双向箭头时，拖动鼠标可以调整列的宽度，以便显示出所需要的信息。

为了方便查看，可以对文件和文件夹按不同的顺序排列。在"Windows资源管理器"中，单击"查看"菜单下的"排列图标"，可以根据需要选择不同的排列方式，如按文件和文件夹的"名称""大小""类型"，或者按"修改时间"等。

2.3.5 文件夹和文件的操作

1. 创建文件和文件夹

在Windows 7中，可以在桌面、驱动器以及任意的文件夹上创建新的文件夹。如果要创建文件夹，可按下述几种方法进行。

方法一：单击文件菜单下的新建，选择文件夹，在选定位置出现图标 新建文件夹，可将默认名称"新建文件夹"修改为需要的文件夹名。

方法二：右键单击要创建文件夹的空白处，在快捷菜单中选择"新建"下的"文件夹"。

方法三：单击"资源管理器"工具面板上的"新建文件夹"，在选定位置出现图标📁新建文件夹，可将默认名称"新建文件夹"修改为需要的文件夹名。

2. 复制文件夹或文件

复制文件夹或文件是指在目的路径复制产生一个与源文件或文件夹相同的文件或文件夹。复制文件或文件夹的方法也有多种。

方法一：在"资源管理器"中，用菜单方式或命令方式复制文件或文件夹。步骤是在源窗口选定要复制的对象。单击"编辑"菜单中的"复制"命令，或按【Ctrl+C】组合键。再打开目标窗口，单击"编辑"菜单中的"粘贴"命令，或按【Ctrl+V】组合键。

方法二：用鼠标拖动。如果复制前后的存放位置不在同一个驱动器中，将被选择的对象直接拖到目标窗口即可完成复制。如果在同一驱动器中，则拖动时必须按住【Ctrl】键，否则为移动文件或文件夹。

方法三：利用快捷菜单复制文件或文件夹。首先选定对象，单击鼠标右键，在弹出的快捷菜单中选择"复制"，然后在目标窗口单击鼠标右键，在快捷菜单中选择"粘贴"，即可完成复制。如果要复制到软盘、桌面等，还可使用快捷菜单中的"发送到"命令。

方法四：利用工具面板上的"组织"菜单进行。

（1）选定文件或文件夹。

（2）单击"组织"，弹出菜单，如图 2-21 所示，单击"复制"命令。

图 2-21 "组织"菜单

（3）选择目标文件夹，再单击"粘贴"。

说明：若要一次选定多个相邻的文件或文件夹，可先单击第一个文件或文件夹，然后按住【Shift】键，找到并单击最后一个文件或文件夹。若要一次选定多个不相邻的文件或文件夹，单击第一个文件或文件夹后，按住【Ctrl】键，再单击其余要选择的文件或文件夹。若要选择所有的文件或文件夹，可单击编辑菜单下的全部选定命令或按【Ctrl+A】组合键。

3. 移动文件和文件夹

移动文件和文件夹是指把文件和文件夹从一个位置中移动到另外一个文件夹中，移动操作完成后，源位置的文件或文件夹就不存在了。移动文件或文件夹的方法有以下几个。

（1）鼠标拖动：例如，若把右边窗格中 D 盘下的 biji.txt 文件移动到 E 盘的 temp 文件夹下，则先用鼠标单击选中 biji.txt 文件，按住鼠标左键不放并拖动鼠标，拖到左边的目标文件夹 temp 处，放开鼠标即可。

（2）利用"剪切"和"粘贴"命令：首先将文件和文件夹选定，然后在文件和文件夹

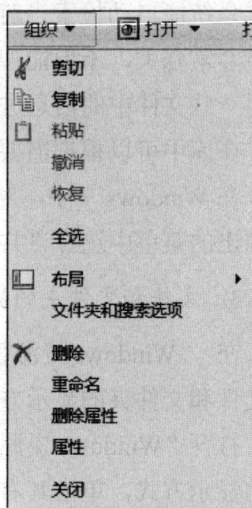

上单击右键，在快捷菜单中选择"剪切"命令。打开目标文件夹，在右边窗格的空白处单击鼠标右键，在快捷菜单中选择"粘贴"命令，即可将其移动过来。

（3）利用"组织"菜单进行。

注意："拖放"操作到底是执行复制还是移动，取决于源文件夹和目的文件夹的关系，在同一磁盘上拖放文件或文件夹是执行移动命令，在不同磁盘之间拖放文件或文件夹是执行复制命令；若拖放文件时按【Shift】键含义正好颠倒过来；如拖动时按【Ctrl】键，不管是否是同一个磁盘，都是执行复制操作；但是若拖动的对象是一个程序，不管是否在一个盘上，拖动通常将创建快捷方式，而不能复制文件本身；按住【Shift】键拖动，则可以移动程序。若要复制，一定要按住【Ctrl】键。

4. 修改文件和文件夹的名称

一般情况下，文件或文件夹的名称应尽可能反映出其包含的内容，即应该做到"见名知义"。若对已经存在的文件或文件夹的名称感到不满意，可随时进行名字的修改。例如：若要将C盘下子文件夹中名为"jisuanji.txt"的文本文件更改为"计算机.txt"，进行如下操作即可修改文件名。

（1）选定要重命名的文件"jisuanji.txt"，单击鼠标右键，弹出的快捷菜单如图2-22所示。

（2）单击快捷菜单中的"重命名"命令，这时文件名中会出现一个编辑框，按退格键【Backspace】或删除键【Delete】删除原文件名，输入"计算机.txt"后，按回车【Enter】键即可。

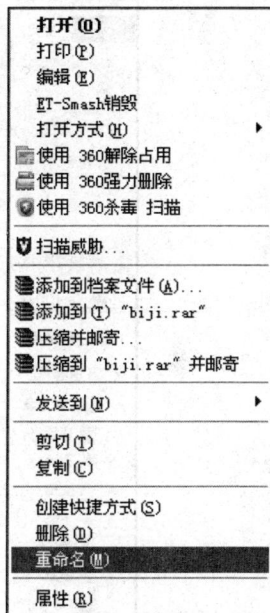

图 2-22 快捷菜单

5. 删除文件和文件夹

当有些文件或文件夹不再需要时，可将其删除掉，以便腾出存储空间。删除后的文件或文件夹将被移动到"回收站"中，在之后，可以根据需要选择将回收站的文件进行彻底删除或还原到原来的位置。

在选定了文件或文件夹后，删除文件有以下几种方法：

（1）直接按键盘上的【Delete】键。

（2）单击文件菜单下的删除命令。

（3）右键单击文件或文件夹，从弹出的菜单中选择"删除"。

（4）单击工具面板中的"组织"菜单中的"删除"命令。

（5）直接将选定对象拖到桌面上的"回收站"。

注意：如果在"回收站"的属性设置中，选中"显示删除确认对话框"复选框，则在删除文件时，将弹出"确认×××删除"对话框。

按【Shift+Delete】快捷键将直接删除文件，而不放入回收站。

6. 恢复被删除的文件和文件夹

被删除的文件或文件夹通常情况下仍存放在回收站中，并没有真正从磁盘上彻底清除，还可将其还原，即恢复到删除到回收站前的状态，可以按如下步骤进行操作。

用鼠标双击桌面上的"回收站"图标，打开"回收站"窗口，如图 2-23 所示。在"回收站"窗口中选定需要还原的文件、文件夹或快捷方式，单击右键，从弹出的菜单中单击"还原"命令即可，或者选定要还原的对象，单击工具面板上的"还原此项目"。

图 2-23　"回收站"对话框

7. 更改文件或文件夹的属性

文件或文件夹的属性记录了文件或文件夹的有关信息，用户可查看、修改和设定文件或文件夹的属性。用鼠标右键单击文件，在弹出的菜单中选择"属性"，弹出如图 2-24 所示的"习题与实验指导.doc 属性"对话框。在常规选项卡的属性栏中，记录了文件的图标、名称、位置、大小等不能任意更改的信息。另外也提供了可以更改的文件的"打开方式"和属性。其中，"只读"属性表明只能对该文件进行读的操作，不允许更改和删除。若将文件设置为"隐藏"属性，则该文件在常规显示中将不被看到，可避免文件因意外操作被删除或损坏。

更改文件夹属性的操作与更改文件的属性操作完全一样，但在文件夹"常规"选项卡中，没有"打开方式"和"更改"按钮，如图 2-25 所示。

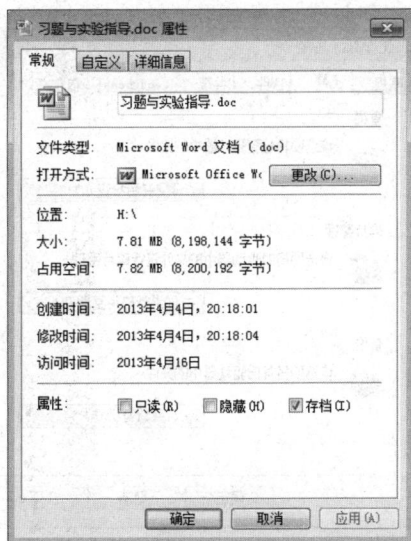

图 2-24　文件"属性"对话框　　　　图 2-25　文件夹"属性"对话框

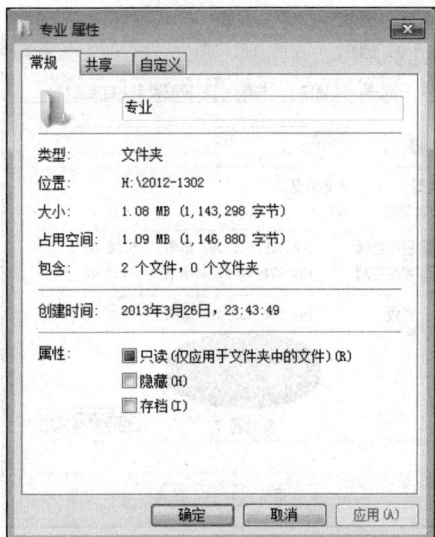

8. 显示隐藏文件或文件夹

在系统默认状态下，出于安全性的考虑，有些文件或文件夹是不显示在文件夹窗口中的，如系统文件、隐藏文件等。如果需要修改或删除这些文件或文件夹，首先必须将它们显示出来。其操作方法为：单击"工具"菜单下的"文件夹选项"，打开"文件夹选项"对话框。单击"查看"选项卡，在"高级设置"下拉列表框中，选择"显示所有文件和文件夹"单选按钮。如果要显示"受保护的操作系统文件"，可以清除"隐藏受保护的系统文件（推荐）"复选框。这时系统会显示警告信息，在警告信息框中单击"是"按钮。

2.3.6　磁盘操作

双击桌面上的"我的电脑"图标，打开"我的电脑"窗口，选择要进行磁盘管理的磁盘，单击鼠标右键，在弹出的快捷菜单中选择"属性"，打开属性对话框。磁盘"属性"对话框常规选项卡如图 2-26 所示，用户可以利用该对话框对该磁盘进行管理和维护。

1. 查看磁盘的基本信息

打开磁盘属性的对话框，在对话框的"常规"选项卡上，显示了磁盘的基本信息，包括卷标、磁盘的类型、使用的文件系统类型、磁盘的容量、已用空间大小、可用空间大小和磁盘容量使用情况的示意饼图等。磁盘"属性"对话框工具选项卡如图 2-27 所示。

2. 更改磁盘的卷标

所谓卷标，就是指用户给磁盘所取的名字。选定磁盘后，单击鼠标右键，在弹出的快捷菜单中选择"重命名"可以更改磁盘的卷标，或者打开磁盘属性的对话框，在对话框的"常规"选项卡上，显示了磁盘卷标，且能在该卷标的文本框中直接输入新的卷标。

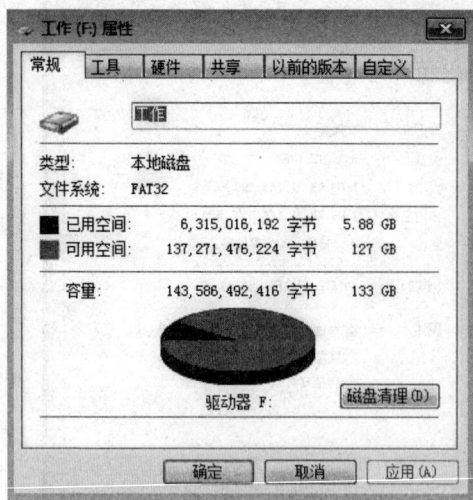

图 2-26　磁盘"属性"对话框常规选项卡

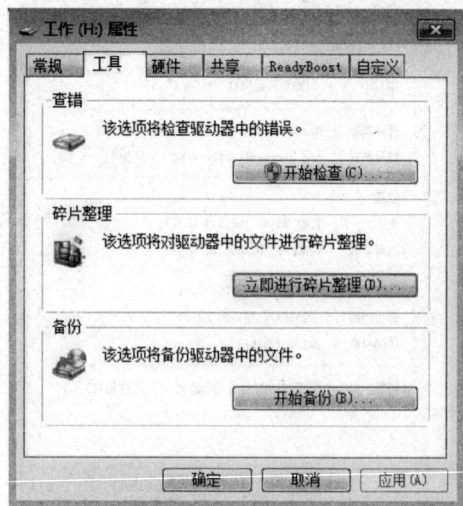

图 2-27　磁盘"属性"对话框工具选项卡

3. 磁盘检查

磁盘检查就是检查当前磁盘，确定是否出错，若出错则用户可以进行选择来确定是否修复。磁盘检查的方法是打开磁盘属性的对话框中的"工具"选项卡。单击"开始检查"按钮，打开磁盘检查对话框，选择要进行的检查操作。单击"开始"按钮后，系统将自动扫描磁盘，检查并修正其中的错误。

4. 碎片整理

由于用户在磁盘上反复建立文件，删除文件，系统要反复进行磁盘空间的分配和回收，在经过多次分配和回收后，就容易出现一些零碎的磁盘存储区域，这些区域虽然空闲但由于容量很小，成为无法利用上的"碎片"。

碎片的出现会降低磁盘的有效存储容量和系统访问磁盘的速度，碎片整理的任务就是将文件和文件夹所占用的空间进行整理，将碎片集中起来形成可使用的较大的空闲存储区域，以提高磁盘的使用率。

进行碎片整理的方法是在磁盘属性对话框的"工具"选项卡上，单击"立即进行碎片整理"按钮，将弹出"磁盘碎片整理程序"对话框，如图 2-28 所示，即可进行整理工作。需要注意的是，由于磁盘整理将所有文件和文件夹所占用的空间重新进行分配和移动，因此花费的时间可能较长。

5. 磁盘备份

磁盘备份是对当前磁盘上的所有文件信息在其他地方保存一个副本，当发生意外事故对文件信息产生破坏时可以利用副本进行恢复。打开磁盘属性的对话框，在对话框的"工具"选项卡上，单击"开始备份"按钮，系统将启动备份向导指导用户完成磁盘备份工作。

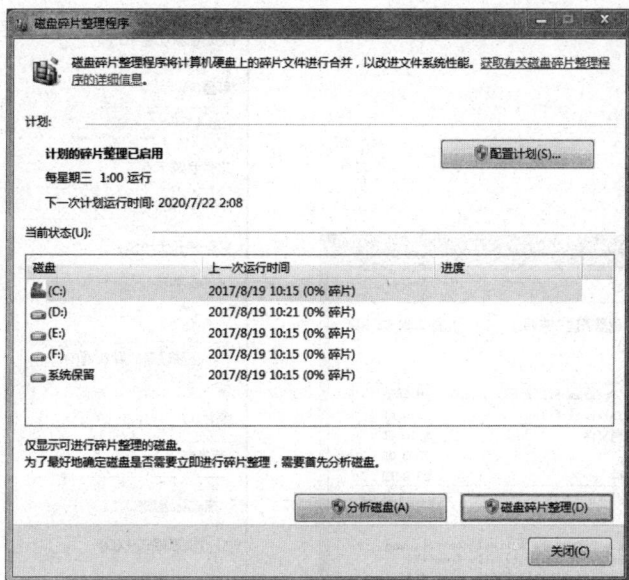

图 2-28　"磁盘碎片整理程序"对话框

6. 磁盘清理

磁盘清理可以将磁盘上不需要的文件全部删除，以释放出更多的磁盘空间。其方法是选择要清理的磁盘，在常规选项卡上单击"磁盘清理"按钮，或是单击任务栏上的"开始"按钮，激活开始菜单，选择"所有程序"下的"附件"中的"系统工具"里的"磁盘清理"命令。在打开的对话框中选择要做磁盘清理工作的驱动器，激活磁盘清理程序，系统将首先扫描磁盘上不需要的文件，可以释放的空间，然后弹出磁盘清理对话框，如图 2-29 所示。在对话框上选择要清理的项目，单击"确定"按钮执行清理工作，单击"取消"按钮则放弃本次清理。

7. 磁盘格式化

新的磁盘在使用前必须进行格式化操作，已经使用的磁盘在使用一段时间后也可以进行重新格式化以清除磁盘上的原有信息。双击桌面上的"计算机"图标，选择要进行格式化的磁盘，单击鼠标右键，在弹出的快捷菜单中选择"格式化"或在文件菜单中选择"格式化"可以打开磁盘格式化对话框，如图 2-30 所示，选择要格式化的磁盘、磁盘的文件系统类型和格式化类型，格式化类型包括快速（清除）：适用于没有坏区的旧盘；全面：格式化新盘必须选此项；仅复制系统文件：将系统文件复制到已格式化的盘上，不清除盘上原来文件，以后可以使用该盘启动计算机。

格式化类型选好后，单击"开始"按钮，系统就对磁盘进行格式化，格式化完毕后，显示该磁盘的信息，然后选择"关闭"命令。

注意：磁盘进行格式化后，原来存储在磁盘上的信息将全部丢失。

图 2-29 磁盘清理程序

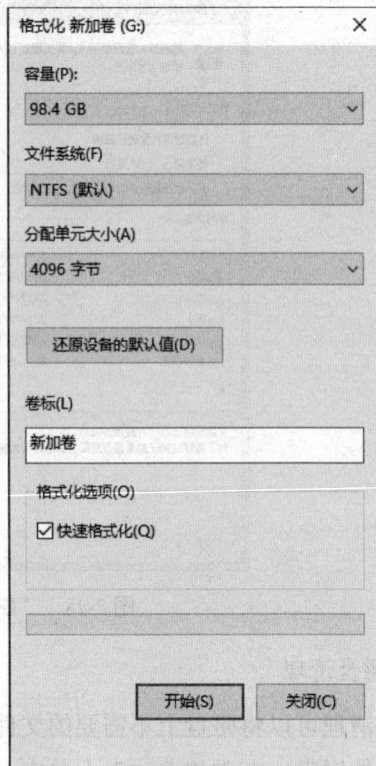

图 2-30 磁盘格式化对话框

2.4 Windows 7 控制面板

"控制面板"是 Windows 7 提供的用来对系统进行设置的工具集，集成了设置计算机软硬件环境的绝大部分功能，用户可以根据需要和爱好进行设置。

启动"控制面板"的方法是：在"计算机"中，单击工具面板上的任务窗格中的"打开控制面板"，或单击"开始"菜单中的"控制面板"，都可以打开"控制面板"窗口，如图 2-31 所示。在"控制面板"中，最常见的项目按照分类进行组织。分为系统和安全、用户账户和家庭安全、网络和 Internet、外观和个性化、硬件和声音、时钟语言和区域、程序、轻松访问等类别，每个类别下会显示该类的具体功能选项。

除了"类别"，控制面板还提供了"大图标"和"小图标"两种查看方式，只需点击控制面板右上角"查看方式"旁边的小箭头，从中选择自己喜欢的形式就可以了。

Windows 7 系统的搜索功能非常强大，在控制面板中也有好用的搜索功能，只要在控制面板右上角的搜索框中输入关键词，按【Enter】键后即可看到控制面板功能中相应的搜索结果，这些功能按照类别进行分类显示，一目了然，极大地方便用户快速查看。

图 2-31 "控制面板"窗口

2.4.1 鼠标的设置

若不喜欢鼠标的默认设置，可以重新设定鼠标。例如，左撇子可以更换鼠标左右键的功能，也可以调整双击的速度。还可以对鼠标指针进行更改，可以更改外观，改善可见性，或将其设置为在输入字符时隐藏等。要对鼠标进行设置，可在控制面板中单击"鼠标"，即可打开"鼠标属性"对话框，如图2-32所示。

该对话框包括"鼠标键""指针""指针选项""滑轮"和"硬件"五个选项卡（随鼠标的不同而改变），可以根据需要完成相应的设置。

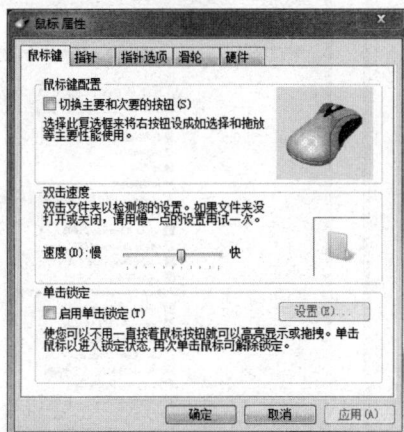

图 2-32 "鼠标属性"对话框

2.4.2 日期、时间、区域和语言设置

"日期、时间、区域和语言设置"用于更改系统的日期、时间、区域等，还可以根据需要添加或删除输入法。

1. 日期和时间

若需要更改系统日期和时间，可在控制面板中单击"时钟、语言和区域"选择"日期和时间"，也可以双击任务栏右端的时钟按钮，即可打开"日期和时间"对话框。在对话框中选择"日期和时间"选项卡，进行日期和时间的调整，完成设置后，单击"确定"按钮。

2. 区域和语言选项

在控制面板中的单击"时钟、语言和区域"选择"区域和语言选项"，可打开"区域和语言选项"对话框，如图 2-33 所示。在"键盘和语言"选项卡中，可以进行键盘和语言的设置。

2.4.3 更改或删除程序

在使用计算机的过程中，经常需要安装程序、更新程序或删除已有的应用程序。可在控制面板中单击"程序"，打开"卸载或更改程序"窗口，如图 2-34 所示，列出了当前安装的所有程序。

对于不再使用的应用程序，应该卸载删除，很多软件在安装完成后，会在其安装目录或程序组的快捷菜单中有一个名为"Uninstall+应用程序名"或"卸载+应用程序名"的文件或快捷方式，执行该程序即可自动卸载该应用程序。但如果应用程序没有带 Uninstall 程序，或需要更改应用程序的安装设置时，可选中要删除或更改的程序，再单击 "卸载"或"卸载/更改"，按提示进行操作即可。

图 2-33 "区域和语言"对话框　　　　图 2-34 "添加或删除程序"窗口

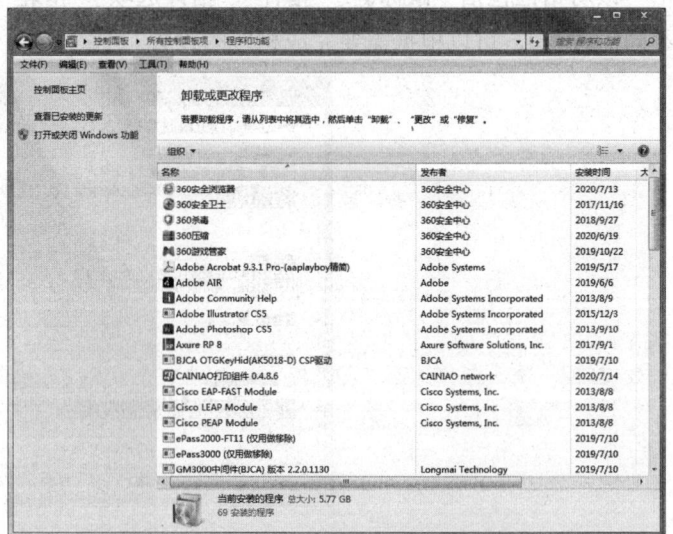

注意：删除应用程序不要通过打开其所在文件夹，然后删除其中文件的方式来删除某个应用程序。因为有些 DLL 文件安装在 Windows 目录中，因此不可能删除干净，而且很可能会删除某些其他程序也需要的 DLL 文件，导致破坏其他依赖这些 DLL 文件的程序。

2.4.4　打印机和其他硬件

Windows 7 自带了一些硬件的驱动程序，对于"即插即用"的硬件设备，不需要用户进行安装，在启动计算机的过程中，系统会自动搜索新硬件并加载其驱动程序，同时在任务栏上会提示其安装过程，如"查找新硬件""发现新硬件""已经安装好并可以使用了"等信息。如果用户所连接的硬件设备的驱动程序系统中没有，当系统检测到有新的硬件接到计算机系统中，则会出现安装向导，指导用户进行新设备的安装。如果在新设备插入时没有安装，可以单击控制面板中的"打印机和其他硬件"，选择相应的设备类型，可以进行设备的安装。

2.4.5　用户账户和家庭安全

当多人共享计算机时，有时设置会被意外修改，用户之间可能会相互影响。Windows7 加强了安全性，具有多种登录方式可供选择。每个用户可以有自己的个性化的工作环境和运行权限，还可保护个人的系统配置，可以使用多重身份在应用程序之间穿梭。

例如，在家庭和公司环境中，使用标准用户账户可以提高安全性。当用户使用标准用户权限（而不是管理权限）运行时，系统的安全配置（如防病毒和防火墙配置）将得到保护。这样，用户可以拥有安全的区域，可以保护账户及系统的其余部分。而在共享家庭计算机上，不同的用户账户将受到保护，避免其他账户的更改。

Windows 7 有计算机管理员账户、受限制账户和来宾账户三种账户类型。

计算机管理员账户拥有对系统的完全控制权，可以改变系统设置，安装、删除程序和访问计算机上所有的文件。除此之外，还可以创建和删除计算机上的用户账户，更改其他人的账户名、图片、密码和账户类型等。Windows 7 中至少要有一个计算机管理员账户，当只有一个计算机管理员账户时，该账户不能改成受限制账户。

受限制账户可以访问已经安装在计算机上的程序，更改自己的账户图片，可以创建、更改或删除自己的密码，但无权更改大多数计算机的设置和删除重要文件，不能安装软件或硬件，也不能访问其他用户的文件。在使用受限制账户时，某些程序可能无法正确工作，如果发生这种情况，可由计算机管理员将其账户类型临时或永久性的更改为计算机管理员。

来宾账户则是给那些在计算机上没有用户账户的人用的，来宾账户权力最小，它没有密码，可以快速登录，能做的事情也就仅限于检查电子邮件或者浏览 Internet 等简单操作。默认情况下来宾账户是没有激活的，因此必须要激活后才能使用。

要进行新账户增加或账户注册方式的更改等，可单击控制面板下的"用户账户和家庭安全"，打开窗口，如图 2-35 所示，点击用户账户，在弹出的用户账户窗口中进行相应的操作。

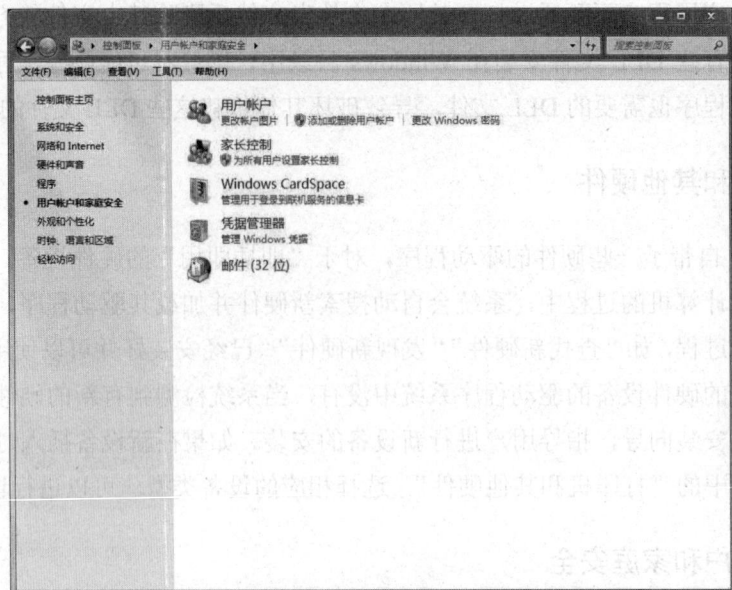

图 2-35   "用户账户和家庭安全"窗口

Windows 7 自带有家长控制功能，家长可以使用这个功能设置允许孩子使用的电脑的时段、可以玩的游戏类型以及可以运行的程序。这样即使父母不在家，也不必担心孩子无节制地使用电脑。

2.5   Windows 7 附件

Windows XP 的附件中有记事本、计算器等常用的应用程序，可以给用户提供方便。单击"开始"→"所有程序"→"附件"即可见到附件下的所有程序，如图 2-36 所示。只要单击相应的菜单项，就可打开相应的应用程序。

2.5.1   记事本

"记事本"是一个用来创建简单文档的文本编辑器，如图 2-37 所示，记事本可以用来查看或编辑纯文本文件（.TXT）。由于"记事本"保存的 TXT 文件不包含特殊的字符或其他格式，所以可以被 Windows 中的大部分应用程序调用。"记事本"使用方便、快捷、应用广泛，如一些应用程序的自述文件"Readme"通常是以记事本的形式保存的。另外，也常用"记事本"编辑各种高级语言的程序文件，也是创建 Web 页 HTML 文档的一种较好的工具。

在"记事本"中用户可以使用不同的语言格式创建文档，而且可以用不同的编码进行打开或保存文件，如 ANSI、UTF-8 或 Unicode，Unicode big-endian 等格式。当使用不同的字符集工作时，程序将默认保存为标准的 ANSI（美国国家标准化组织）文档。

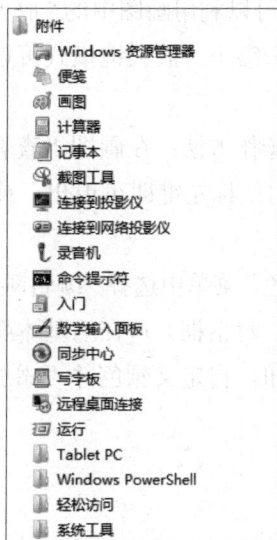

图 2-36 "附件"中的应用程序菜单

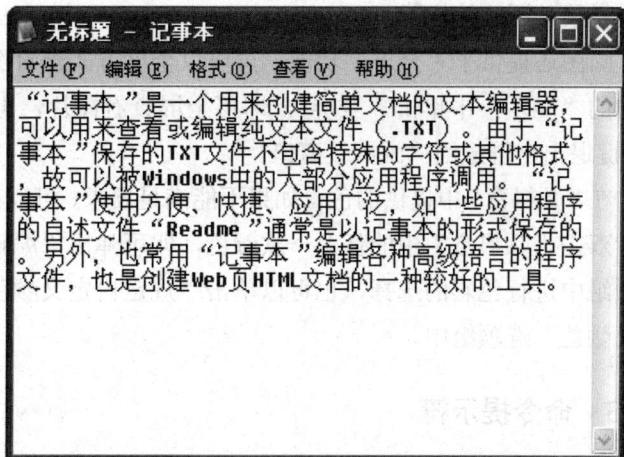

图 2-37 "记事本"

2.5.2 画图

"画图"程序是一个位图编辑器，可以用它创建简单或精美的图画，也可以对图片进行处理。一些简单的比如裁剪、图片的旋转、调整大小等，用画图就能轻松实现，在处理完成后，可以用 png、Jpg、Gif、Bmp 等格式将图片存盘，可以打印所绘的图，还可以将它作为桌面背景，或作为文件插入到其他文档中。"画图"应用程序窗口，如图 2-38 所示。

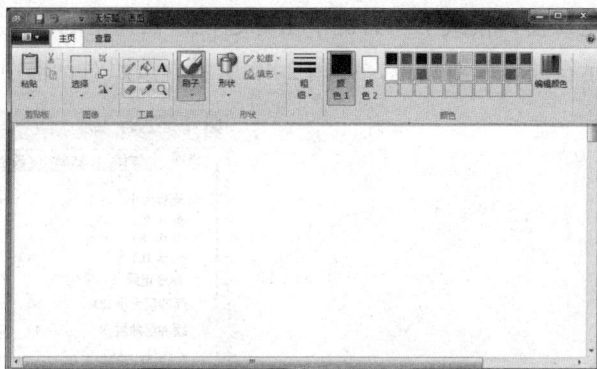

图 2-38 "画图"程序

在画图程序中打开一张图片，若该图片的原始尺寸较大，可通过右下角的滑动标尺进行调整将比例缩小，就可在画图界面查看整个图片。也可在画图的查看菜单中，直接点击放大或缩小来调整图片的显示大小。

在查看图片时，尤其是需要了解图片部分区域的大致尺寸时，可利用标尺和网格线功能。操作方法是：在查看菜单中，勾选"标尺"和"网格线"即可。

有时因为图片局部文字或者图像太小而看不清楚，这时，就可以利用画图中的"放大镜"工具，放大图片的某一部分。鼠标左键单击放大，鼠标右键单击缩小。放大镜模式可以通过侧边栏移动图片的位置。

画图还提供了"全屏"功能，可以以全屏方式查看图片。操作方法：在画图"查看"选项卡的"显示"中单击"全屏"，即可全屏查看图片，再次单击鼠标左键即可退出，或者按Esc键退出全屏返回"画图"窗口。

在"颜料盒"中提供的色彩如果不能满足要求，可以在"颜色"菜单中选择"编辑颜色"，或者双击"颜料盒"中的任意一款颜色，即可弹出"编辑颜色"对话框。可在"基本颜色"选项组中进行色彩的选择，也可以单击"规定自定义颜色"按钮，自定义颜色并"添加到自定义颜色"选项组中。

2.5.3 命令提示符

Windows 7 的"命令提示符"程序又被称为"MS-DOS 方式"。MS-DOS 是 Microsoft Disk Operating System 的缩写，"MS-DOS 方式"是在 32 位以上系统（如 Windows XP、Windows NT 和 Windows 2000 等）中仿真 MS-DOS 环境的一种外壳。因为 MS-DOS 应用程序运行安全、稳定，所以有的用户还在使用。

Windows 7 中的"命令提示符"提高了与 DOS 操作命令的兼容性，在 Windows 7 系统下可以直接运行 DOS 程序。"命令提示符"窗口如图 2-39 所示。可在窗口中的命令提示符">"之后输入 DOS 命令，按回车执行该命令。

可以设置"命令提示符"窗口属性，即可以改变"命令提示符"程序的窗口模式、字体、布局和颜色等。方法是在窗口模式下，右键单击标题栏，在弹出的快捷菜单中选择"属性"命令，打开"命令提示符属性"对话框，如图 2-40 所示，按照对话框中的提示操作即可。

图 2-39 "命令提示符"窗口　　　　　　图 2-40 "命令提示符"属性对话框

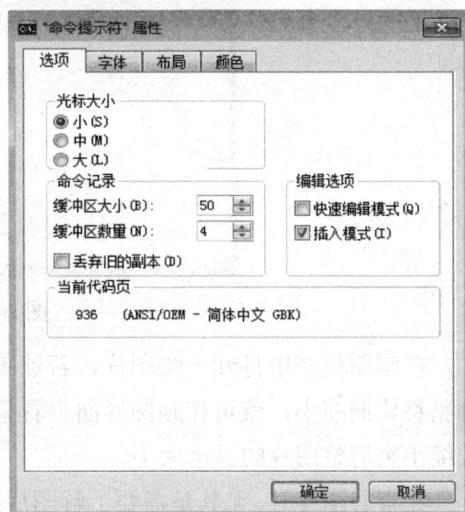

2.6　Windows7 注册表

Windows 7 注册表实际上是一个庞大的数据库，用于记录机器软硬件环境的各种信息，注册表对操作系统及应用程序的正常运行至关重要。它包含了 Windows 系统和应用程序的初始化信息、应用程序和文档文件的关联、硬件设备的说明、状态和属性等各种信息，操作系统和应用程序频繁访问注册表，以保存和获取必要的数据。

一般情况下，注册表中的数据可直接通过操作系统及应用软件提供的界面来自动变更。但也可以通过注册表编辑器对注册表的数据直接修改。直接修改注册表的好处有：一是快捷，可以不经由操作系统或应用软件，绕过不少复杂的操作；二是有些数据操作系统或应用软件不提供修改途径，若要进行变更，只能通过注册表直接修改。由于 Windows 7 是严格的多用户操作系统，在进行注册表操作时，应以管理员（Administrators）成员身份进入。

2.6.1　Windows 7 注册表编辑器

Windows 7 提供一个编辑注册表文件的编辑器，打开编辑器的方法是单击"开始"，在搜索框中输入"regedit"，按【Enter】键或者用鼠标点击搜索到的程序，即可打开注册表编辑器。注册表编辑器的界面类似于资源管理器，如图 2-41 所示。

图 2-41　注册表编辑器

编辑器左栏是树形目录结构，共有五个根目录，称为子树。各子树以字符串"HKEY_"为前缀（分别为HKEY_CLASSES_ROOT, HKEY_CURRENT_USER, HKEY_LOCAL_MACHINE, HKEY_USERS，HKEY_CURRENT_CONFIG）；子树下依次为项、子项和活动子项，活动子项对应右栏中的值项，值项包括名称、数据类型和值三部分。

在 Windows 7 注册表编辑器中，可直接修改、添加和删除项、子项与值项，并且可利用查找命令快速查找各子项和值项。

1. 设置权限

在多用户情况下，可设置注册表的某个分支不能被指定用户访问，方法是选择要处理的项，并选择菜单"编辑"下的"权限"，然后可在对话框中设置相应权限。但这里要注意，设置访问权限意味着该用户其进入系统后运行的任何程序均不能访问此注册表项，建议用户不要用此功能。

2. 查找

选择菜单编辑下的"查找"（或按【Ctrl+F】组合键），在弹出的"查找"窗口中选择要查找目标的类型，并输入待查找的内容，单击"查找下一个"按钮，等待片刻便能看到结果，按【F3】键可查找下一个相同目标。

3. 收藏

有些注册表项经常需要修改，这时可将此项添加到"收藏夹"中。选择注册表项，单击"收藏"→"添加收藏夹"，输入名称并确定，该注册表项便添加到了"收藏"列表中，以后访问时可直接从"收藏夹"进入。

4. 添加子项或值项

在左窗格中选择要在其下添加新项的注册表项，然后在右窗格中单击鼠标右键，选择"新建"下的"项"或"值项"数据类型。

5. 更改值项

右键单击要更改的值项，选择"修改"，然后输入新数据并单击"确定"按钮即可。实际上，如要删除、重命名子项、值项，只须选择相应对象，单击右键，即可选择进行相应操作。

6. 注册表项的"导出"和"导入"

选择要导出的注册表项，单击"文件"菜单下的"导出"，"保存类型"一般选择"*.reg"，输入文件名后单击"保存"即可。要导入已备份的注册表项只需单击"文件"下的"导入"，并选择准备导入的文件，若是上一步导出时存为.reg 文件，导入时直接双击此文件即可完成任务。

2.6.2 备份注册表

注册表包含有复杂的系统信息，对计算机至关重要，对注册表更改不正确可能会使计算机无法操作。当需要修改注册表的时候，一定要备份注册表，将备份副本保存到保险的文件夹或者 U 盘中，若想要取消更改，导入备份的注册表副本，就可以恢复原样了。

要备份注册表先要打开注册表编辑器，再点击"文件"菜单中的"导出"。在"导出注册表文件"面板的"保存在"列表框中，选择要保存备份副本的文件夹位置，然后在"文件名"框中输入备份文件的名称。再单击"保存"后，当前注册表信息就会被保存在一个.reg 文件中，如果注册表发生什么错误或者问题，可以用相似的步骤，将保存好的注册表信息导入系统中，就可以轻松解决注册表错误导致的问题。

在编辑注册表之前，最好使用"系统还原"创建一个还原点。该还原点包含有关注册表的信息，可以使用该还原点取消对系统所做的更改。

【本章习题】

一、单项选择题

1．Windows 7 中采用_____结构来组织和管理文件。

A．线形　　　　　　　B．星形　　　　　　　C．树形　　　　　　　D．网形

2．Windows 7 中用来进行"复制"的快捷键是_____。

A．Ctrl+A　　　　　　B．Ctrl+C　　　　　　C．Ctrl+V　　　　　　D．Ctrl+X

3．Windows 7 中用来进行"粘贴"的快捷键是_____。

A．Ctrl+A　　　　　　B．Ctrl+C　　　　　　C．Ctrl+V　　　　　　D．Ctrl+X

4．在以下 4 个字符中，_____不能作为一个文件的文件名的组成部分。

A．A　　　　　　　　B．*　　　　　　　　C．$　　　　　　　　D．8

5．Windows 7 是一种_____软件。

A．信息管理　　　　　B．实时控制　　　　　C．文字处理　　　　　D．系统

6．Windows 7 是一个可同时运行多个程序的操作系统，当多个程序被依次启动运行时，屏幕上显示的是_____。

A．最初一个程序窗口　　　　　　　　　　B．最后一个程序窗口

C．系统的当前窗口　　　　　　　　　　　D．多窗口叠加

7．在 Windows 7 中，"桌面"指的是_____。

A．整个屏幕　　　　　　　　　　　　　　B．全部窗口

C．某个窗口　　　　　　　　　　　　　　D．活动窗口

8．在 Windows 7 的"开始"菜单中，如果菜单项后面有"▶"符号，那么表示_____。

A．该菜单不能操作　　　　　　　　　　　B．选用该菜单会出现对话框

C．该菜单有级联菜单　　　　　　　　　　D．可用组合键来执行此菜单命令

9．以下有关 Windows 7 的说法中正确的是_____。

A．双击任务栏上的日期/时间显示区，可调整机器默认的日期或时间

B．如果鼠标坏了，将无法正常退出 Windows

C．如果鼠标坏了，就无法选中桌面上的图标

D．任务栏只能位于屏幕的底部

10．以下有关 Windows 7 的说法中正确的是_____。

A．正确的关机顺序是：退出应用程序，回到 Windows 桌面，直接关闭电源

B．系统默认情况下，右击 Windows 桌面上的图标，即可运行某个应用程序

C．若要重新排列图标，应首先双击鼠标左键

D．选中图标，再单击其下的文字，可修改其内容

11．在 Windows 7 中，关于开始菜单叙述不正确的一条是____。

A．单击开始按钮可以启动开始菜单

B．在任务栏和开始菜单属性窗口中可以选择开始菜单的样式

C．可以在开始菜单中增加菜单项，但不能删除菜单项

D．用户想做的任何事情都可以从开始菜单开始

12．在 Windows 7 的资源管理器中，不能对文件或文件夹进行更名操作的是_____。

A．单击"文件"菜单中的"重命名"命令

B．右键单击要更名的文件或文件夹，选择快捷菜单中的"重命名"命令

C．快速双击要更名的文件或文件夹

D．第一次单击选中文件，再在文件名处单击，输入新名字

13．不属于 Windows 7 的任务栏组成部分的是____。

A．开始按钮   B．应用程序任务按钮

C．通知区域   D．最大化窗口按钮

14．如果一个窗口被最小化，则该窗口____。

A．被暂停执行   B．被转入后台执行

C．仍在前台执行   D．不能执行

15．在 Windows 7 的"开始"菜单里的项目及其所包含的子项____。

A．是固定的   B．是不能删减的

C．只能在安装系统时产生   D．某些项目中的内容可以由用户自定义

16．通常鼠标只需要用两个键就能完成对 Windows 7 的基本操作，这两个键分别是____。

A．左键和中键   B．左键和右键

C．右键和中键   D．滑动轮和左键

17．Windows 7 中，"开始"菜单一般位于屏幕的____。

A．右下角   B．左下角   C．左上角   D．右上角

18．控制面板可以在____中找到。

A．计算机   B．"开始"菜单

C．网络   D．帮助和支持

19．在 Windows 7 中，为了重新排列桌面上的图标，首先应进行的操作是____。

A．用鼠标右键单击桌面空白处

B．用鼠标右键单击"任务栏"空白处

C．用鼠标右键单击已打开窗口的空白处

D．用鼠标右键单击"开始"按钮

20．在 Windows 7 中记事本生成的文本文件，默认的扩展名是_____。

A．TXT   B．DOC   C．XSL   D．WPS

21．在资源管理器中，选定多个连续文件的方法是_____。

A．单击第一个文件，然后鼠标指向最后一个文件名，按住【Shift】键同时单击

B．单击第一个文件，然后鼠标指向最后一个文件名，按住【Ctrl】键同时单击

C．单击第一个文件，然后鼠标指向最后一个文件名，按住【Tab】键同时单击

D．单击第一个文件，然后鼠标指向最后一个文件名，按住【Alt】键同时单击

22．在资源管理器中文件夹左侧带"▷"表示_____。

A．这个文件夹已经展开了

B．这个文件夹受密码保护

C．这个文件夹是隐含文件夹

D．这个文件夹下还有子文件夹且未展开

23．切换中英文输入法的快捷键是_____。

A．Ctrl+Space   B．Alt+ Space   C．Shift+ Space   D．Tab+ Space

24．在资源管理器中要执行全部选定命令可以按_____快捷键。

A．Ctrl+S   B．Ctrl+V   C．Ctrl+A   D．Ctrl+C

25．在 Windows 7 中，打开"资源管理器"窗口后，要改变文件或文件夹的显示方式，应选用_____。

A．"文件"菜单   B．"编辑"菜单

C．"工具"菜单   D．"帮助"菜单

26．控制面板的作用是_____。

A．控制所有程序的执行   B．设置开始菜单

C．对系统进行有关的设置   D．设置硬件接口

27．要在不同驱动器间移动文件夹，必须在鼠标选中后并拖曳至目标位置的同时要按_____键。

A.Ctrl   B.Alt   C.Shift   D.Caps Lock

28．要永久删除一个文件可以按_____快捷键。

A．Ctrl+End   B．Ctrl+Delete   C．Shift+Delete   D．Alt+Delete

29．如果要搜索 salary1．txt，salary2．doc 和 salary．xls 三个文件，可使用带通配符的文件名为_____。

A．salary?．*   B．salary?   C．*salary   D．salary *．?

30．在附件中不能找到_____。

A．画图   B．写字板   C．记事本   D．控制面板

31．在 Windows 7 中，按【PrintScreen】键，则使整个桌面显示的内容_____。

A．打印到打印纸上　　　　　　　　　　B．打印到指定文件

C．复制到指定文件　　　　　　　　　　D．复制到剪贴板

32．在资源管理器中，选定多个不连续文件的方法是_____。

A．单击第一个文件，然后按住【Shift】键时单击要选的其他文件

B．单击第一个文件，然后按住【Ctrl】键同时单击要选的其他文件

C．单击第一个文件，然后按住【Tab】键同时单击要选的其他文件

D．单击第一个文件，然后按住【Alt】键同时单击要选的其他文件

33．在 Windows 7 的"回收站"中存放的_____。

A．只能是硬盘上被删除的文件或文件夹

B．只能是软盘上被删除的文件或文件夹

C．可以是硬盘或软盘上被删除的文件或文件夹

D．可以是所有外存储器中被删除的文件或文件夹

34．关于快捷方式，不正确的描述为_____。

A．删除快捷方式后，它所启动的程序或文件也被删除

B．可以在桌面上建立

C．可以在文件夹中建立

D．可以在"开始"菜单中建立

35．以下_____英文单词代表来宾账户。

A．User1　　　　　　　　B．Guest　　　　　　C．Administrator　　　　　　D．VIP

二、问答题

1．举例说明鼠标的几种基本操作。

2．回收站的功能是什么？

3．在文件管理和文件搜索中，"*"和"?"有什么特殊作用？请举例说明如何使用这两个特殊符号。

4．简述在 Windows 7 中格式化磁盘的方法。

第 3 章　文字处理 Word 2010

【本章概览】

Word 2010 是目前使用最为广泛的办公自动化软件 Office 2010 的组件之一，主要用于文字处理。通过 Word 2010，用户可以对输入的文字进行排版，如设置字体、字号、字间距、行间距等，还可以在文档中插入表格，并能对表格进行处理，还可以在文档中进行图片的插入，使用户方便快捷地制作出图文并茂、形式活泼多样的文稿。

Word 2010 的文档管理主要包括文件的建立、打开、保存、编辑，文档格式设置主要有字符、段落、页面、样式的设置。Word 2010 高效排版技术主要包括批注、题注、尾注、交叉引用、域和邮件合并、超链接等。

【知识要点】

- ➢ Word 2010 的基本操作
- ➢ 文档的格式设置
- ➢ 图文混排技术
- ➢ Word 2010 中的表格
- ➢ Word 2010 高效排版技术

3.1　Word 2010 基本知识

Word 2010 是 Microsoft 公司开发的 Office 2010 办公组件之一，主要用于文字处理工作，它是一款广泛流行的文字处理软件。

3.1.1 Word 2010 的启动与退出

1. 启动方法

Word 2010 中文版文字处理软件的启动方法可以有多种，主要方法如下。

（1）单击屏幕底部任务栏中的"开始"按钮，将鼠标指针指向菜单中的"程序"项，再单击"程序"菜单中的 Microsoft Word。

（2）在"程序"菜单中，单击"Windows 资源管理器"或在"我的电脑"中双击任意扩展名为 DOCX 的文件（即为 Word 文档），就能够启动 Word 2010 并同时打开该文件。

2．退出方法

与以往 Word 相比，Word 2010 在界面上有所改进，最显著的特征就是去掉了 Word 按钮，而在 Word 2010 的功能区中新增了"文件"按钮。使用"文件"选项卡中的"退出"命令，也可使用【Alt+F4】快捷键。若对文档进行过编辑修改而没有保存，Word 2010 将显示一个信息警告框，询问用户是否保存更改后的内容。单击"是"按钮，Word 2010 将保存修改后的文档，然后退出；单击"否"按钮，不保存所做的修改，直接退出；单击"取消"按钮，则继续停留在 Word 2010 中，既不保存文档也不退出。

3.1.2 Word 2010 工作界面

从 Office 2007 开始，Office 就摒弃了传统的菜单和工具栏模式，而使用一种称为功能区的用户界面模式，这种改变使操作界面变得简洁且明快，使用户操作更加简单快捷。Office 功能区实际上是一个常用操作命令的集合体，用户能快速找到相关操作命令。功能区是位于屏幕顶端的带状区域。功能区中设置了面向任务的选项卡，在选项卡中集成了各种操作命令，而这些命令根据完成任务的不同分为各个任务组。功能区中的每一个命令按钮可以执行一个具体的操作，或进一步显示下一步命令菜单，相当于旧版本中的命令菜单项。

启动 Word 2010 后，屏幕显示的是它的工作窗口，同时打开一个名为"文档 1"的空白文档，如图 3-1 所示。

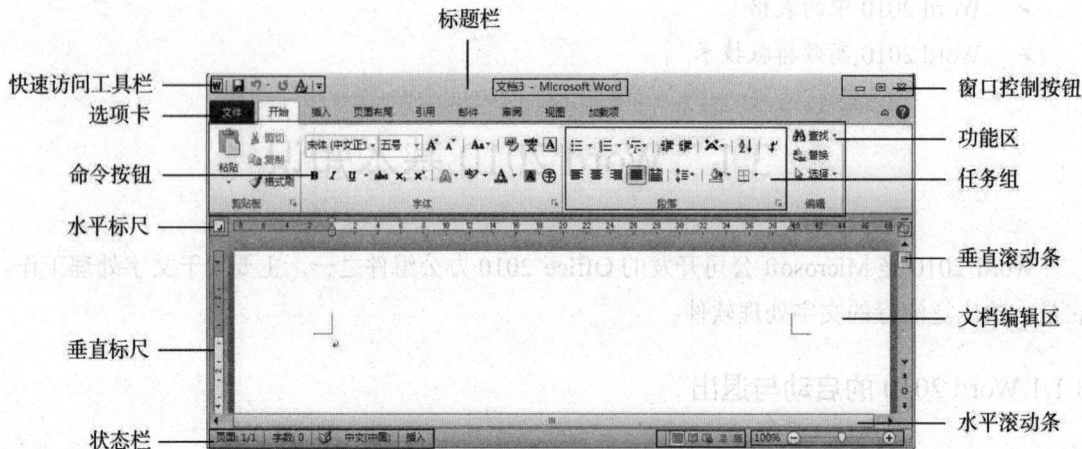

图 3-1　Word 2010 的工作界面

1．快速访问工具栏

快速访问工具栏位于工作界面的顶部，用于快速执行某些操作。图标为程序控制图标。单击它会出现如图 3-2 所示快捷菜单，可以通过它完成最大化、最小化、关闭、移动窗口等操作。图标是保存按钮，用以保存当前文档。和图标是撤销和恢复按钮，单击撤销按钮可以撤销最近执行的操作，恢复到执行操作前的状态。而恢复按钮的作用跟撤销按钮刚

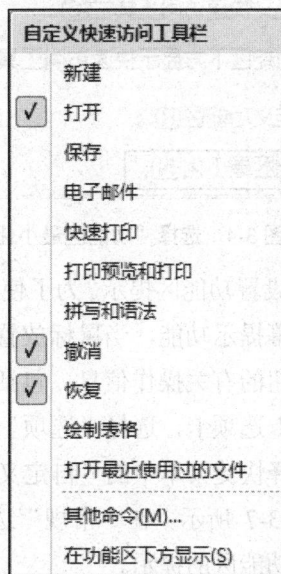

好相反。图标是自定义快速访问工具栏，单击它会出现如图 3-3 所示快捷菜单，它具有高度的可定制性，用户可以将命令按钮添加到快速访问工具栏以方便使用。同时，快速访问工具栏中的按钮也可以随时删除，用户也可以根据需要改变其在主界面中的位置。

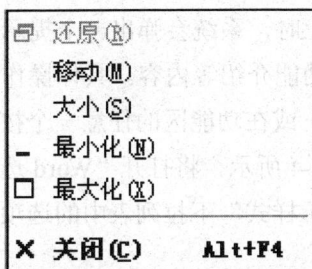

自定义快速访问工具栏
新建
✓ 打开
保存
电子邮件
快速打印
打印预览和打印
拼写和语法
✓ 撤消
✓ 恢复
绘制表格
打开最近使用过的文件
其他命令(M)...
在功能区下方显示(S)

🗗 还原(R)	
移动(M)	
大小(S)	
▬ 最小化(N)	
☐ 最大化(X)	
✕ 关闭(C)	Alt+F4

图 3-2　程序控制快捷菜单　　　　　　图 3-3　自定义快速访问工具栏菜单

2. 选项卡

选项卡下方集合了与之对应的编辑工具。默认情况下包括文件、开始、插入、页面布局、引用、邮件、审阅和加载项选项卡。在针对具体对象进行操作时还会出现其他的选项卡。例如，当选择一个图表准备对其进行操作时，就会出现设计、布局和格式选项卡，这些选项卡集合了所有图表操作有关的命令，为用户提供了图表的设置工具。

3. 标题栏和窗口控制按钮

标题栏用于显示文档和程序的名称。窗口控制按钮可以最小化、最大化恢复或关闭程序窗口。

4. 功能区

Office 2010 的功能区将命令按逻辑进行了分组，用户可以自由地对功能区进行定制，包括功能区在界面中隐藏和显示、设置功能区按钮的屏幕提示以及向功能区添加命令按钮。

（1）隐藏或显示功能区。隐藏功能区可在功能区的任意一个按钮上点击鼠标右键，选择快捷菜单中的"功能区最小化"命令即可，如图 3-4 所示。或单击功能区最小化按钮 ⌃ 图标也可隐藏功能区。

单击窗口中的选项卡，功能区将重新展开并显示选项卡的内容。如果需要将功能区重新显示，可在隐藏的功能区上右击鼠标，再次单击快捷菜单中的"功能区最小化"命令，取消其前面的"√"标志，功能区将能够重新显示，如图 3-5 所示；或单击功能区最小化按钮 ♡ 图标也可显示功能区。

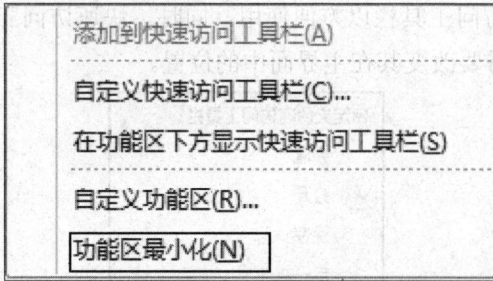

图3-4 选择"功能区最小化"命令

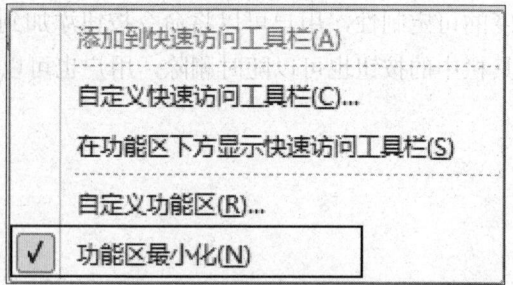

图3-5 重新显示功能区

（2）设置功能区提示。为了使用户更快地掌握功能区中各个命令按钮的功能，Office 2010提供了屏幕提示功能，当鼠标放置于功能区的某个按钮上时，系统会弹出一个提示框，框中显示该按钮的有关操作信息，包括按钮名称、快捷键和功能介绍等内容。具体操作如下：单击"文件"选项卡，选择"选项"选项，如图 3-6 所示，或在功能区的任意一个按钮上右击鼠标，选择快捷菜单中的"自定义功能区"命令，如图 3-4 所示。将打开"Word 选项"对话框，如图 3-7 所示。在"常规"选项中，通过"屏幕提示样式"下拉列表中的选项进行选择从而设置功能区的提示。

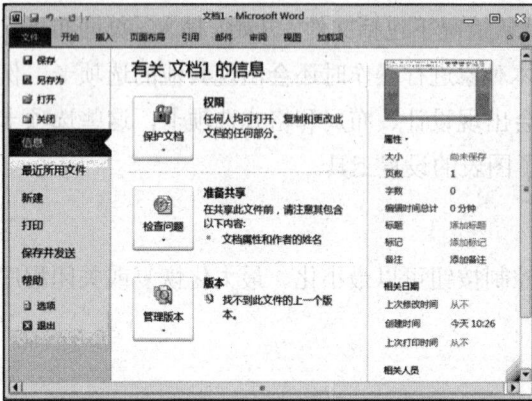

图 3-6 选择"选项"选项

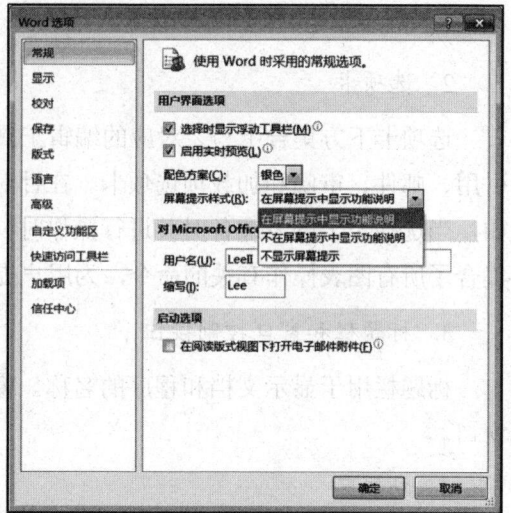

图3-7 选择"屏幕提示样式"选项

（3）向功能区添加命令按钮。在 Office 2010 中，用户可能通过"Word 选项"对话框来向功能区中添加命令按钮。如图 3-8 所示，功能区的自定义分为两种情况：一种是自定义选项卡绑定在文档中，其他文档无法使用；另一种是所有的文档都可以使用。通过对"自定义功能区"下拉列表中的选项进行选择，可以确定功能区的自定义方式。

自定义功能区时，命令按钮必须添加到自定义组中，因此，不管是向自定义选项卡还是向功能区中已有的选项卡添加命令，都必须先在该选项卡中创建自定义组，用户添加的命令只能放在这个自定义组中。

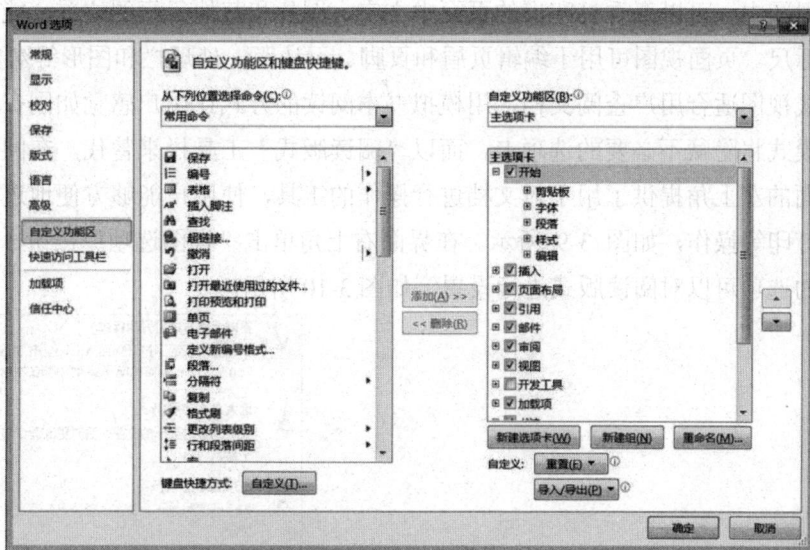

图 3-8　自定义功能区

5. 标尺

标尺是 Word 2010 用来精确定位的工具，分为水平标尺和垂直标尺，用来查看正文的宽度和高度，以及图片、图文框、文本框、表格等的宽度和高度，可通过标尺快速改变边界和缩进情况。水平标尺上有三个游标，上面的游标表示段落第一行的起始位置，下面左边的游标表示段落其他行或所有行的起始位置，右边的游标表示段落所有行的右边界。

6. 文档编辑区

指窗口中间的空白处，是用户输入和编辑文本、绘制图形、引入图片、进行排版的工作区域，又称为工作区或文档窗口。光标进入工作区会变成"I"形，工作区中闪烁的竖条代表插入点，指示下一个输入字符的位置，一个弯曲的箭头为回车标记，代表段落结束。

7. 滚动条

可以分为垂直滚动条与水平滚动条。单击垂直或水平滚动条，或拖动滚动条中的方块，可调整文档的显示部分。

8. 状态栏

状态栏位于 Word 2010 窗口的最下方，用来显示插入点所在页的一些附加信息，如显示文档页数、字数及校对信息等。

9. 视图栏和视图显示比滑块

视图栏和视图显示比滑块位于窗口右下角，用于切换视图的显示方式以及调整视图的显示比例。Word 2010 的视图模式包括页面视图、阅读版式视图、Web 版式视图、大纲视图和草稿视图。利用这五个按钮可切换文档显示的方式。

在页面视图中，可以查看打印出的页面中文字、图片和其他元素的位置，能够显示水平标尺和垂直标尺。页面视图可用于编辑页眉和页脚、页边距、处理栏和图形等对象。

阅读版式视图适合用户查阅文档，用模拟书本阅读的方式让用户感觉如同在翻阅书籍一般。该视图模式将隐藏不必要的选项卡，而以"阅读版式"工具栏来替代。在阅读版式视图模式下，界面的左上角提供了用于对文档进行操作的工具，使用户能够方便地进行文档的保存、查找和打印等操作，如图 3-9 所示。在界面右上角单击"视图选项"按钮，在下拉列表中选择相应的选项可以对阅读版式进行设置，如图 3-10 所示。

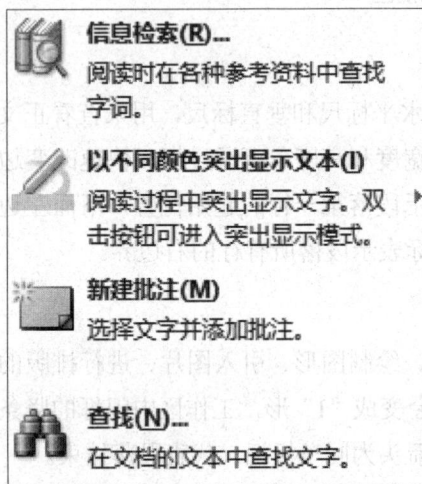

图 3-9　阅读版式视图中的操作工具

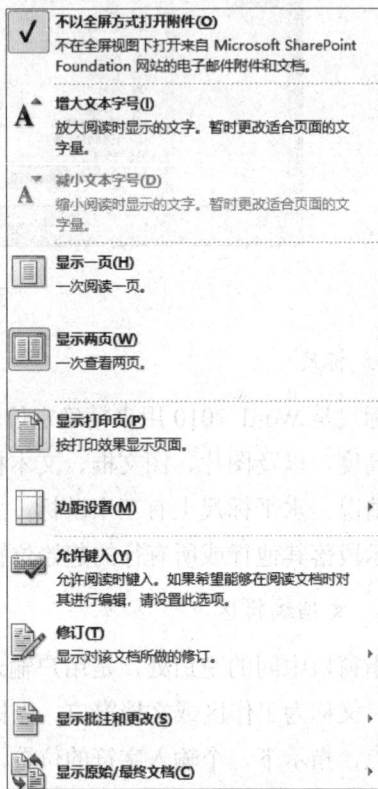

图 3-10　阅读版式视图中的视图选项

在 Web 版式视图中，可以创建能显示在屏幕上的 Web 页或文档。在 Web 版式视图中，可看到背景和为适应窗口而换行显示的文本，且图形位置与在 Web 浏览器中的位置一致。

在大纲视图中，能查看文档的结构，可以通过拖动标题来移动、复制和重新组织文本，还可以通过折叠文档来查看主要标题，或者展开文档以查看所有标题，以至正文内容。大纲视图还使得主控文档的处理更为方便，主控文档有助于使较长文档（如有很多部分的报告或多章节的书）的组织和维护更为简单易行。大纲视图中不显示页边距、页眉和页脚、图片和背景。

在草稿视图中，只显示了字体、字号、字形、段落及行间距等基本的格式，将页面的布局简化，适合于快速输入或编辑文字并编排文字。

3.2　文档的管理与编辑

3.2.1　文件的操作

1．文件的建立

新建文档有很多种方法，主要有创建空白文档、根据模板创建新的文档、根据现有文档创建新文档等，如图 3-11 所示。

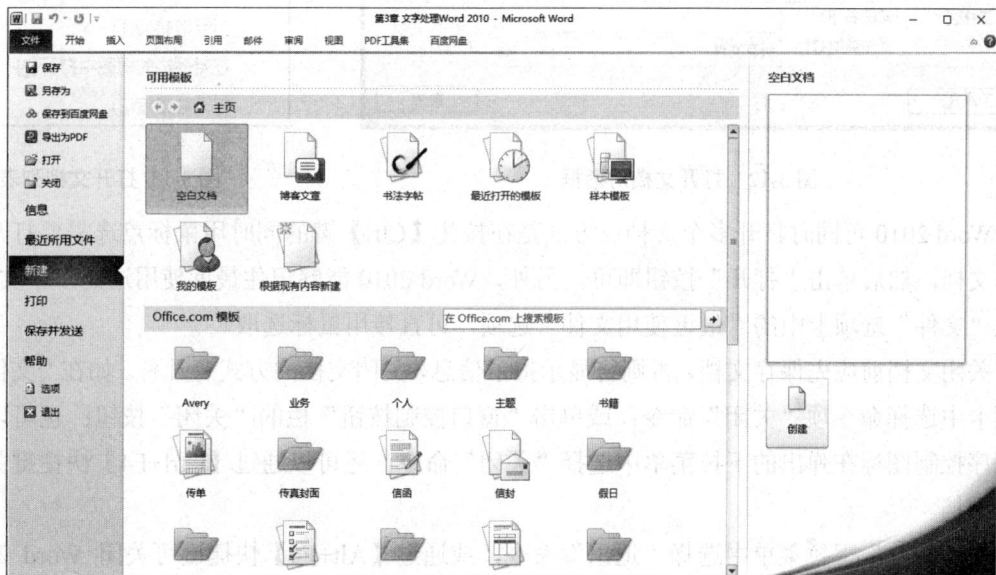

图 3-11　新建文档

（1）新建一个空白文档。在启动 Word 2010 时，系统会自动新建一个空白文档，也可以选择"文件"选项卡的"新建"选项，再单击"可用模板"列表中的"空白文档"来创建。

（2）根据模板创建新的文档。在 Word 2010 程序窗口，单击"文件"选项卡的"新建"选项，再单击"可用模板"列表中的"我的模板"。打开"个人模板"界面，从列表中可以选择需要的模板，以便快捷地创建文档。

Word 2010 提供了在线模板的下载，还提供了模板搜索功能，在"Office.com 上搜索模板"框里输入想要的模板名称即可。

2．文档的打开与关闭

打开文档最快捷的方法是单击自定义快速访问工具栏上的"打开"按钮，也可以选择"文件"选项卡中的"打开"命令，或使用【Ctrl+O】快捷键，屏幕将出现"打开"对话框，如图 3-12 所示。如果要打开的文档不在当前目录下，可在"查找范围"下拉列表框中选取驱动器名和文件夹，其中的内容将显示在列表框中。单击"打开"按钮右侧的箭头，将出现一个文档打开方式的列表，包括直接打开、以只读方式打开、以副本方式打开、在浏览器中打开、打开时转换、在受保护的视图中打开和打开并修复等，如图 3-13 所示。

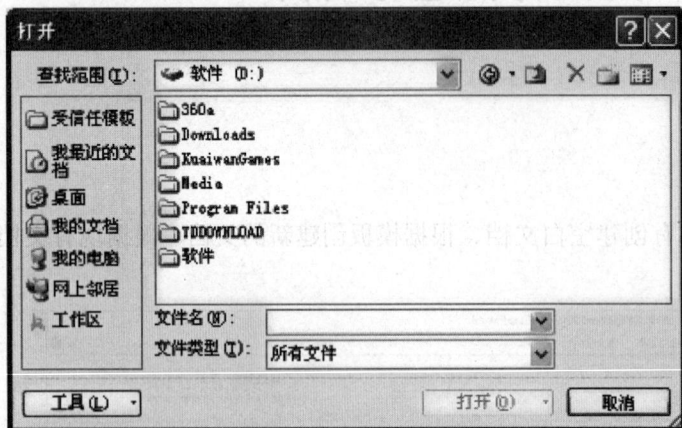

图 3-12　打开文档对话框　　　　　　　　　　　图 3-13　打开文档列表

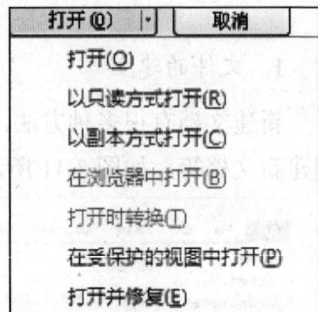

Word 2010 可同时打开多个文档，方法是在按住【Ctrl】键的同时用鼠标点选需要打开的各个文档，然后单击"打开"按钮即可。另外，Word 2010 能够记住最近使用过的多个文档，通过"文件"选项卡中的"最近使用文件"选项，可直接用鼠标选取。

关闭文档前应先保存文档，否则将显示提示信息，关闭文档的方式有几种。如在"文件"选项卡中选择命令项"关闭"命令；或单击"窗口控制按钮"栏的"关闭"按钮；也可以单击程序控制图标在弹出的下拉菜单中选择"关闭"命令；还可以通过【Ctrl+F4】快捷键关闭当前文档。

在"文件"下拉菜单中选择"退出"命令，或通过【Alt+F4】快捷键可关闭 Word 2010 软件。

3. 文件的保存

输入到计算机中的文档未保存前仅存在于计算机的内存中，内存是计算机暂时存放信息的地方，一旦停电或关机，其中的内容便会丢失，所以在文档的录入过程中应经常保存文档。

要保存文档可以使用工具栏上的"保存"按钮或"文件"下拉菜单中的"保存"命令和"另存为"命令，另外还可以用【Ctrl+S】快捷键。

当对一个新文档首次进行保存时，使用以上任何方法都会出现"另存为"对话框，如图3-14 所示。这时，可输入文档保存的位置、类型和名称，然后再单击对话框中的"保存"按钮进行保存。

若要对已命名的文档进行保存时，可使用上述任何方法。对已命名的文档使用"另存为"命令会另外采用和原文档不同的名称、位置或类型，重新保存一个文档，文档的改变不影响原文档。

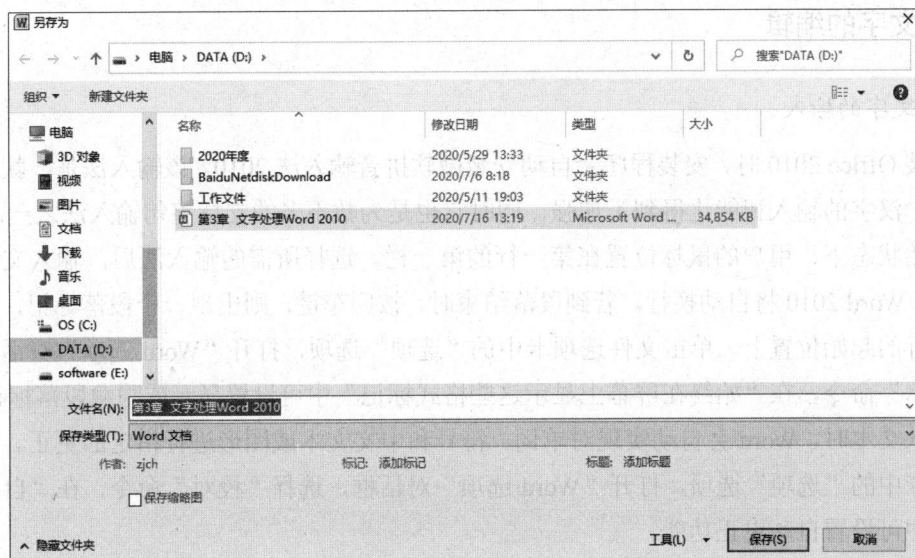

图 3-14　"另存为"对话框

Word 2010 对用户的保存文档方法提供了一些设置，例如自动保存、建立备份和快速保存等。这样可以避免突然断电时来不及保存，或保护文档不被他人修改。选择菜单栏中"工具"下拉菜单中的"选项"命令，在"选项"对话框中单击"保存"选项卡，各项设置如图 3-15 所示。

图 3-15　"保存"选项设置

3.2.2 文字的编辑

1. 文字的输入

安装 Office 2010 时，安装程序会自动安装微软拼音输入法 2010。该输入法是一款中文输入工具，汉字的输入智能化得到了加强，同时它也是为数不多的支持整句输入法之一。

初始状态下，用户的鼠标位置在第一行的第一栏。选择所需的输入法后，输入文字，到行尾时，Word 2010 将自动换行。若到段落结束时，按回车键，则出现一个段落标记，光标跳到下一行的起始位置上。单击文件选项卡中的"选项"选项，打开"Word 选项"对话框，选择"显示"命令，在"始终在屏幕上显示这些格式标记"中可设置显示或隐藏段落标记。

输入文本时，Word 会自动实现对单词、符号和中文文本或图形进行指定的更正。单击文件选项卡中的"选项"选项，打开"Word 选项"对话框，选择"校对"命令，在"自动更正选项"中可设置自动更正功能。

2. 选定文本或图形

在对文本或图形等进行有关操作前，必须先选定对象，然后才能进行相应的操作。可以用鼠标和键盘来选定对象。用鼠标选定文本和图形的基本方法如表 3-1 所示。

表 3-1 鼠标选定文本

选定内容	操作方法
任何数量的文本	拖过这些文本
一个单词	双击该单词
一个图形	单击该图形
一行文本	将鼠标指针移动到该行的左侧，指针变为指向右边的箭头，然后单击
多行文本	将鼠标指针移动到该行的左侧，指针变为指向右边的箭头，然后向上或向下拖动鼠标
一个句子	按住【Ctrl】键，然后单击该句中的任何位置
一个段落	将鼠标指针移动到该段落的左侧，直到指针变为指向右边的箭头，然后双击；或者在该段落中的任意位置三击
多个段落	将鼠标指针移动到该段落的左侧，直到指针变为指向右边的箭头，然后双击，并向上或向下拖动鼠标
一大块文本	单击要选定内容的起始处，然后滚动要选定内容的结尾处，再按住【Shift】键同时单击

（续表）

整篇文档	将鼠标指针移动到文档中任意正文的左侧，直到指针变为指向右边的箭头，然后三击
页眉和页脚	在普通视图中，单击"视图"菜单中的"页眉和页脚"命令；在页面视图中，双击灰色的页眉或页脚文字。将鼠标指针移动到页眉或页脚的左侧，直到指针变为指向右边的箭头，然后三击
批注、脚注和尾注	在窗格中单击，将鼠标指针移动到文本的左侧，直到鼠标变成一个指向右边的箭头，然后三击
一块垂直文本（表格单元格内容除外）	按住【Alt】键，然后将鼠标拖过要选定的文本

　　用键盘选定文本和图形的方法：首先将光标定位在要选定的位置，然后可按表中方法将选定范围进行扩展，如表 3-2 所示。

表 3-2　键盘选定文本

操作方法	将选定范围扩展至
【Shift+】右箭头	右侧的一个字符
【Shift+】左箭头	左侧的一个字符
【Ctrl+Shift+】右箭头	单词结尾
【Ctrl+Shift+】左箭头	单词开始
【Shift+End】组合键	行尾
【Shift+Home】组合键	行首
【Shift+】下箭头	下一行
【Shift+】上箭头	上一行
【Ctrl+Shift+】下箭头	段尾
【Ctrl+Shift+】上箭头	段首
【Shift+PageDown】组合键	下一屏
【Shift+PageUp】组合键	上一屏
【Ctrl+Shift+Home】组合键	文档开始处
【Ctrl+Shift+End】组合键	文档结尾处

（续表）

【Alt+Ctrl+Shift+Page Down】组合键	窗口结尾
【Ctrl+A】组合键	包含整篇文档
【Ctrl+Shift+F8】组合键，然后使用箭头键；按【Esc】键取消选定模式	纵向文本块
【F8+】箭头键；按【Esc】键可取消选定模式	文档中的某个具体位置

3. 删除、插入和改写文本

删除：将插入点定位于待删除的位置，按【Delete】键可删除插入点右边的字符，按【BackSpace】键可删除插入点左边的字符。要删除一段文档，可选定文档再按【Delete】键。

插入和改写：在 Word 2010 中，可以按【Insert】键或用鼠标双击"改写"框，进行插入/改写的状态切换。屏幕底部的状态栏中的"改写"项若为暗淡显示，则表示此时为"插入"状态；反之为"改写"状态。在"插入"状态下，新输入（或粘贴）的文档（或图形、表格等）不会取代原有的内容，Word 2010 自动调整段落的其余部分能容纳插入的新文档。在"改写"状态下，Word 2010 会将输入的内容取代原来的内容。

4. "剪切""复制""粘贴"和剪贴板的使用

在"文件"选项卡中的"剪贴板"任务组中，有"剪切""复制"和"粘贴"命令。"剪切"命令是将所选文档或图形从原文档中删除，并放入剪贴板；"复制"命令是复制所选部分到剪贴板；"粘贴"命令是将剪贴板上的内容粘贴到文档的插入点处。使用"剪切"和"粘贴"可实现文本或图形的移动，使用"复制"和"粘贴"可实现文本或图形的拷贝。这些编辑命令都要通过剪贴板来实现。剪贴板是内存中一个临时存放文档或图形的特殊区域，最多可同时保存二十四项内容，当试图复制第二十五项内容时，将会出现一条信息，询问是否要放弃"Office 剪贴板"上的第一项内容并将新内容添加到剪贴板的尾部。

注意：收集到的内容将一直保持在"Office 剪贴板"上，直到关闭了计算机上运行的所有 Office 程序为止。在选中对象之前，"剪切""复制"是灰色的，不可使用，只有选中了要"剪切""复制"的对象，这些命令才能使用，只有当剪贴板里面有内容时，"粘贴"命令才能用。【Ctrl+C】快捷键对应于"复制"命令，【Ctrl+X】快捷键对应于"剪切"命令，【Ctrl+V】快捷键对应于"粘贴"命令。

将鼠标指针放置于选择的文本上，按下鼠标左键拖动鼠标到目标位置，释放鼠标后，选择的文本可移动到目标位置。

5. 撤销和恢复

撤销是指撤销误操作，撤销操作可通过单击"快速访问工具栏"上的"撤销"按钮进行。单击"快速访问工具栏"上"撤销"按钮旁边向下的小三角按钮，Word 将显示最近执行的可撤销操作的列表，此时单击要撤销的操作即可。如果该操作不可见，可滚动列表。注意在撤销某项操作的同时，也将撤销列表中该项操作之上的所有操作。但当文档被保存后，将无法执行撤销操作。恢复是指恢复到撤销前的状态，是撤销的逆操作。如果撤销某操作后又认为该操作不应撤销，可单击"快速访问工具栏"上的"恢复"按钮恢复该操作。

与撤销、恢复命令相对应的是 "恢复/重复"命令。根据用户执行的最后一次操作的不同，"恢复"命令又可能变为"重复"命令，例如可以进行"重复删除""重复输入""重复粘贴"等操作。

6. 定位、查找和替换

当窗口中的内容超过一屏时，可以使用 Word 的定位文档功能来查看文档。在 Word 2010 编辑区中，定位文档的方式一般有两种，即用垂直滚动条中的"选择浏览对象"按钮或通过"编辑"任务组中的"转到"命令，这两种方式均可打开如图 3-16 所示 "定位"对话框。

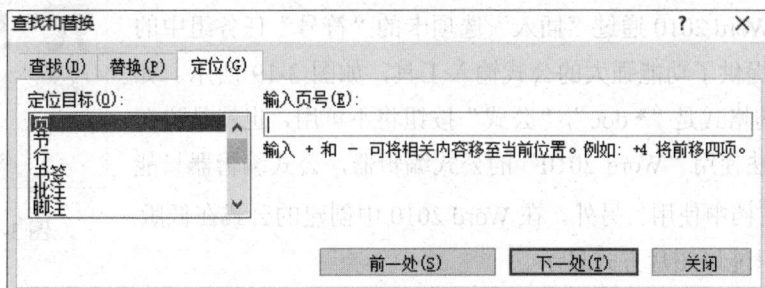

图 3-16　"定位"对话框

可以用查找命令在文档中查找指定的文字或格式，还可以查找段落标记、分页符等，用"替换"命令，可以用指定的内容替换查找到的对象。单击"编辑"菜单中的"查找"命令或"替换"，会弹出一个相应的对话框。"查找"对话框如图 3-17 所示，"替换"对话框如图 3-18 所示。

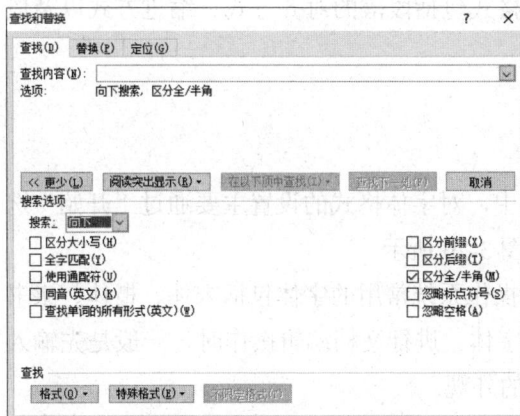

图 3-17　"查找"对话框

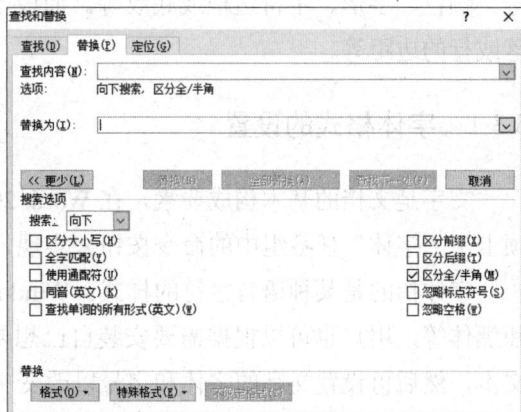

图 3-18　"替换"对话框

查找：要搜索具有特定格式的文字，可在"查找内容"框内输入文字；如果只需搜索特定的格式，就删除"查找内容"框中的文字。如果看不到"格式"按钮，可单击"高级"按钮；如果要清除已指定的格式，可单击"不限定格式"按钮。单击"格式"按钮，然后选择所需格式，再单击"查找下一处"按钮，可查找下一处相同内容。按【Esc】键可取消正在执行的搜索。

替换：单击"编辑"菜单中的"替换"命令。在"查找内容"框内输入要查找的内容，在"替换为"框内输入替换的内容，再选择其他所需选项。单击"查找下一处""替换"或者"全部替换"按钮时，按【Esc】键可取消正在进行的查找。

7. 公式的输入

编写数学、物理和化学等自然科学文档时，往往需要输入大量公式，这些公式不仅结构复杂，而且要使用大量的特殊符号，使用普通的方法很难顺利地实现输入和排版。Word 2010 通过"插入"选项卡的"符号"任务组中的"公式"命令提供了功能强大的公式输入工具，如图 3-19 所示。如果 Word 文档的格式是"*.doc"，"公式"按钮将不可用，也就是说在兼容模式下无法使用"Word 2010"的公式编辑器，公式编辑器只能在"*.docx"文档中使用。另外，在 Word 2010 中创建的公式在低版本的 Word 中只能以图片方式显示。

图 3-19　公式

3.3　文本格式编辑

在 Word 文档中，往往包含一个或多个段落，每个段落都由一个或多个字符构成。这些段落或字符都需要设置固定的外观效果，这就是所谓的格式。文字的格式包括文字的字体、字号、颜色、字形、字符边框或底纹等。而段落的格式包括段落的对齐方式、缩进方式以及段落或行的边距等。

3.3.1　字体格式的设置

文字是文档的基本构成要素，在 Word 2010 中，对字体格式的设置主要通过"开始"选项卡下"字体"任务组中的命令按钮来实现，如图 3-20 所示。

字体指的是某种语言字符的样式。Windows 操作系统常用的字体包括宋体、楷体、隶书和黑体等，用户也可以根据需要安装自己想要的字体。进行文档编辑操作时，一般是先输入文本，然后再设置文字的字体和字号以改变文字的外观。

选定要改变的文字，单击"字体"任务组中的"字体"下拉按钮，则会弹出如图 3-21 所示的下拉列表，选择所要的字体即可。比如，选择"黑体"，就单击"黑体"列表项，此后"黑体"就将出现在"字体"列表窗中，成为当前字体，随后被选定的文字就变成此字体了。"字体"下拉列表中列出了中文 Word 2010 所支持的所有字体，如果没有在屏幕上看到所要的字体，可以拖动列表框右边缘的滚动条让它显示出来。要改变"字号"，可以用"字号"下拉按钮中的选项改变字号。

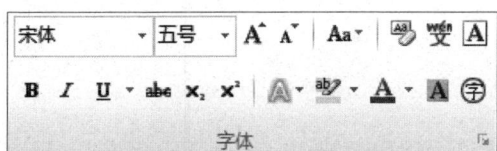

图 3-20 字体任务组

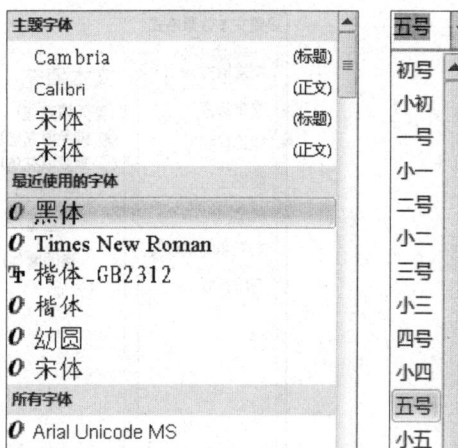

图 3-21 字体下拉列表与字号列表

可使用键盘操作改变选定文字的大小，每按一次【Ctrl+】组合键，选定文字就放大一磅。每按一次【Ctrl+ [】组合键，选定文字就缩小一磅。也可以直接在"字体"下拉列表框中输入数字来设置文字的大小，其输入值为 1～1 638。

进行字符格式的其他设定，如加粗（B）、斜体（I）、下划线（U）、字符边框、字符底纹、字符比例、字体颜色等。用法是选中要进行设置的文档，单击相应按钮。

格式化字符还可以选择"字体"任务组中的"字体"按钮（图标如 ），打开"字体"对话框，其中包含"字体"和"高级"两个选项卡，如图 3-22 所示。

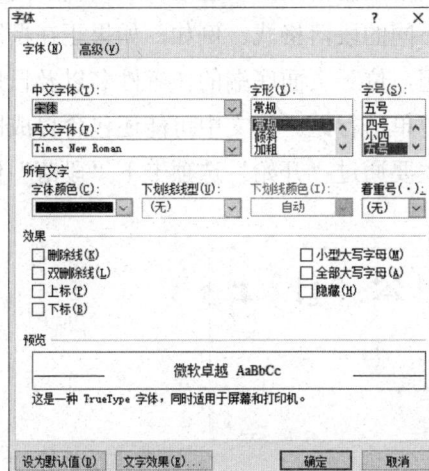

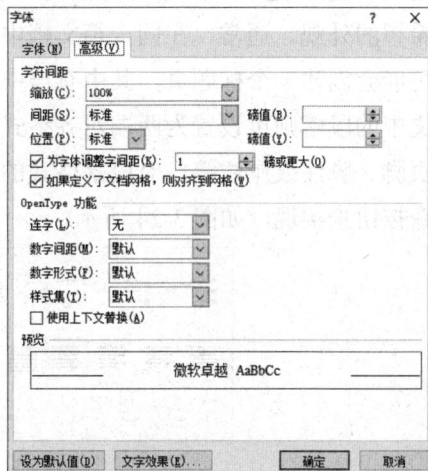

图 3-22 字体对话框

通过设置选项可改变所选文本的字体、字形、字号及颜色，指定所选内容是否带下划线、着重号，指定所选内容是否为上标或下标等。另外，用户还可通过"文字效果"按钮为选择的文字设置包括阴影、映像和三维格式在内的多种特效，如图 3-23 所示。更改设置后的效果可以在预览框中预览。

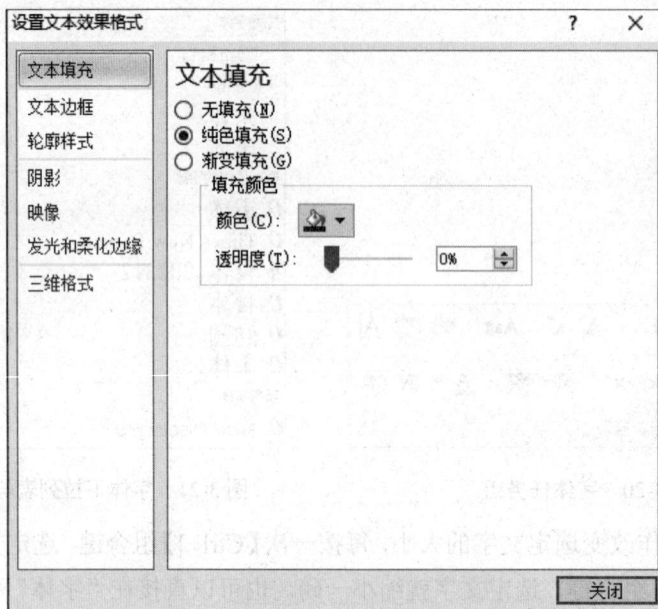

图 3-23　设置文本效果格式对话框

3.3.2　段落格式的设置

在 Word 2010 中，段落是独立的信息单位，每个段落的结尾处都有段落标记。段落具有自身的格式特征，如对齐方式、间距和样式。文档中段落格式的设置取决于文档的用途以及用户所希望的外观。通常，在同一篇文档中设置不同的段落格式。例如，如果正在撰写一篇文章，可能会创建一个标题页，其中有居中的标题，位于页面底端的作者姓名以及日期等。文章正文中的段落则可设置为两端对齐格式，具有单倍行距。论文中可能还包含自成段落的页眉、页脚、脚注或尾注等。对段落格式的设置主要通过"开始"选项卡下"段落"任务组中的命令按钮来实现，如图 3-24 所示。

图 3-24　段落任务组

1．段落缩进

段落缩进有左缩进、首行缩进、悬挂缩进、右缩进。设置段落缩进可通过标尺进行，标尺如图 3-25 所示，上面有四个标记符。如果看不到水平标尺，可单击"垂直"滚动栏中的"标尺"命令。

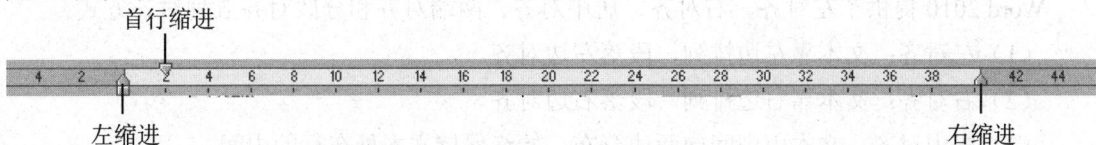

图 3-25 水平标尺

利用标尺进行段落缩进的方法为：将插入点置于需设置段落缩进的段落中，根据需要将相应的标记进行拖动，如：要设置首行缩进，则将"首行缩进"标记拖动到要缩进的位置。若要进行悬挂缩进，即设置段落中除第一行外的其他行左缩进，可拖动"悬挂缩进"标记；若要设置整个段落的左缩进，可拖动"左缩进"标记；若要设置整个段落的右缩进，可拖动"右缩进"标记。也可以通过"即点即输"设置首行缩进效果。其方法是：首先切换到页面视图或 Web 版式图；然后在新段落的开始处，双击鼠标，便可开始输入文本；输入时，会发现 Word 已在双击之处设置了首行缩进效果。

为更精确地设置首行缩进，可以使用"段落"任务组中"段落"按钮，打开"段落"对话框，在"缩进和间距"选项卡上选择对应的选项，如图 3-26 所示。其方法是：在"缩进"下方的"特殊格式"下拉列表框中，单击"首行缩进"选项，然后还可以设置其他选项。如果需要有关某个选项的帮助，单击问号按钮，然后单击该选项。预览框中显示了设置效果，这样在最后决定之前，用户可以实验各种设置。

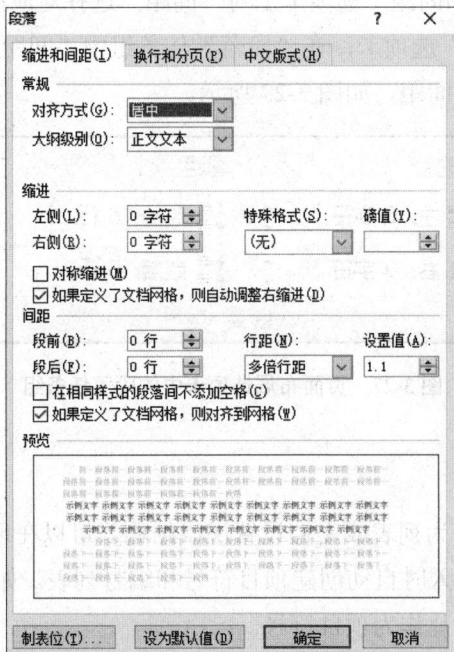

图 3-26 "段落"对话框

2. 段落的对齐方式

Word 2010 提供了左对齐、右对齐、居中对齐、两端对齐和分散对齐五种对齐方式。

（1）左对齐：文本靠左边排列，段落左边对齐。

（2）右对齐：文本靠右边排列，段落右边对齐。

（3）居中对齐：文本由中间向两边分布，始终保持文本处在行的中间。

（4）两端对齐：段落中除最后一行以外的文本都均匀地排列在左右边距之间，段落左右两边都对齐。一般情况下，"两端对齐"与"左对齐"方式很难看出区别，只有在英文文档中才能明显看出效果。

（5）分散对齐：将段落中的所有文本（包括最后一行）都均匀地排列在左右之间。

设置对齐方式的方法主要有两种：一种是通过段落任务组中的对齐按钮命令实现对齐功能；另一种是通过段落对话框中的"对齐方式"下的列表框中的选项实现对齐功能。

3. 段落间距与行距

段落间距是指该段落与其前后段落之间的距离，分为段前间距和段后间距。段落行距是指段落中各行之间的距离。段落的间距和行距可根据需要进行调整，对它们的设置一般可通过三种方式完成。

（1）打开"开始"选项卡，单击"段落"任务组中的"行距"按钮进行设置。

（2）打开"开始"选项卡，单击"段落"任务组中"段落"按钮，打开"段落"对话框，如图 3-26 所示，在"缩进和间距"选项卡上对"间距"选择对应的选项。

（3）打开"页面布局"选项卡，在"段落"任务组中"间距"栏的"段前"和"段后"微调框中输入数值设置段落间距，如图 3-27 所示。

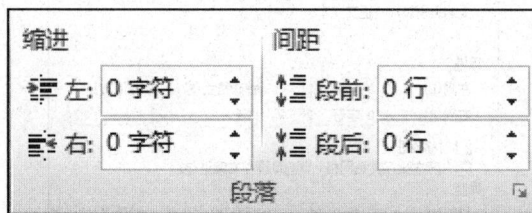

图 3-27　页面布局选项卡中的段落任务组

3.3.3　项目符号与编号

可利用项目符号与编号为列表或文档设置层次结构。可以在现有的文本行中快速添加项目符号或编号，也可以在输入时自动创建项目符号和编号列表。如果是为 Web 页创建项目符号列表，还可使用图像或图片作为项目符号。

1. 添加项目符号或编号

选定要添加项目符号或编号的项目。在"开始"选项卡中的"段落"任务组上，单击"项目符号"按钮，可为其添加项目符号。 单击"编号"按钮图标，可为其添加编号。要在输入时自动创建项目符号或编号，可输入"1."或"*"，再按空格键或【Tab】键，然后输入任何所需文字。当按【Enter】键以添加下一列表项时，Word 会自动插入下一个编号或项目符号。如果要结束列表，请按两次【Enter】键，也可通过按【Backspace】键删除列表中的最后一个编号或项目符号来结束该列表。

如果在段落开始处输入连字符（-）或星号（*），其后紧跟着输入空格或制表符及一些文本，那么在按【Enter】键结束该段落时，Word 2010 会自动将该段落转换为带有项目符号的列表项。

2. 删除项目符号或编号

选定要删除项目符号或编号的列表项。在"开始"选项卡中的"段落"任务组上，执行下列操作之一：单击"项目符号"按钮，可删除项目符号；单击"编号"按钮，可删除编号。Word 将自动调整编号列表中的编号顺序。

要删除单个项目符号或编号，可先在项目符号或编号与对应文本之间单击，再按【Backspace】键。如要删除多余的缩进，可再次按【Backspace】键。

3.3.4 特殊的中文版式

针对一些特殊场合的需要，Word 提供了许多具有中文特色的特殊文字样式，如可以将文本以竖直方式进行排版、为中文添加拼音等。

1. 文字竖排

一般说来，Word 2010 中的文字是以水平方式输入排版的。中文排版时，有时需要以竖直方式进行排版，如输入古诗词。通过"页面布局"选项卡下的"页面设置"任务组中的"文字方向"按钮，能够很容易地将水平排列的段落文字设置为竖直排列的文字。

2. 纵横混排、合并字符与双行合一

使用纵横混排功能可以在横排的段落中插入竖排的文本，从而制作出特殊的段落效果；Word 的合并字符功能能够使多个字符只占有一个字符的宽度；双行合一功能可以将两行文字显示在一行文字的空间中。通过"开始"选项卡下的"段落"任务组中的"中文版式"按钮，在下拉列表中选择"纵横混排"选项实现纵横混排效果，选择"合并字符"选项实现字符合并效果，选择"双行合一"选项实现双行合一效果，如图 3-28 所示。

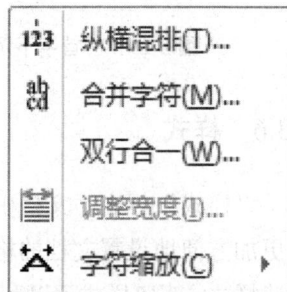

图 3-28 中文版式下拉列表框

在"纵横混排"对话框中勾选"适应行宽"复选框，则纵向排列的所有文字的总高度将不会超过该行的行高；取消该复选框的勾选，则纵向排列的每个文字将在垂直方向上占据一行的行高空间。

设置了纵横混排、合并字符和双行合一效果后，如果需要取消这些效果，则打开相应的设置对话框后，单击"删除"按钮即可。

3.3.5 首字下沉

设置了首字下沉后，文章开始的首字或字母会放大倍数，以引起读者的注意力，在报纸和杂志中经常可以看到这种格式。Word 2010 的首字下沉包括下沉和悬挂两种效果。

将插入点置于需要首字下沉的段落，选定段首的单字或字母；选择"插入"选项卡的"文本"任务组，单击"首字下沉"按钮，弹出如图 3-29 所示选项。在下拉列表中选择对应选项实现首字下沉效果；可单击"首字下沉选项"，打开"首字下沉"对话框，如图 3-30 所示。首先在对话框中单击"位置"栏中选项设置下沉的方式，然后在"字体"下拉列表中选择段落首字的字体，并输入首字下沉的字符行数和与正文之间的距离，最后单击"确定"按钮，设置便完成了。

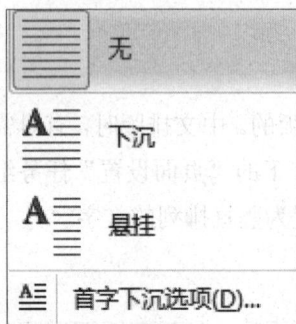

图 3-29 "首字下沉"按钮选项　　　　图 3-30 "首字下沉"对话框

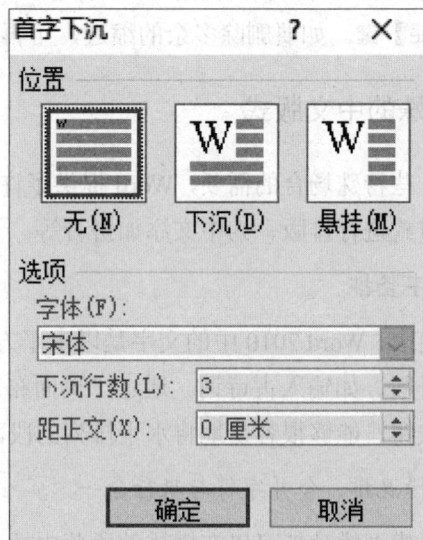

3.3.6 样式

"样式"规定了文档中标题、题注以及正文等各个文本元素的外观形式，使用它不仅可以更加方便地设置文档的格式，而且还可以构筑文档的大纲和目录。要定义样式，首先需要新建样式，新建样式可以利用已设定好的格式的段落或文字来进行。首先在功能区中打开"开始"选项卡，单击"样式"任务组中的"样式"按钮，然后打开"样式"窗格，如图 3-31 所示。将鼠标指针放置到"样式"窗格列表的某个选项上时，将显示该项所对应的字体、段落和样式的具体设置情况。

在"样式"窗格中，如图 3-31 所示，单击"新建样式"按钮，打开"根据格式设置创建新样式"对话框，如图 3-32 所示，在对话框中对样式进行设置。"样式类型"下拉列表框用于设置样式使用的类型；"样式基准"下拉列表框用于指定一个内置样式作为设置的基准；"后续段落样式"下拉列表框用于设置应用该样式的文字的后续段落样式。如果需要将该样式应用于其他文档，可以选中"基于该模板的新文档"单选按钮，如果只需要应用于当前文档，可以选中"仅限此文档"单选按钮。

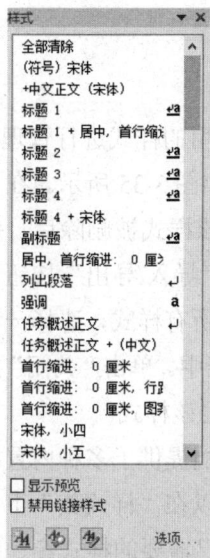

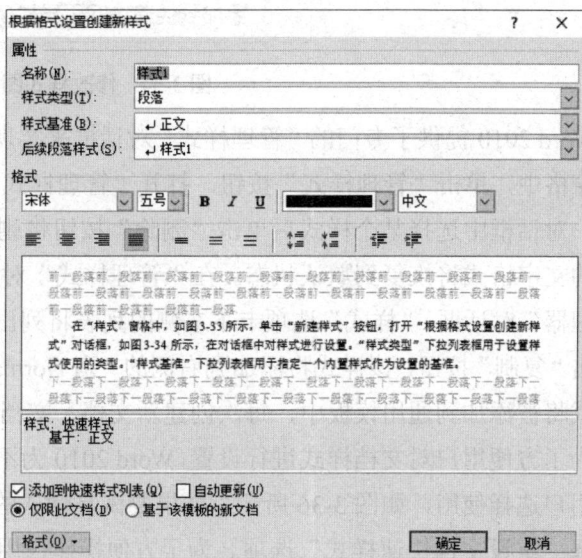

图 3-31 "样式"窗格图   图 3-32 "根据格式设置创建新样式"对话框

在 Word 2010 中，可以将当前已经完成格式设置的文字或段落的格式保存为样式放置到样式库中，以便于日后使用。需将保存的样式通过"快速样式"中的"将内容保存为新快速样式"选项，实现样式的保存，如图 3-33 所示。

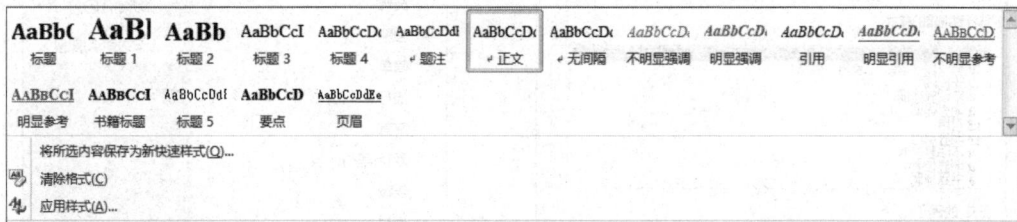

图 3-33 "快速样式"库

对于自定义的快速样式，用户可以随时对其进行修改。在"样式"窗格中，将鼠标指针放置到窗格中需要修改的样式选项上，单击其右侧出现的下三角按钮，在下拉表列中单击"修改"选项，如图 3-34 所示。如果单击"从快速样式库中删除"命令，将删除选择的样式，但 Word 的内置样式是无法删除的。如果选择了"更新'特色段落 1'以匹配所选内容"命令，则带有该样式的所有文本都将自动更改以匹配新样式。

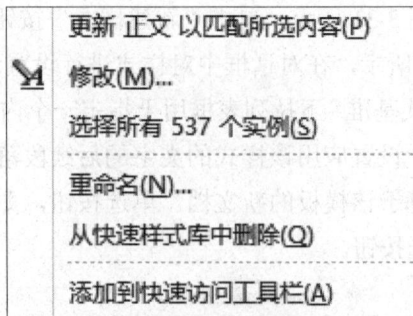

图 3-34　修改样式图

　　Word 2010 提供了专门的"管理样式"对话框来实现对文档中使用的样式进行管理。在样式"窗格中，单击"管理样式"按钮，打开"管理样式"对话框，如图 3-35 所示。在"管理样式"对话框中选择某个样式后单击"删除"按钮将删除该样式。该样式被删除后，使用该样式的文字格式将恢复到默认状态。在"管理样式"对话框中单击"导入/导出"按钮，打开"管理器"对话框，"样式"选项卡下左侧的列表将列出当前文档的所有样式，选择一种样式后单击"复制"按钮，该样式将添加到右侧的"到 Normal.dotm"列表中。单击"关闭"按钮，该样式将被添加到通用模板中，每次创建新文档，文档中都可以使用该样式。

　　为了方便用户对文档样式进行设置，Word 2010 为不同类型的文档提供了多种内置的样式集供用户选择使用，如图 3-36 所示。如果要恢复默认的样式集，可以在"样式集"下拉列表中选择"重设文档快速样式"选项。为了方便操作，用户可以把自己需要的样式集、颜色和字体设置为默认值，只要新建文档就可以使用这个样式集、颜色和字体。单击"更改样式"按钮，选择菜单中的"设为默认值"命令即可完成设置。

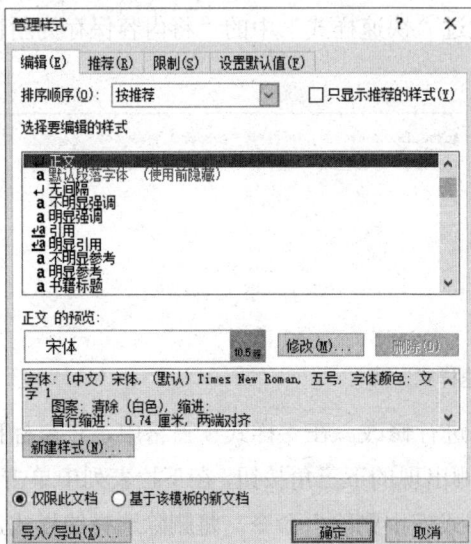

图 3-35　"管理样式"对话框　　　　图 3-36　更改"样式集"

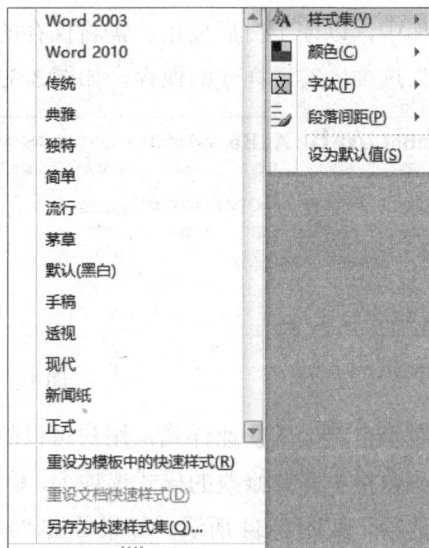

3.3.7　目录

对于一篇较长的文档来说，文档中的目录是文档不可或缺的一部分。使用目录可便于用户了解文档结构，把握文档内容，并显示要点的分布情况。Word 2010 提供了抽取文档目录的功能，可以自动将文档中的标题抽取出来。

打开需要创建目录的文档，在文档中单击鼠标将插入点光标旋转在需要添加目录的位置，在功能区中打开"引用"选项卡，单击"目录"任务组中的"目录"按钮，在下拉列表中选择一款自动目录样式，如图 3-37 所示。此时，在插入点光标处将会获得所选样式的目录。

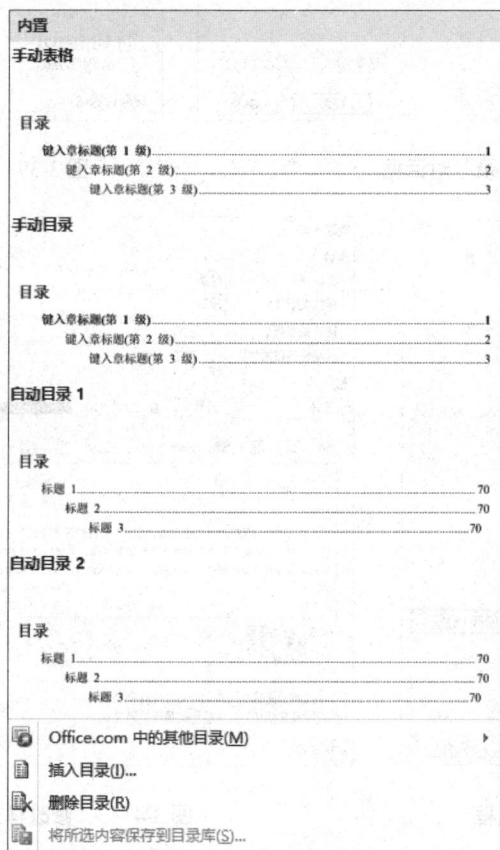

图 3-37　目录样式

选择创建的目录，单击"目录"按钮，选择下拉列表中的"插入目录"选项，打开"目录"对话框，在对话框中可以对目录的样式进行设置，如制表符前导符，如图 3-38 所示。单击"选项"按钮将打开"目录选项"对话框，设置采用目录形式的样式内容，如图 3-39 所示。

在"目录"对话框中单击"修改"按钮，打开"样式"对话框，可以对目录的样式进行修改。在对话框的"样式"列表中选择需要修改的目录，单击对话框中的"修改"按钮，如图 3-40 所示，此时将打开"修改样式"对话框，对目录的样式进行修改。如修改目录文字的字体，如图 3-41 所示。

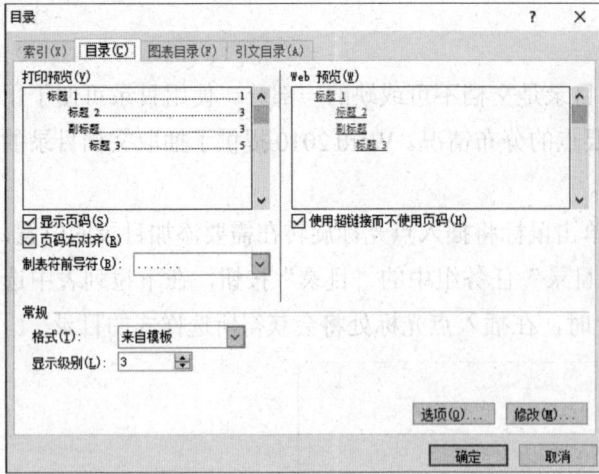

图 3-38 "目录"对话框

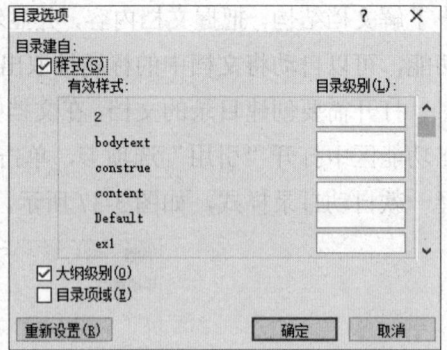

图 3-39 "目录选项"对话框

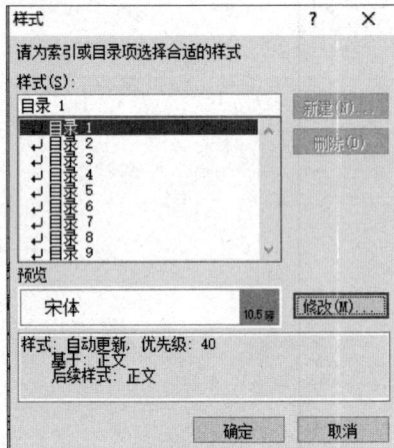

图 3-40 "样式"对话框

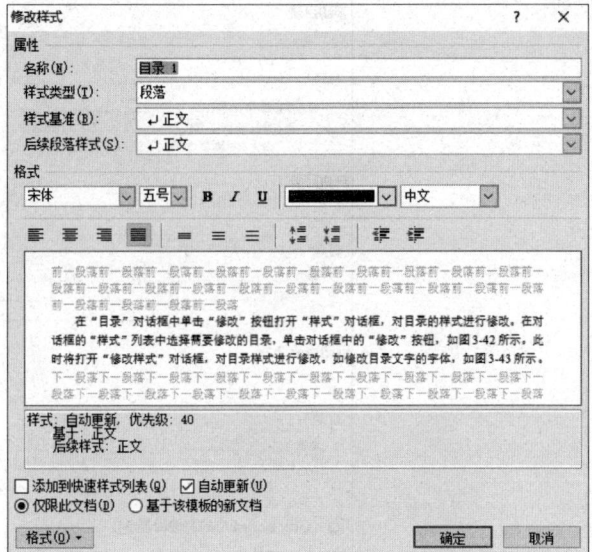

图 3-41 "修改样式"对话框

3.3.8 插入特殊符号

在输入编辑文档的时候，有时会需要输入一些特殊的符号，特殊字符指无法通过键盘直接输入的符号，如：①、(1)、∧、Ⅱ等。插入特殊符号时首先单击"插入"选项卡，在"符号"任务组中单击"符号"按钮，然后在下拉菜单中单击"其他符号"选项，弹出"符号"对话框，如图 3-42 所示。在"符号"对话框中，将符号按照不同类型进行分类，只要单击"字体"或者"子集"下拉列表框右侧的下三角按钮就可以选择符号类型，找到需要的类型后就可以选择所需的符号。所以在插入特殊符号前，先要选择符号类型。

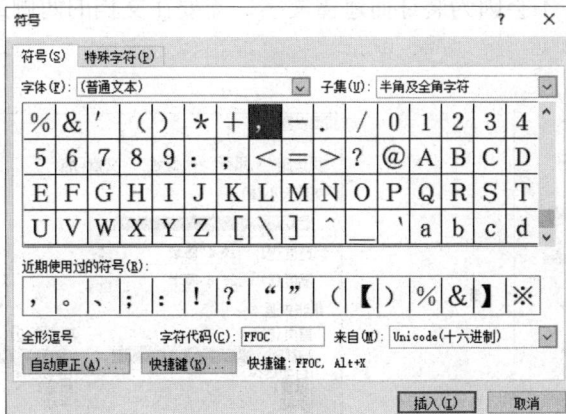

图 3-42　"符号"对话框

3.4　页面格式和版式设计

对于一篇设计精美的文档，除需要对字符和段落的格式进行设置之外，还需要有美观的视觉外观，这就需要对文档的整个页面进行设计，如页面大小、页边距、页面版式布局以及页眉页脚等。

3.4.1　页面设置

页面设置就是要设置纸张的大小、方向、来源以及设置页边距等。

1. 纸型的设置

在功能区中打开"页面布局"选项卡，在页面设置任务组中单击"纸张大小"按钮，在下拉列表中选择需要的纸张大小，如图 3-43 所示。单击"纸张方向"按钮，在下拉列表中需要选择页面方向为"纵向"或"横向"。

在打开的"纸张大小"下拉列表中选择"其他页面大小"选项，打开"页面设置"对话框，在"宽度"和"高度"增量框中输入数值自定义纸张大小，完成设置后单击"确定"按钮关闭对话框，如图 3-44 所示。此时页面大小将按照自定义值改变。

2. 页边距的设置

页边距是指文档中的文字和纸张边缘的距离。通过标尺可以快速地调整页边距，如果要精确设定距离值，必须使用"页面设置"命令。单击功能区的"页面布局"选项卡下"页面设置"任务组中的"页边距"按钮，在下拉列表中选择需要使用的页边距设置项，如图 3-45 所示。在"页边距"列表中单击"自定义边距"选项，打开"页面设置"对话框，如图 3-46 所示。对"页边距"选项卡中的参数进行设置能够更为自由地实现页边距的设置。例如，当文档需要装订时，为了不会因为装订而遮盖文字，需要在文档的两侧或顶部添加额外的边距空间，即装订线边距。

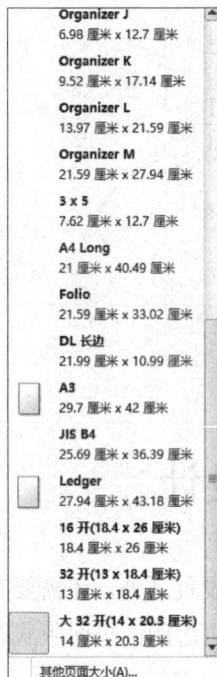

图 3-43　"纸张大小"选项

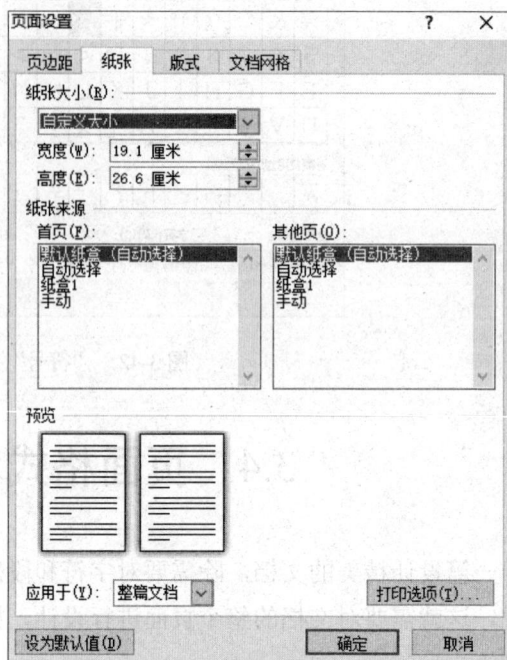

图 3-44　"页面设置"中的纸张设置

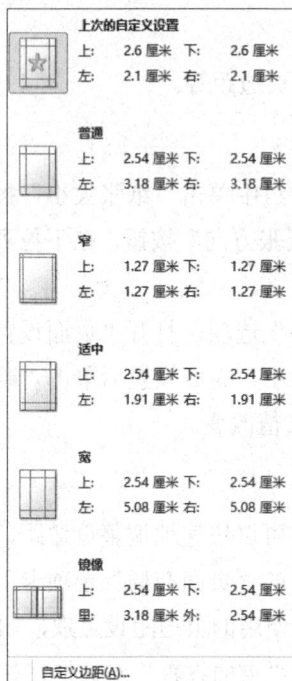

图 3-45　"页边距"选项

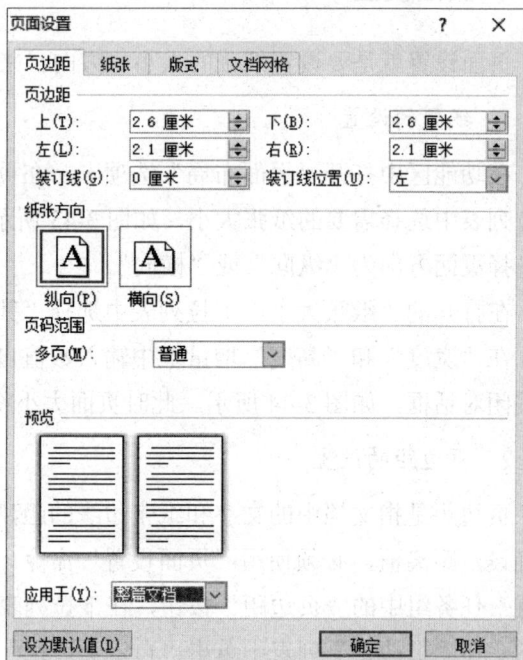

图 3-46　"页面设置"中的页边距设置

"多页"下拉列表中的选项可以用来设置一些特殊的打印效果。如果打印后要求装订为从右向左书写文字的小册子，可以选择其中的"反向书籍拆页"选项。如果打印后要拼成一个整页的上下两个小半页，可选择"拼页"选项。如果需要创建小册子，或创建诸如菜单、请帖或其他类型的使用单独居中折页样式的文档，可选择"书籍折页"选项。如果需要创建诸如书籍或杂志一样的双面文档的对开页，即左侧页的页边距和右侧页的页边距等宽，可以选择"对称页边距"选项。对于这种对称页边距的文档如果需要装订，可以对装订线边距进行设置。

3. 设置文档网格

在文档中使用文档网格可以让用户有一种在稿纸上书写的感觉，同时也可以利用文档网格来对齐文字。在"页面布局"选项卡下单击"页面设置"组中的"页面设置"按钮，打开"页面设置"对话框，选择"文档网格"选项卡，如图 3-47 所示。在该选项卡中可以定义每页显示的行数和每行显示的字数，也可以设置正文的排列方式以及水平或垂直的分栏数。

单击"文档网格"选项卡中的"绘图网格"按钮，打开"绘图网格"对话框，勾选"在屏幕上显示网格线"复选框，同时对是否在屏幕上显示网格和网格的间距等进行设置，如图3-48 所示。

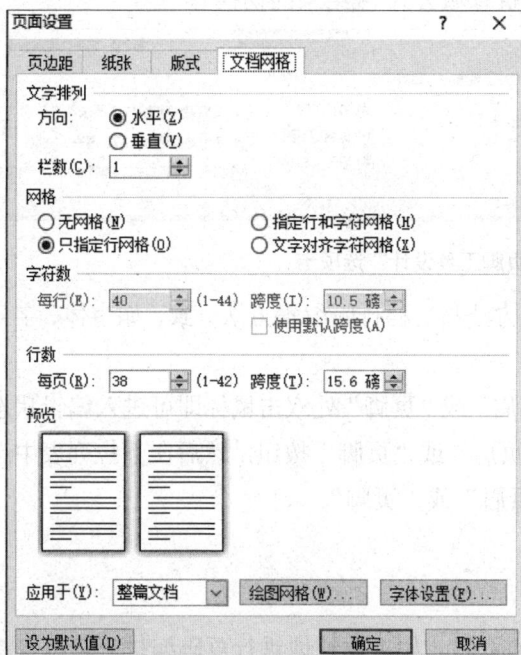

图 3-47　页面设置中的文档网格设置　　　　图 3-48　绘图网格对话框

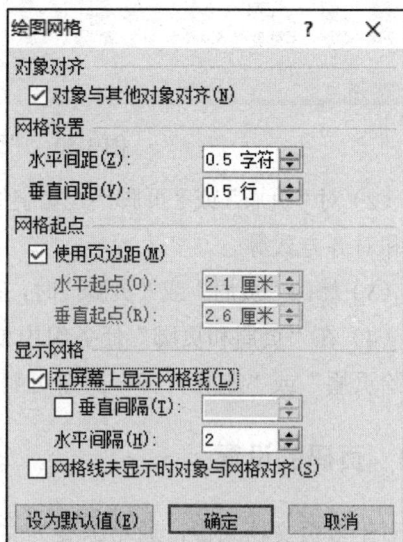

3.4.2　页眉和页脚

现实生活中，绝大多数书籍或杂志的每一页顶部或底部都会有一些因书而异但各页却都相同的内容，如书名、该页所在章节的名称或作者信息等。同时，在书籍每页两侧或底部都会出现页码，这就是所谓的页眉和页脚。页眉出现在每页页面的顶部，页脚出现在页面的底部。在使用 Word 2010 进行文档编辑时，页眉和页脚并不需要重复创建，可以在进行版式设计时直接为全部的文档添加页眉和页脚。

1. 设置方法

在功能区中打开"插入"选项卡，单击"页眉和页脚"任务组中的"页眉"或"页脚"按钮，从下拉列表中选择一款内置的"页眉"或"页脚"即可在文档中插入页眉或页脚，如图 3-49 所示，还可进行页眉和页脚的编辑。

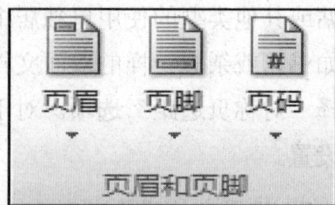

图 3-49 "页眉和页脚"任务组

2. 说明

（1）在创建"页眉"或"页脚"后，Word 2010 界面将会添加一个新的"页眉和页脚工具设计"选项卡，如图 3-50 所示。在该选项卡下的任务组中选择相应的按钮可在页眉或页脚位置插入页码、当前日期等域（域是 Word 处理动态数据的一种方法，是插入到文档中的一条指令，Word 根据指令显示运行后的结果。因为指令可以随时重新执行，所以域的内容才能自动更新。选中页码域按【Shift+F9】组合键可进行域公式/域结果的切换）。

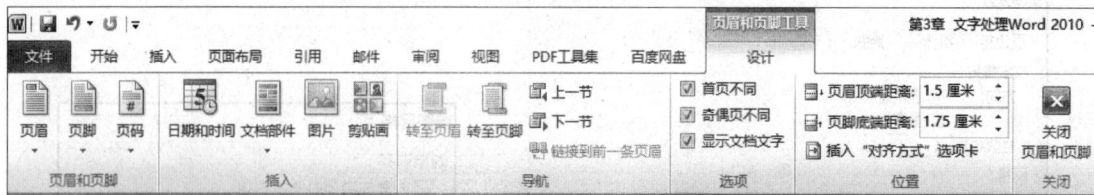

图 3-50 "页眉和页脚工具设计"选项卡

（2）对"页眉"或"页脚"处文字的编辑方法与文档排版编辑方法一致，如字体、字号、颜色和对齐方式等。

（3）修改"页眉"或"页脚"时，在"页眉"或"页脚"处双击鼠标即可进入编辑状态。

（4）在"页眉和页脚"任务组中单击"页眉"或"页脚"按钮，然后在下拉列表中选择"删除页眉"或"删除页脚"命令可删除"页眉"或"页脚"。

3.4.3 页码的设置

对于多页文档来说，通常需要为文档添加页码。如果单纯地进行页码编排，可以直接使用"页码"对话框来添加页码以提高工作效率。Word 2010 提供了专门的命令按钮来实现添加页码的功能，页码的添加和设置与页眉页脚的添加和设置方法基本相同。

在功能区中打开"插入"选项卡，在"页眉和页脚"任务组中单击"页码"按钮，在下拉列表中选择页码的样式，如图 3-51 所示。通过"设置页码格式"选项，此时可以打开"页码格式"对话框，如图 3-52 所示。根据需要可以进行页码的格式类型、起始方式等的设置。

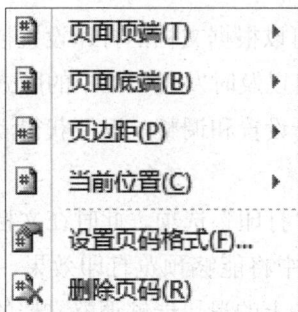

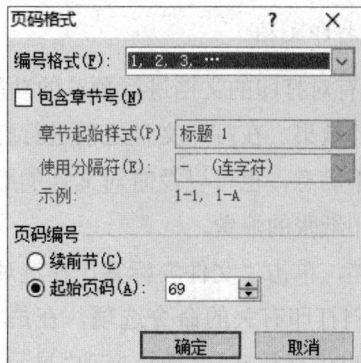

图 3-51　页码选项　　　　图 3-52　"页码格式"对话框

3.4.4 打印和打印预览

在 Word 中，完成文档的打印一般需要经过打印选项的设置、打印效果预览和文档的打印输出这几个步骤。

1. 设置打印选项

进行文档打印前，可以先对要打印的文档内容进行设置。在 Word 2010 中，通过"Word选项"对话框能够进行文档的"打印选项"设置，可以决定是否打印文档中创建的图形、插入的图像以及文档属性信息等内容。单击"文件"标签，在选项卡中单击"选项"选项。在打开的"Word 选项"对话框左侧窗格中选择"显示"选项，在右侧窗格"打印选项"栏中勾选相应的复选框设置文档的打印内容。完成设置后单击"确定"按钮关闭对话框，即可进行文档的打印操作，如图 3-53 所示。

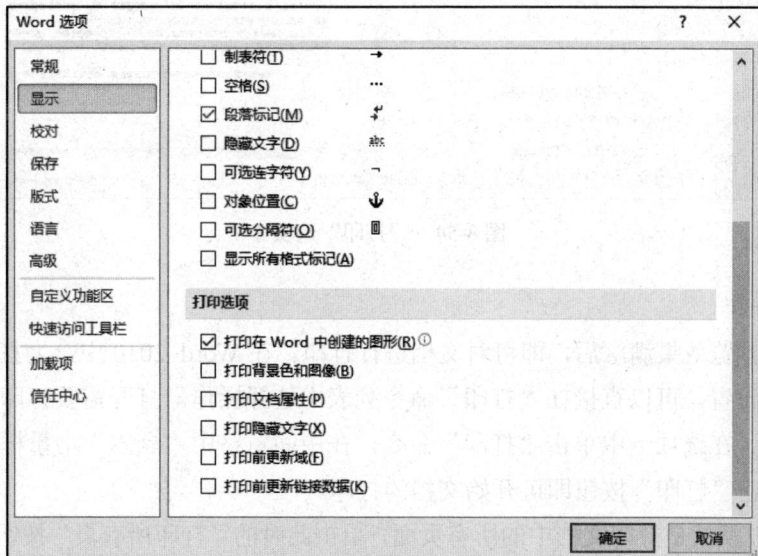

图 3-53　"打印"选项 1

2. 预览打印文档

Word 具有对打印的文档进行预览的功能，该功能可以根据文档的打印设置模拟文档被打印在纸张上的效果。在打印文档之前进行打印预览，可以及时发现文档中的版式错误，如果对打印效果不满意，也可以及时对文档的版面进行重新设置和调整，以便获得满意的打印效果，避免打印纸张的浪费。

打开文档，单击"文件"标签，在选项卡中单击"打印"选项，此时在文档窗口中将显示所有与文档打印有关的命令选项，在最右侧的窗格中将能够预览打印效果，使用快捷键【Ctrl+P】键也可打开打印选项。拖动"显示比例"滚动条上的滑块能够调整文档的显示大小，单击"下一页"按钮和"上一页"按钮，将能够进行预览的翻页操作，如图 3-54 所示。

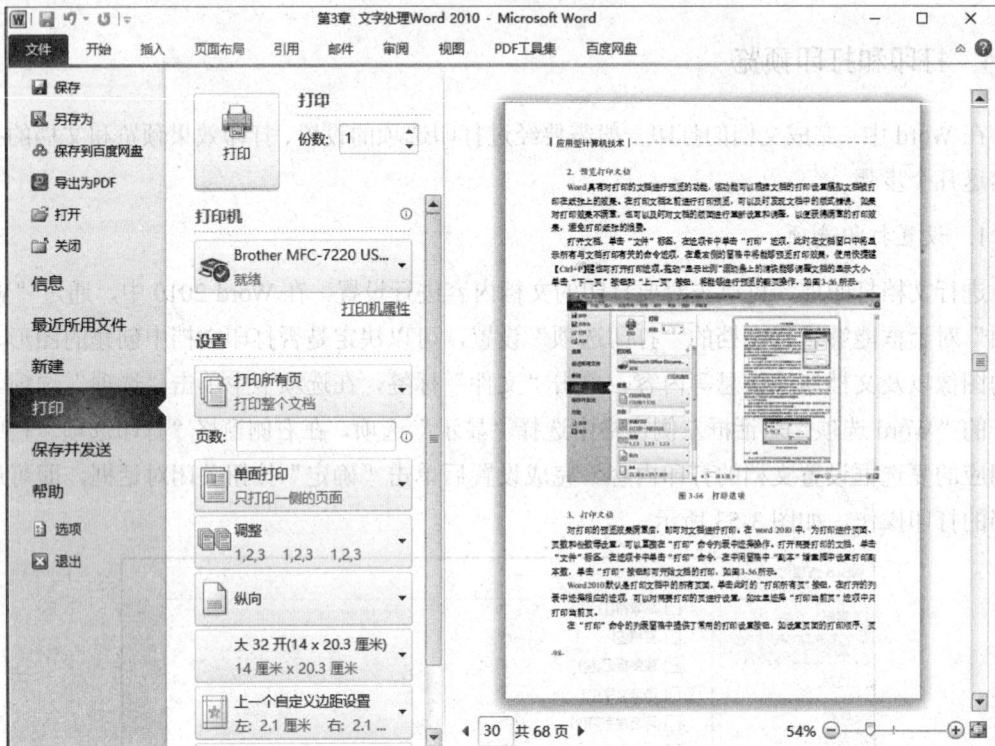

图 3-54　"打印"选项 2

3. 打印文档

对打印的预览效果满意后，即可对文档进行打印。在 Word 2010 中，为打印进行页面、页数和份数等设置，可以直接在"打印"命令列表中选择操作。打开需要打印的文档，单击"文件"标签，在选项卡中单击"打印"命令，在中间窗格中"副本"增量框中设置打印副本数，然后单击"打印"按钮即可开始文档的打印。

Word 2010 默认是打印文档中的所有页面，单击此时的"打印所有页"按钮，在打开的列表中选择相应的选项，可以对需要打印的页进行设置，如这里选择"打印当前页"选项便只打印当前页。

在"打印"命令的列表窗格中提供了常用的打印设置按钮，如设置页面的打印顺序、页面的打印方向以及设置页边距等。用户只需要单击相应的选项按钮，在下级列表中选择预设参数即可。如果需要进行进一步的设置，可以单击"页面设置"命令，打开"页面设置"对话框来进行设置。

3.4.5　边框和底纹

为了使文档页面更加美观，或对重要的文字或内容进行强调，可在文字、表格（或图形）上加上边框和底纹，还可以制作阴影效果，可通过边框和底纹对话框进行。

1．添加边框

为文档添加边框能够修饰文档内容，同时能够起到美化文档的作用。打开需要添加边框的文档。在"页面布局"选项卡的"页面背景"任务组中单击"页面边框"按钮，打开"页面边框"对话框。在该对话框的选项卡中单击"方框"按钮，在"艺术型"下拉列表中选择需要使用的艺术边框，如图 3-55 所示。可以使用"应用于"下拉列表框来设置在页面中应用的范围，包括其"整篇文档""本节""本节-仅首页"和"本节-除首页外的所有页"选项。"样式"列表用于边框线的线型；"颜色"下拉列表框用于设置边框线的颜色；"宽度"下拉列表框用于设置边框线的宽度。

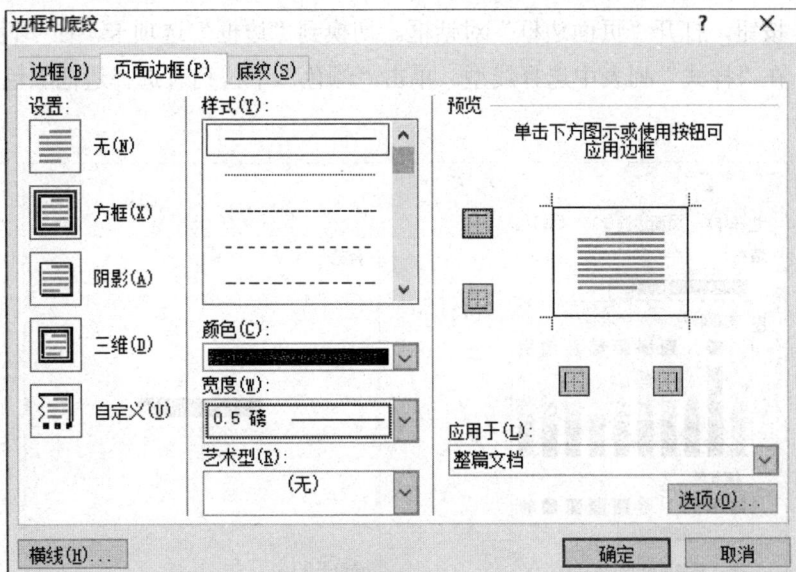

图 3-55　边框设置对话框

在"边框与底纹选项"对话框中单击"选项"按钮，打开"边框与底纹选项"对话框，在对话框中对边框的边距进行设置。单击"确定"按钮关闭"边框与底纹选项"对话框，然后单击"确定"按钮关闭"边框与底纹"对话框，文档中将被添加选择的艺术边框。添加艺术边框后，边框的宽度和颜色不能改变。另外，如果是在普通视图模式下进行添加边框的操作，Word 会自动切换到页面视图模式。

2. 添加装饰线

在对文档版式进行设计时，为文档设置特定文字（如标题）或添加艺术型装饰线能够起到美化文档，突出文字内容的作用。在文档中单击鼠标，将插入点光标设置于需要插入装饰线的位置，在文档标题的末尾单击设置插入点光标。打开"页面边框"对话框，单击"横线"按钮。此时，打开"横线"对话框，在对话框的列表中选择需要使用的横线，然后单击"确定"按钮关闭"横线"对话框，此时选择的横线将被插入到文字的下方。

在"横线"对话框中单击"导入"按钮，打开"剪辑添加到管理器"对话框，在对话框中选择图像文件，将该图像文件添加到"横线"对话框的列表中，并将其应用到文档中。在插入的艺术横线处单击，图案将被包含控制柄的边框包围，拖动边框上的控制柄可以调整图案的大小。

3. 为文字添加边框

在 Word 2010 文档中，对于单个文字以及段落都是可以添加边框的。文字边框的添加和设置可以通过"边框和底纹"对话框中的"边框"选项卡设置来实现，其操作与文档边框的添加相类似。

打开文档，选择需要添加边框的段落，在"页面布局"选项卡的"页面背景"组中单击"页面边框"按钮，打开"页面边框"对话框。切换到"边框"选项卡，在"设置"栏中选择边框类型，在"样式"列表中选择线型。单击"颜色"下拉列表选择边框颜色，如图 3-56 所示。

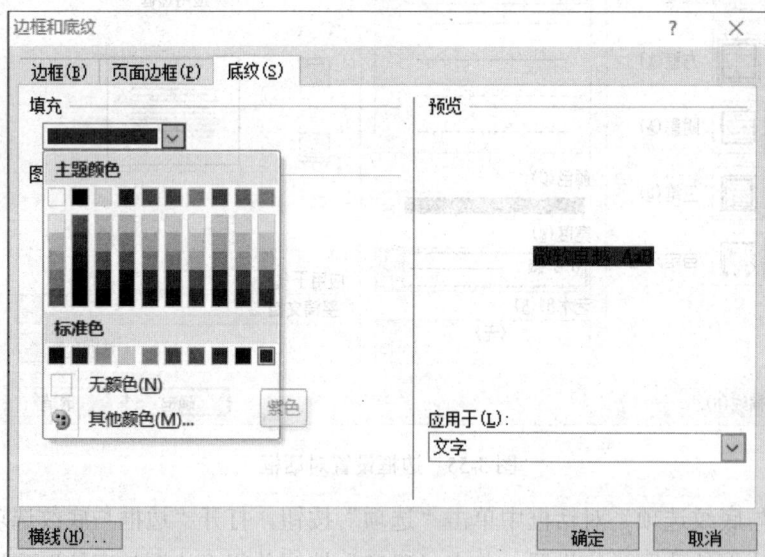

图 3-56　"边框与底纹"对话框

打开"边框和底纹"对话框的"边框"选项卡，在"预览"栏中改变"上""下""左""右"按钮状态可以设置边框四边的效果。如单击"上"按钮和"下"按钮使其处于非按下状态，将取消边框上下边的显示，此时段落边框的样式将被修改。

4. 为文字添加底纹

底纹与边框不同，其只能用于文字与段落，而无法添加到整个页面。底纹可以通过"边框和底纹"对话框的"底纹"选项卡来进行添加和设置。

在文档中选择需要添加底纹的段落，打开"边框与底纹"对话框的"底纹"选项卡。在选项卡的"填充"下拉列表中选择需要使用的填充颜色，如图 3-56 所示。在对话框的"样式"下拉列表中选择需要使用的填充图案的样式，在"颜色"下拉列表中选择填充图案的颜色。

3.4.6　分栏

Word 2010 允许用户为自己的文本设置分栏，方法是在"页面布局"选项卡的"页面设置"任务组中单击"分栏"按钮，在下拉列表中选择需要的分栏形式，如图 3-57 所示。此时段落将根据选择进行分栏。

如果对"分栏"下拉列表中的分栏形式不满意，可以选择"分栏"下拉列表中的"更多分栏"命令打开"分栏"对话框，在对话框中对分栏格式进行自定义，如图 3-58 所示。若让一段文字分四栏显示，在"栏数"输入框中输入"4"，"应用于"选择"所选文字"，单击"确定"按钮，文档就设置好了。

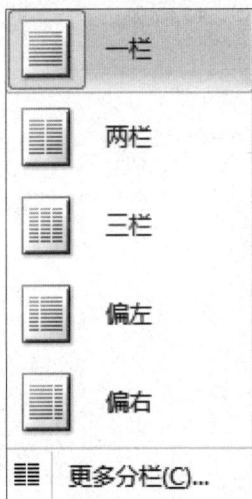

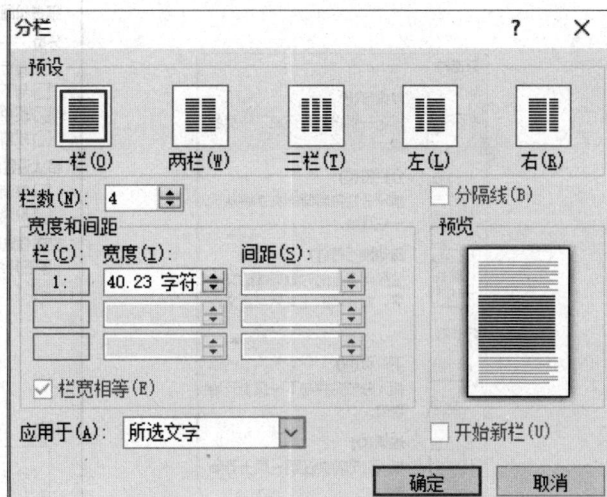

图 3-57　"分栏"选项　　　　　图 3-58　"分栏"对话框

调整栏宽：打开"分栏"对话框，有"宽度"和"间距"两个输入框，单击"宽度"输入框中的上箭头来增大栏宽的数值，"间距"中的数字也同时变化了，此时单击"确定"按钮即调整栏宽了。

在分栏中间加分隔线：打开"分栏"对话框，选中"分隔线"前的复选框，单击"确定"按钮，在各个分栏之间就出现了分隔线。

3.4.7 分页和分节

Word 文档中，在上一页和下一页开始的位置之间，Word 会自动插入一个分页符，称为软分页。如果用户插入了手动分页符到指定位置可以强制分页，这就是所谓的硬分页符。在文档中，用于标识节的末尾的标记就是分节符，分节符包含了节的格式设置元素。

1. 分页符

Word 文档中，长的文档会被自动插入分页符，用户也可以在特定的位置根据需要插入手动分页符来对文档进行分页。另外，当不希望段落放置在两个不同页面上时，也可以通过设置来避免段落中间出现分页符。

打开需要处理的文档，将插入点光标放置到需要分页的位置。在功能区的"页面布局"选项卡中单击"页面设置"任务组中的"插入分页符和分节符"按钮，在下拉列表中选择"分页符"选项，如图 3-59 所示。此时，文档从插入点光标处插入分页符，同时完成分页。

打开"开始"选项卡，在"段落"任务组中单击"段落"按钮。在打开的"段落"对话框的"换行和分页"选项卡中勾选"段中不分页"复选框。单击"确定"按钮关闭该对话框，文档中将会按照段落的起止来分页,避免了同一段落放在两个页面上的情况,如图 3-60 所示。

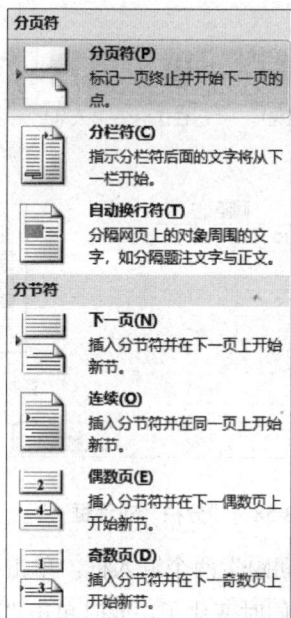

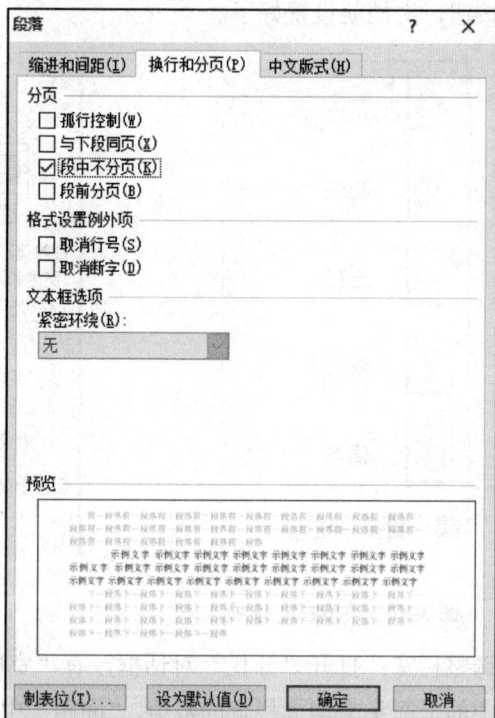

图 3-59　"分页符"选项　　　　　图 3-60　段落中的"换行和分页"设置

在"换行和分页"选项卡中勾选"段前分页"复选框，可以在段落前指定分页。如果勾选"与下段同页"复选框，则可以使前后两个关联密切的段落放在同一页中，如果勾选"孤行控制"复选框，则会在页面的顶部或底部放置段落的两行以上。

2. 分节符

Word 中的分节符可以改变文档中一个或多个页面的版式和格式，如将一个单页页面的一部分设置为双页页面。使用分节符可以分隔文档中的各章，使章的页码编号单独从 1 开始。另外，使用分节符还能为文档的章节创建不同的页眉和页脚。

在文档中单击鼠标，将插入点光标放置到需要分节的位置。打开"页面布局"选项卡，在"页面设置"任务组中单击"插入分页符和分节符"按钮，在下拉列表的"分页符"栏中单击对应选项。"下一页"选项用于插入一个分节符，并在下一页开始新的节，常用于在文档中开始新的章节。"连续"选项将用于插入一个分节符，并在同一页上开始新节，适用于在同一页中实现同一种格式。"偶数页"选项用于插入分节符，并在下一个偶数页上开始新节。"奇数页"选项用于插入分节符，并在下一个奇数页上开始新节。

默认情况下，每一节中的"页眉"内容都是相同的，如果更改第一节的"页眉"，则第二节也会随着改变。要想使两节的"页眉"不同，可以打开"设计"选项卡，在"导航"任务组中单击"链接到前一条页眉"按钮，使其处于非按下状态，断开新节的页眉与前一节页眉的链接。

要想取消人工创建的分节，将插入点光标放置在该节的末尾，按【Delete】键删除分节符即可，删除分节符将会同时删除分节符之前的文本节格式，该分节符之前的文本将成为后面节的一部分，并采用后面节的格式。

3.4.8 文档背景

Word 2010 能够给文档添加背景以增强文档页面的美观性，使文档易于阅读。设置文档的背景，除了可以给背景填充颜色外，还包括填充过渡色、纹理、图案以及文字或图片水印等。

1. 使用纯色背景

对于一篇纯文字文档来说，阅读起来是比较枯燥的，如果此时以某种颜色作为文档的背景，可以在增强文档的美观性的同时，有效地降低阅读者的视觉疲劳。

打开需要添加背景颜色的文档，在功能区中打开"页面布局"选项卡，单击"页面布局"任务组中的"页面颜色"按钮。在下拉列表的"主题颜色"组中选择需要使用的颜色，Word 将以该颜色填充文档背景，如图 3-61 所示。单击"页面颜色"按钮，在下拉列表中选择"其他颜色"选项，此时将打开"颜色"对话框。在对话框的"标准"或"自定义"选项卡中选择颜色，如图 3-62 所示。关闭"颜色"对话框后，选择的颜色将填充背景。

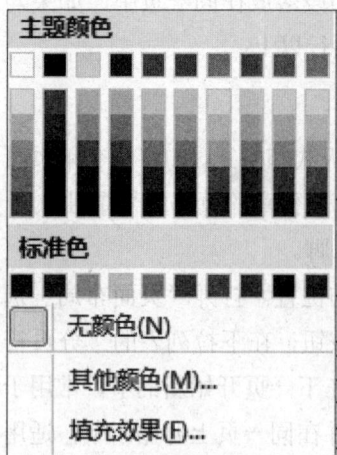

图 3-61　"页面颜色"选项

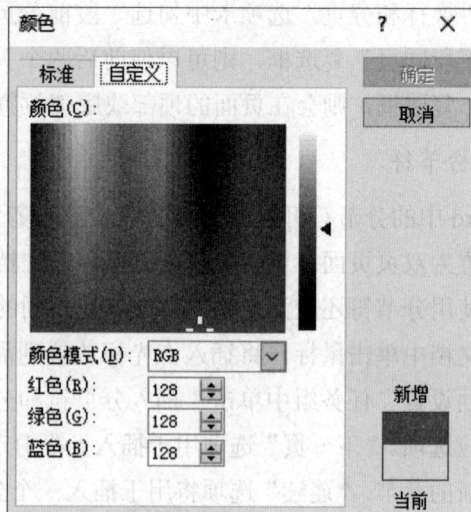

图 3-62　"颜色"对话框

2. 渐变色填充背景

除了可以使用纯色填充背景外，Word 2010 还可以使用渐变色填充背景，使文档获得更为美观的效果。

在功能区中打开"页面布局"选项卡，单击"页面布局"组中的"页面颜色"按钮，在下拉列表中选择"填充效果"选项，此时将打开"填充效果"的渐变"选项"卡。单击选中"预设"单选按钮，选择使用 Word 预设渐变效果，并在"预设颜色"下拉列表中选择一款预设的渐变色，如图 3-63 所示。在"底纹样式"组中单击选中相应的单选按钮选择一种渐变样式，完成设置后单击"确定"按钮以设定的渐变填充文档。

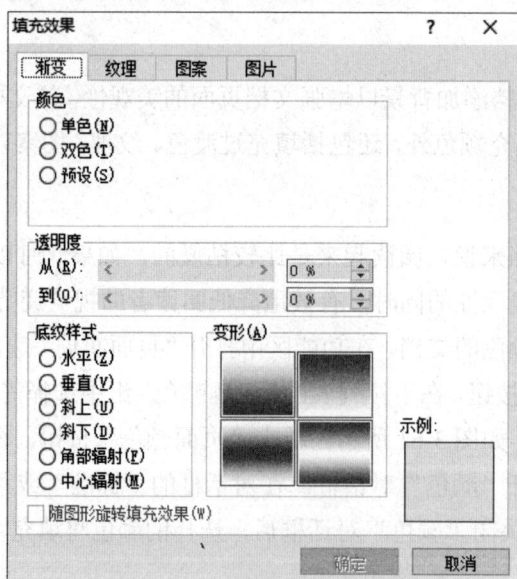

图 3-63　"填充效果"对话框

　　通过"填充效果"对话框，还可以对文档背景进行纹理、图案和图片填充，在对话框中打开相应的选项卡，对填充效果进行设置即可。为文档添加纯色或填充效果后，只能在页面视图、Wed 版式视图和阅读视图模式下才可以显示出来。

　　3. 添加水印

　　在 Word 2010 中，可以为文档添加水印。水印是出现在文档背景上的文本或图片，添加水印可以增加文档的趣味性，更重要的是可以标识文档的状态。文档中添加水印后，用户可以在页面视图或阅读板式视图中查看水印，也可以在打印文档时将其打印出来。

　　在"页面布局"选项卡中单击"页面背景"任务组中"水印"按钮，在下拉列表中选择需要添加的水印，如图 3-64 所示。

　　单击"页面背景"组中的"水印"按钮，在下拉列表中选择"删除水印"命令，删除添加的水印。单击"自定义水印"命令，打开"水印"对话框，在对话框中单击选中"文字水印"按钮，设置插入的文字水印。在"文字"下拉列表中选择水印文字的字体；在"字号"下拉列表框中输入数值，设置水印文字的大小；在"颜色"下拉列表中选择文字的颜色，其他设置项使用默认值。完成设置后，单击"确定"按钮关闭对话框，如图 3-65 所示。此时，文档中将添加自定义水印效果。

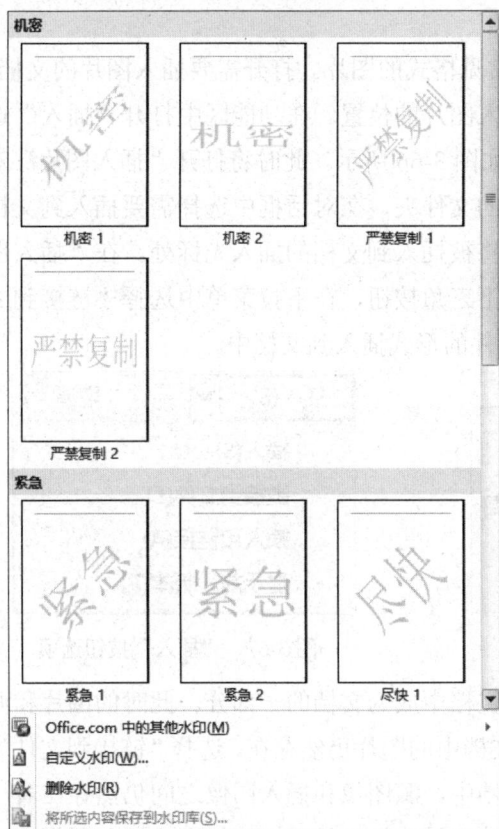

图 3-64　"水印"选项

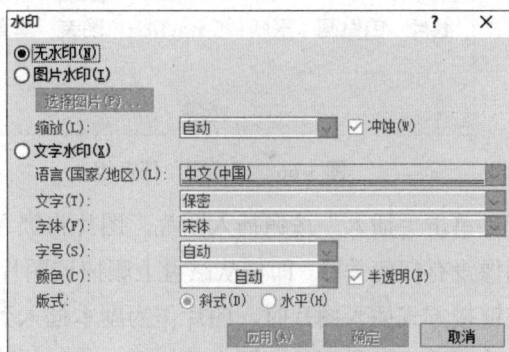

图 3-65　"水印"对话框

在"水印"对话框中，如果单击选中"图片水印"单选按钮，则"选择图片"按钮将可用，单击该按钮将打开"插入图片"对话框，在对话框中选择图片后，即可以该图片作为图片水印插入到文档中。另外，单击"应用"按钮可以将设置的水印添加到文档中而"水印"对话框不会关闭，可以预览水印的效果，方便修改。

3.5　图文混排技术

用户可以在自己的文档中插入图片，这样可以使文档更加活泼生动。

3.5.1　图片

Word 对图像文件的支持十分优秀，它可以支持当前流行的所有格式的图像文件，如 BMP 文件、JPG 文件和 GIF 文件等。同时，用户还可以使用 Microsoft 剪辑管理器来插入格式为 WMF 的剪贴画。在文档中插入的图片，使用 Word 2010 能方便其进行简单的编辑、样式的设置和版式的设置。

1．插入图片

Word 2010 允许用户在文档的任意位置插入常见格式的图片。打开需要插入图片的文档，在文档中单击鼠标，将插入点光标放置到需要插入图片的位置。在功能区中打开"插入"选项卡，在"插图"任务组中单击"图片"按钮，如图 3-66 所示。此时将打开"插入图片"对话框，在"查找范围"下拉列表中选择图片所在的文件夹，在对话框中选择需要插入到文档中的图片，然后单击"插入"按钮，选择的图片将被插入到文档的插入光标处。在"插入图片"对话框中选择图片，单击"插入"按钮上的下三角按钮，在下拉菜单中选择"链接到文件"命令，如图 3-67 所示。此时图片将以连接文件的形式插入到文档中。

图 3-66　"插图"任务组

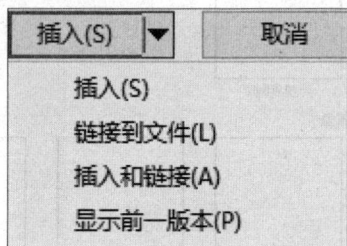

图 3-67　"插入"按钮选项

单击"插入"按钮插入图片，图片将嵌入到文档中成为文档的一部分。此时的图片和源图像没有任何关联，即使从磁盘上删掉该图片，文档中的图片仍然存在。选择"链接到文件"以链接方式插入图片时，图片作为副本插入到文档中，源图像和插入图像之间仍然存在着一定的联系，如果更改源图像的信息，将影响到文档中的文件。使用链接的方式插入图像，可以减少文档的大小。

2．插入剪贴画

剪贴画是 Office 2010 提供的图片，这些图片一般是 WMF、EPS 或 GIF 格式。Office 将剪贴画放置在剪辑库中，剪辑库中包含的文档类型很多，包括图片、声音、动画或影视文件在内的各种媒体文件，为了快速找到需要的对象，可以根据需要进行搜索。

在功能区中打开"插入"选项卡，在"插图"任务组中单击"剪贴画"按钮，将打开"剪贴画"窗格。在窗格的"搜索文字"文本框中输入要查找的剪贴画的名称，在"搜索范围"下拉列表框和"结果搜索"下拉列表框中选择搜索范围和文件的类型后，单击"搜索"按钮，在窗格的列表中将显示所有找到的符合条件的图像。将鼠标指针放置到窗格中的剪贴画上，单击右侧下三角按钮，在下拉菜单中选择"插入"命令，即可将剪贴画插入到文档中，如图 3-68 所示。

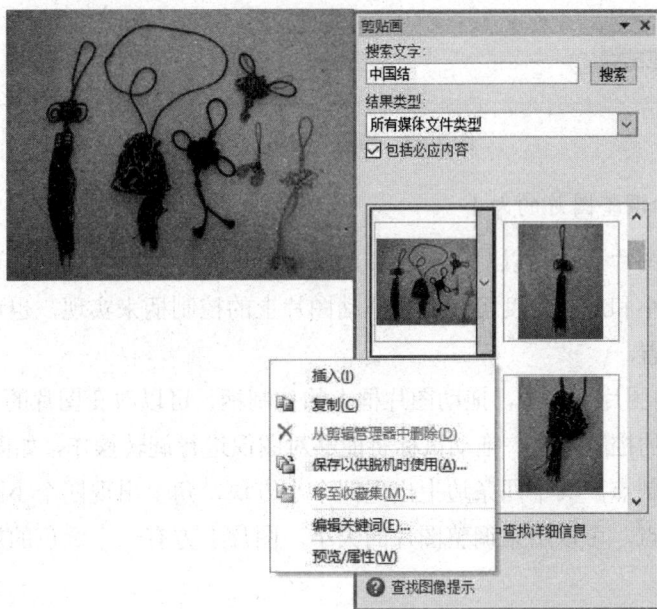

图 3-68　插入剪贴画

3．插入屏幕截图

编写某些特殊文档时，经常需要向文档中插入屏幕截图。在以前的 Office 版本中，要截取计算机屏幕的内容，因此只能使用第三方软件来实现。Office 2010 提供了屏幕截图功能，用户编写文档时，可以直接截取程序窗口或屏幕上的某个区域的图像，这些图像将能自动插入到当前插入点光标所在的位置。

在"插入"选项卡的"插图"任务组中单击"屏幕截图"按钮。在打开的"可用视窗"列表中将列出当前打开的所有程序窗口。选择需要插入的窗口截图，如图 3-69 所示。此时，该窗口的截图将被插入到文档中的插入点光标处。单击"屏幕截图"按钮，在打开的列表中选择"编辑剪辑"选项，此时当前文档的编辑窗口将最小化，屏幕将灰色显示，拖动鼠标框选出需要截取的屏幕区域。单击鼠标，框选区域内的屏幕图像将插入到文档中。

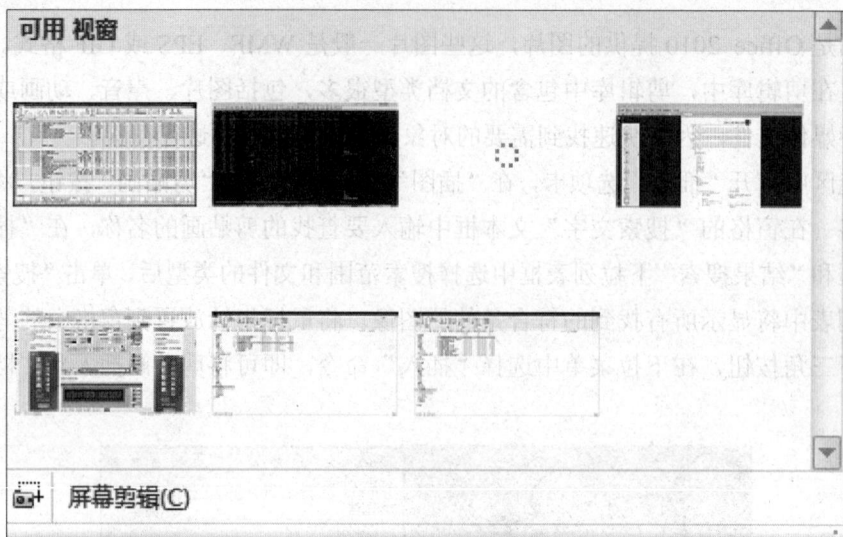

图 3-69　当前"可用视窗"

4. 旋转图片和调整图片的大小

在文档中插入图片后，可以对其大小和放置角度进行调整，以使图片适合文档排版的需要。调整图片的大小和放置角度可以通过拖动图片上的控制柄来实现，也可以通过功能区设置项来进行精确设置。

（1）在插入的图片上单击，拖动图片框上的控制柄，可以改变图片的大小。将鼠标指针放置到图片框顶部的控制柄上，拖动鼠标将能够对图像进行旋转操作，如图 3-70 所示。图片四周会出现九个控制点。其中四条边上出现四个小方块，角上出现四个小圆点，这些小方块和圆点称为尺寸控点，可以用来调整图片的大小。图片上方有一个绿色的旋转控制点，可以用来旋转图片。

（2）选择插入的图片，在"格式"选项卡下"大小"任务组中的"高度"和"宽度"增量框中输入数值，可以精确调整图片在文档中的大小，如图 3-71 所示。

图 3-70　图片编辑控点

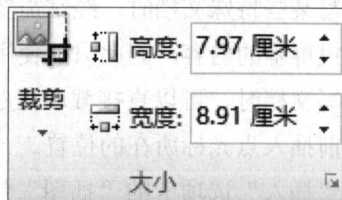

图 3-71　"大小"任务组

（3）在"大小"任务组中单击"大小"按钮，打开"布局"对话框，通过该对话框可以修改图片的高度和宽度，如图 3-72 所示。

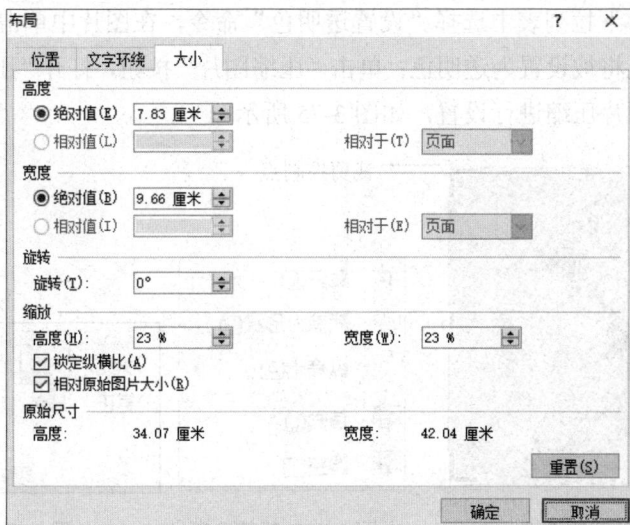

图 3-72　布局中的大小设置

　　勾选"锁定纵横比"复选框，则无论是手动调整图片的大小还是通过输入图片宽度和高度值调整图片的大小，图片大小都将保持原始的宽度和高度比值。另外，通过"缩放比例"栏中调整"高度"和"宽度"的值，将能够按照与原始高度和宽度值的百分比来调整图片的大小。在"旋转"增量框中输入数值，将能够设置图像旋转的角度。

　　5.　裁剪图片

　　有时需要对插入 Word 文档中的图片进行重新裁剪，在文档中只保留图片中需要的部分。较之以前版本，Word 2010 的图片裁剪功能更为强大，其不仅能够实现常规的图像裁剪，还可以将图像裁剪为不同的形状。

　　选择插入的图片，在"格式"选项卡中单击"裁剪"按钮，图片四周出现裁剪框，拖动裁剪框上的控制柄调整裁剪框包围住图像的范围，如图 3-73 所示。操作完成后，按【Enter】键，裁剪框外的图像将被删除。

　　单击"裁剪"按钮上的下三角按钮，在下拉列表中单击"纵横比"选项，在下级列表中选择裁剪图像使用的纵横比；在下拉列表中选择"裁剪为形状"选项，在弹出的列表中选择形状；选择"调整"命令，图像周围将被裁剪框包围，如图 3-74 所示。

　　6.　调整图片色彩

　　在 Word 文档中，对于某些亮度不够或比较灰暗的照片，打印效果将会不理想。使用 Word 2010，能够对插入图片的亮度、对比度以及色彩进行简单调整，使照片效果得到改善。

　　在文档中选择要插入的图，在"格式"选项卡的"调整"任务组中单击"更正"按钮，在"亮度和对比度"栏中选择需要的选项，即可将图片的亮度和对比度调整为设定值；单击"更改"按钮，在"锐化和柔化"栏中单击相应的选项即可对图片进行柔化和锐化操作；单击"重新着色"按钮，在下拉列表中选择"其他变体"选项，在下级列表中选择颜色即可为图片重新着色；在"颜色"下拉列表中选择"设置透明色"命令，在图片中单击鼠标，则图片中与单击点处相似的颜色将被设置为透明色；单击"压缩图片"按钮，打开"压缩图片"对话框，通过对话框可以对图片压缩进行设置，如图 3-75 所示。

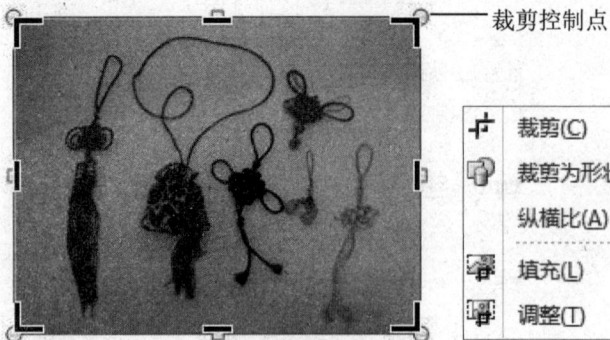

图 3-73　图片裁剪控点　　　　图 3-74　裁剪选项　　　　图 3-75　调整任务组

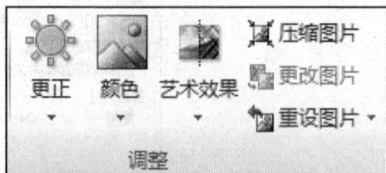

7. 图片的版式

图片版式是指插入文档中图片与文档中文字的相对关系，使用"格式"选项卡下"排列"任务组中的工具能够对插入文档中的图片进行排版。图片排版主要包括设置图片在页面中的位置和设置文字相对于图片的环绕方式，共有七种方式，分别为嵌入型、四周型环绕、紧密型环绕、穿越型环绕、上下型环绕、衬于文字下方和浮于文字上方，如图 3-76 所示。

在 Word 2010 文档中，图片和文字的相对位置有两种情况，一种是嵌入型的排版方式，此时图片和正文不能混排。另一种方式是非嵌入式方式，此时图片和文字可以混排，文字可以环绕在图片周围或在图片的上方或下方，拖动图片可以将图片放置到文档中的任意位置。

选择"其他布局选项"命令打开"高级版式"对话框，在"文字环绕"选项卡中能够对文字的环绕方式进行精确设置，如图 3-77 所示。

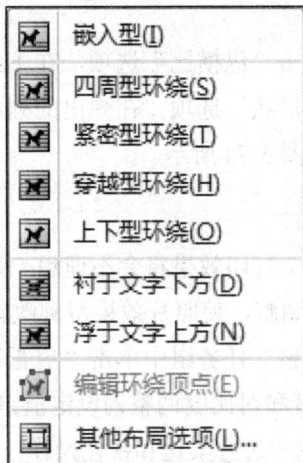

图 3-76　自动换行选项　　　　图 3-77　布局中的"文字环绕"选项

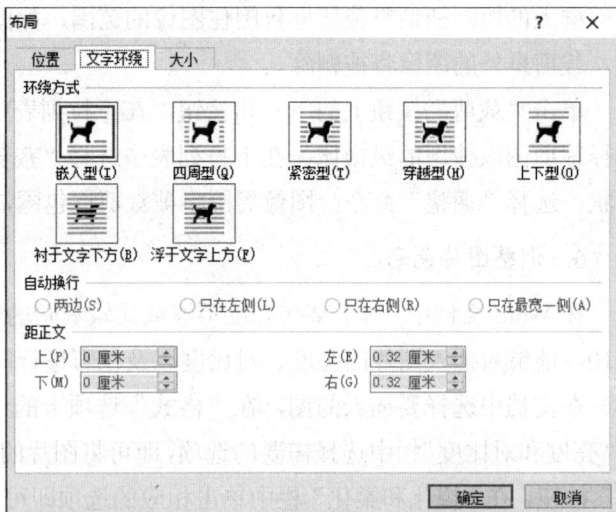

8. SmartArt 图形

SmartArt 图形是信息和观点的视觉表示形式,可以通过选择多种不同布局来创建 SmartArt 图形,从而快速、轻松、有效地传达信息。借助 Word 2010 提供的 SmartArt 功能,用户可以在文档中插入丰富多彩、表现力丰富的 SmartArt 示意图。

在"插入"选项卡的"插图"任务组中单击"SmartArt"按钮,弹出"选择 SmartArt 图形"对话框,如图 3-78 所示。在对话框中,单击左侧的类别名称选择合适的类别,然后在对话框右测单击选择需要的 SmartArt 图形,并单击"确定"按钮,返回文档窗口,在插入的 SmartArt 图形中单击文本占位符输入合适的文字。

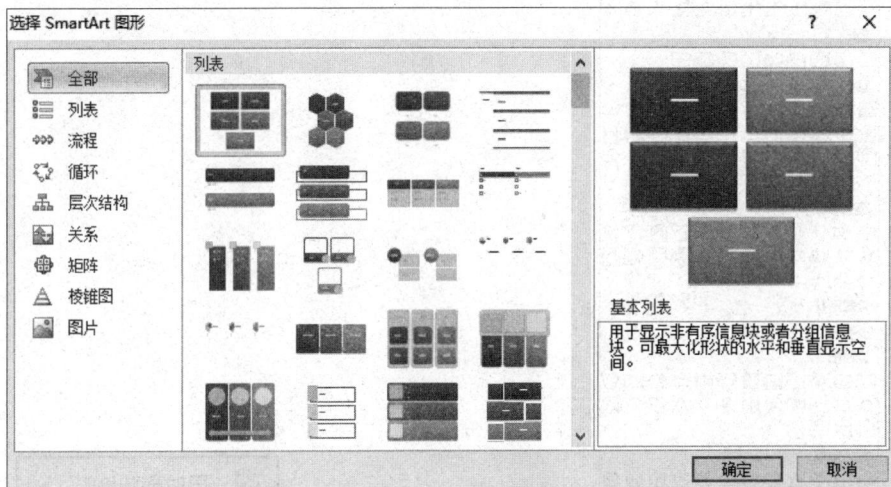

图 3-78 "选择 SmartArt 图形"对话框

9. 自选图形

在 Word 2010 文档中,用户可以方便地绘制各种自选图形,并可对自选图形进行编辑和设置。在 Word 中,自选图形包括直线、矩形、圆形等基本图形,同时还包括各种线条、连接符、箭头和流程图符号等。

(1)绘制自选图形。在进行文档编辑时,根据需要,用户有时需要绘制图形,如试卷中的几何图形、各种实验仪器以及各种流程图等。Word 2010 能够允许用户在文档中绘制自选图形,同时可以对绘制的自选图形的形状进行修改。

在"插入"选项卡下单击"插图"任务组中的"形状"按钮,在打开的下拉列表中选择需要绘制的形状,如图 3-79 所示。在文档中拖动鼠标即可绘制选择的图形。

拖动图形边框上的"调节控制柄"更改图形的外观形状;拖动图形边框上的"尺寸控制柄"调整图形的大小;拖动图形边框上的"旋转控制柄"调整图形的放置角度。将鼠标指针放置在图形上,拖动图形可以改变图形在文档中的位置。

(2)修改自选图形。绘制好自选图形后,用户可以对绘制的自选图形进行编辑修改,编辑修改包括更改绘制的自选图形和对图形的形状进行编辑两个方面的操作。

选择已创建的图形，在"格式"选项卡下"插入形状"任务组中单击"编辑形状"按钮，在下拉列表中选择形状即可实现选择图形形状的更改，如图 3-80 所示。

连接类自选图形分为直接连接符、肘型连接符和曲线连接符三类。在文档中选择一个图形后右击鼠标，在弹出的快捷菜单中选择"连接符类型"命令，在级联菜单中将能查看当前图形的类型。在连接符间进行转换时，只能转换为同样箭头样式的连接线，如，单箭头样式的连接线不能转换为双箭头或无箭头样式。

图 3-79　"形状"选项

图 3-80　"编辑形状"选项

（3）设置形状样式。自选图形的线条设置包括线条颜色、线型、线条虚实和粗细等方面的设置，使用"格式"选项卡下"形状样式"任务组中的命令能够直接为线条添加内置样式效果，如图 3-81 所示。同时，在"设置自选图形格式"对话框中，能够通过参数设置来自定义线条样式，如图 3-82 所示。

在"形状样式"任务组中单击"形状填充"按钮上的下三角按钮，在下拉列表中选择"渐变"命令，在"渐变"命令中选择需要使用的渐变色并将其应用到图形，如图 3-83 所示。单击"形状轮廓"按钮上的下三角按钮，在下拉列表中选择颜色应用于图形轮廓，如图 3-84 所示。单击"粗细"选项，在下级列表中单击相应的选项轮廓线的宽度。单击"形状效果"选项，可以为自选图形添加阴影、发光和三维旋转等图形效果，如图 3-85 所示。

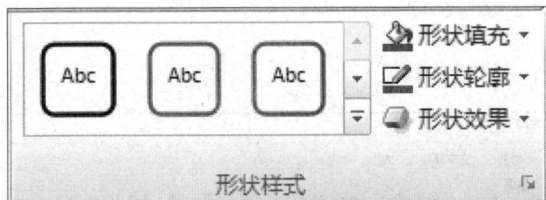

图 3-81 "形状样式"任务组

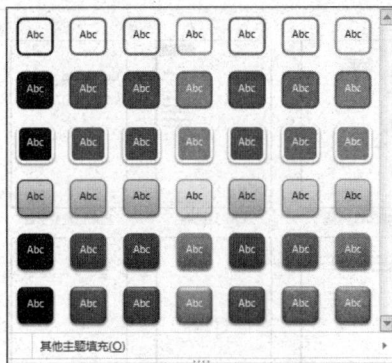

图 3-82 应用形状样式

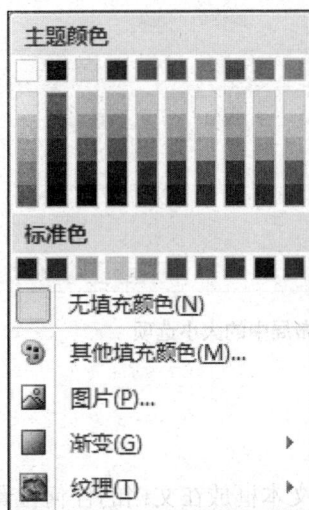

图 3-83 "形状填充"选项

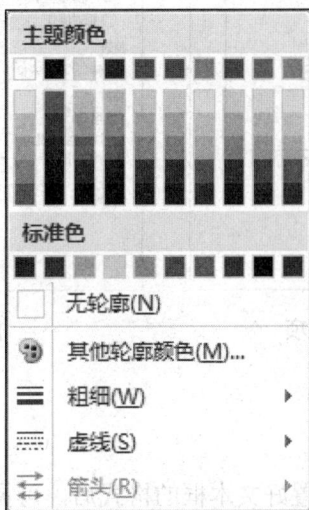

图 3-84 "形状轮廓"选项

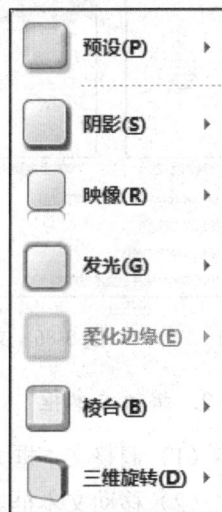

图 3-85 "形状效果"选项

3.5.2 文本框的使用

在编辑版式时，通常会遇到比较复杂的文档，这时可以通过在文档中插入文本框并利用文本框之间的链接功能来增强文档排版的灵活性。

1. 插入文本框

打开"插入"选项卡，单击"文本"任务组中的"文本框"按钮，在下拉列表的"内置"栏中选择需要使用的文本框，如图 3-86 所示。选择的文本框即被插入到页面中，直接在文本框中输入文字，即可完成文本框的创建。

要调整文本框大小，首先要右击文本框的边框，在打开的快捷菜单中"选择其他布局选项"命令，打开"布局"对话框并切换到"大小"选项卡，在"高度"和"宽度"绝对值编辑框中分别输入具体数值，以设置文本框的大小，如图 3-87 所示。也可以通过鼠标拉动文本框边角上的控制点来达到调整文本框大小的目的。

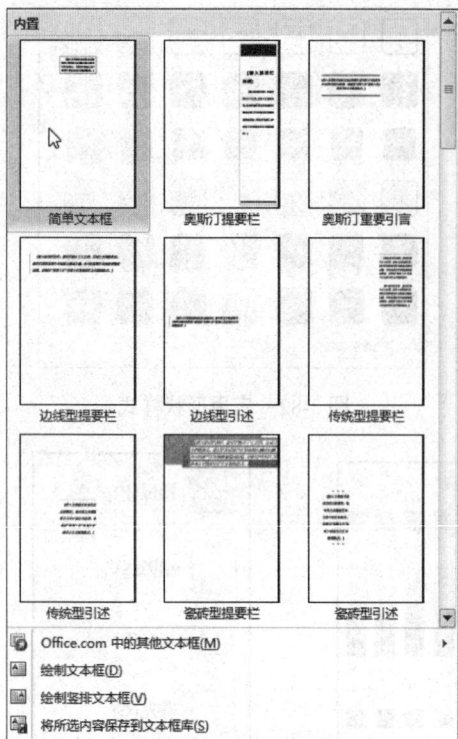

图 3-86　文本框选项

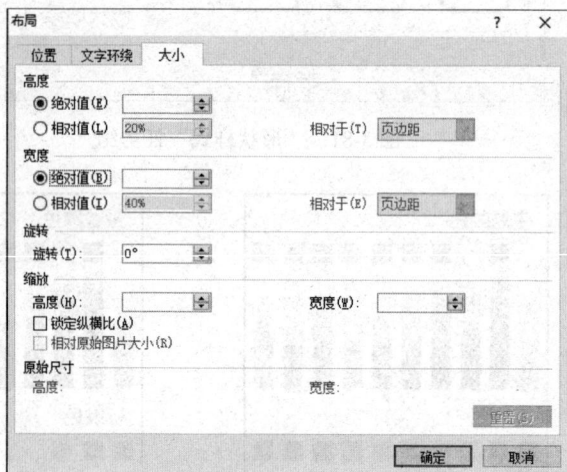

图 3-87　布局中的大小选项

2. 编辑文本框

（1）调整文本框大小。

（2）移动文本框。当设置好文本框的格式后，可灵活地将文本框放在文档的任何位置。单击选中文本框，把光标指向文本框的边框，当光标变成四向箭头形状时按住鼠标左键拖动文本框即可移动其位置。

（3）改变文本框的文字方向。在 Word 2010 中，文本框的默认文字方向为水平方向。用户可以根据实际需要将文字方向的文本框，在"绘图工具/格式"选项卡的"文本"任务组中单击"文字方向"命令，在打开的列表中选择需要的文字方向，包括水平、垂直、将所有文字旋转 90°、将所有文字旋转 270°、将中文字符旋转 270° 共五种选择，如图 3-88 所示。

（4）设置文本框边距和垂直对齐方式。默认情况下，Word 2010 文档的文本框垂直对齐方式为顶端对齐，文本框内部左右边距为 0.25 cm，上下边距为 0.13 cm。设置文本框边距和垂直对齐方式可右击文本框，在打开的快捷菜单中选择"设置形状格式"命令，在打开的"设置形状格式"对话框中切换到"文本框"选项卡，在"内部边距"区域设置文本框边距，然后在"垂直对齐方式"区域选择顶端对齐、中部对齐或底端对齐方式，如图 3-89 所示。

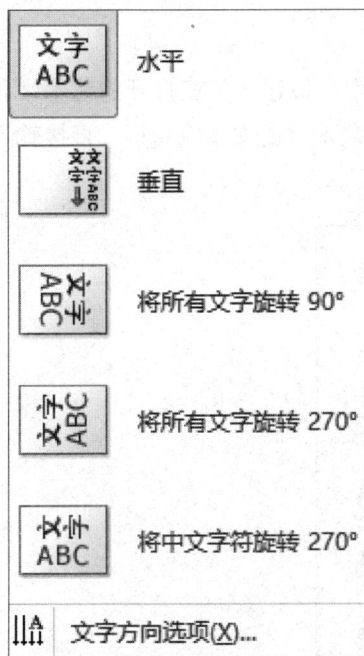

图 3-88　文字方向选项

图 3-89　设置文本框格式

（5）设置文本框文字环绕方式。文本框文字环绕方式是指 Word 2010 文档的文本框周围的文字以何种方式环绕文本框，默认设置为"浮于文字上方"环绕方式。在"布局"对话框上单击"文字环绕"选项卡，在出现的界面中可以选择需要的环绕方式，相关操作类似图片的版式操作。

（6）设置形状格式。选中文本框会出现"文本框工具"栏，与文本框操作相关的工具基本都在这里。或者在文本框上右键单击选择"设置形状格式"，在弹出的对话框上可以完成大部分文本框的格式操作，相关操作类似图片的形状格式操作。

如果在文档中建立了若干个文本框，还可以在这些文本框之间建立链接，可以进行如下操作：右击其中一个文本框上的非文字区，在随后出现的快捷菜单中选择"创建文本框链接"命令，这时鼠标指针变成一个直立的水壶。将鼠标移到另一个文本框上，指针变成一个倾倒的水壶，这时单击鼠标左键，链接便完成，依此类推，可以进行若干个文本框的链接。

注意：只有在空文本框中才能建立链接，并且这种链接只能单向串连，也就是说横排的文本框只能与横排的文本框进行链接，竖排的只能与竖排的链接。

当文本框建立链接后，在前一文本框中输入的文字占满文本框时，光标会自动跳到与其链接的文本框继续接受录入，且当前一文本框的大小调整时，其中的文本会自动调整。

3.5.3　艺术字

用户可以在文档中插入形式多样、丰富多彩的艺术字，使制作出的文档美观、活泼。

1. 插入艺术字

在"插入"选项卡下单击"文本"任务组中的"艺术字"按钮,并在打开的艺术字预设样式面板中选择合适的艺术字样式,如图 3-90 所示。打开艺术字的文本编辑框,直接输入艺术字即可,用户可以对输入的艺术字分别设置字体和字号。

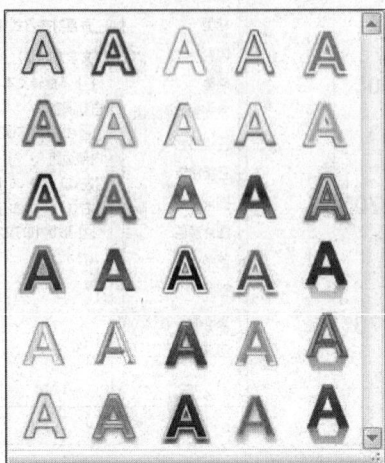

图 3-90 艺术字选项

2. 修改艺术字

用户在 Word 2010 中插入艺术字后,可以随时修改艺术字。与以往版本不同的是,在 Word 2010 中修改艺术字不需要打开"编辑艺术字文字"对话框,只需要单击艺术字即可进入编辑状态。

3. 设置艺术字样式

用户可以在 Word 2010 文档中实现丰富多彩的艺术字效果。单击需要设置样式的艺术字使其处于编辑状态,在自动打开的"绘图工具/格式"选项卡下单击"艺术字样式"任务组中的"文字效果"按钮。在文字效果列表中,指向"阴影""映像""发光""棱台""三维旋转""转换"相关选项,选择需要的样式,相关操作类似设置自选图形的形状样式操作。

3.6 表格的创建与编辑

日常工作中经常要制作表格,Word 2010 具有一定的表格制作功能,在表格中,用户可以方便地进行字符格式的设置、更改行高列宽等,还可以进行插入、删除、粘贴等编辑处理,并可以自动套用表格格式,使用户可以方便快捷地制作出符合需要的表格。

3.6.1　表格的建立

创建表格的方法常用的有四种，用户可根据自己的需要选择合适的方法创建表格。四种方法叙述如下。

1. 通过"插入表格"按钮来快速插入表格

在文档中需要插入表格的位置单击鼠标放置插入点光标，在"插入"选项卡的"表格"任务组中单击"表格"按钮，在下拉列表的"插入表格"栏中存在一个 8 行 10 列的按钮区。在这个按钮区中移动鼠标，文档中将会随之出现与列表中的鼠标划过区域具有相同行列数的表格。当行列数满足需要后，单击鼠标，文档中即会创建相应的表格，如图 3-91 所示。该方法创建表格十分方便，但表格的行列数会有限制，最多只能创建 8 行 10 列的表格，当表格行列数较多时，表格无法一次完成。

2. 使用"插入表格"对话框来实现表格的定制插入

在"插入"选项卡的"表格"任务组中单击"表格"按钮，在下拉列表中选择"插入表格"命令打开"插入表格"对话框。在对话框的"列数"和"行数"增量框中输入数值设置表格的行

图 3-91　插入选项

数和列数，在"自动调整"操作栏中选择插入表格大小的调整方式，如图 3-92 所示。单击"确定"按钮关闭"插入表格"对话框，文档中将按照设置插入一个表格。该方法最多可以设置 63 列、32 767 行的表格。

3. 手工画表

在 Word 2010 中，可以手动绘制表格创建不规则表格，如绘制包含不同高度的单元格或每行包含不同列数的表格等。手动绘制表格的最大优势在于，可以像使用笔那样来随心所欲地绘制各种类型的表格。

在"插入"选项卡下的"表格"任务组中单击"表格"按钮，在下拉列表中选择"绘制表格"命令。此时，鼠标指针变为铅笔型，可以像用铅笔在纸上画表一样，用鼠标在屏幕上绘制表格。如果有画错的地方可用"擦除"按钮擦除。

4. 转换

如果有一段文本与数据之间用分隔符（逗号、空格等）来分隔，则可选定这段文本，在"插入"选项卡下的"表格"任务组中单击"表格"按钮，在下拉列表中选择"文本转换成表格"命令。此时将打开"将文字转换为表格"对话框，在对话框中单击选中"制表符"单选按钮确定文本使用的分隔符，在"列数"增量框中输入数字设置列数，如图 3-93 所示，将此文本直接转换成表格。

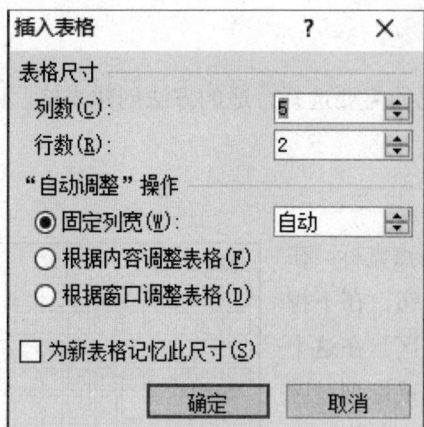

图 3-92 "插入表格"对话框   图 3-93 "将文字转换成表格"对话框

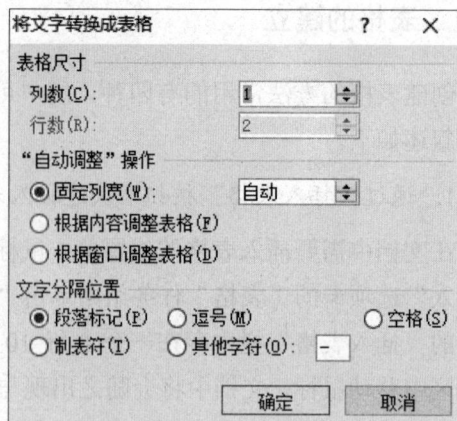

3.6.2 表格的编辑

1. 对象的选取

表格是由一个或多个单元格组成的，单元格就像文档中的文字一样，要对它进行操作，必须先选取它。

把光标定位到单元格里，在"表格工具/布局"选项卡下的"表"任务组中单击"选择"按钮，在下拉列表选项中可选择单元格、列、行或者整个表格，如图 3-94 所示。

还可以有下述方法进行表格的选择：

把光标放到单元格的左下角，当鼠标变成一个黑色的箭头时，按下左键可选定一个单元格，拖动可选定多个。

图 3-94 选择选项

像选中一行文字一样，在左边文档的选定区中单击，可选中表格的一行单元格。

把光标移到这一列的上边框，等光标变成向下的箭头时单击鼠标即可选取一列。

把光标移到表格上，等表格的左上方出现了一个移动标记时，在这个标记上单击鼠标即可选取整个表格。

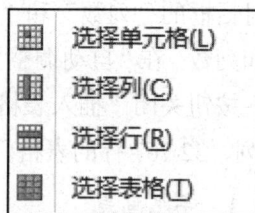

2. 编辑表格中的文字

将光标停在要输入文字的单元格中，输入文字；用以前介绍过的文字编辑方法对输入的文字进行编辑（如：字体、字号、颜色、对齐方式、复制、移动等），如表 3-3 所示。

表 3-3 表格编辑时键盘的操作

快捷键	功能
→　←	在本单元格文字中左右移动
↑　↓	上一行/下一行

（续表）

Tab	下一单元（光标位于表格的最后一个单元格时，按【Tab】键将添加一行）
Shift+Tab	上一单元
Enter 键	在本单元中表示开始新的一行
Alt+Home	移至本行的第一个单元格
Alt+End	移至本行的最后一个单元格
Alt+PageUp	移至本列的第一个单元格
Alt+PageDown	移至本列的最后一个单元格

3．给表格加标题

给表格加标题有以下两种方法。

（1）先按几次【Enter】键，空出几行后再插入表格，这样可在表格上方的空行处输入表格标题。

（2）在文档开头的表格的第一个单元格第一列中按【Enter】键表示在此表格前插入若干个空行。

4．增加和删除表格行列

表格创建完成后，需要对表格进行编辑修改，如在表格中插入或删除行和列，在表格的某个位置插入或删除单元格。在 Word 2010 表格中插入或删除行或列一般都有以下两种方法。

（1）使用"表格工具/布局"选项卡下"行和列"任务组中的命令按钮，如图 3-95 所示。选择"行和列"任务组中的"表格插入单元格"按钮，打开"插入单元格"对话框，如图 3-96 所示。

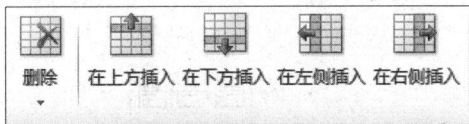

图 3-95 "行和列"任务组

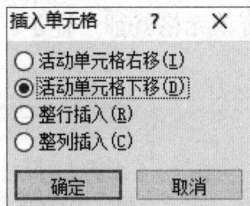

图 3-96 "插入单元格"对话框

（2）单击鼠标右键在弹出的快捷菜单中选择"插入"选项命令，如图 3-97 所示。

如果需要删除单元格，可在需要删除的单元格中单击鼠标放置插入点光标。打开"表格工具/布局"选项卡，单击"行和列"任务组中的"删除"按钮，如图 3-98 所示。在下拉列表中选择"删除单元格"选项，此时将打开"删除单元格"对话框，在对话框中可对删除方式进行设置，如图 3-99 所示。

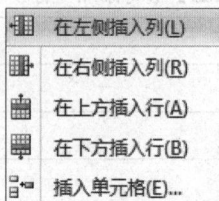

图 3-97 "快捷菜单中的插入"选项　　图 3-98 "删除"选项　　图 3-99 "删除单元格"对话框

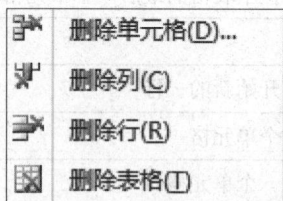

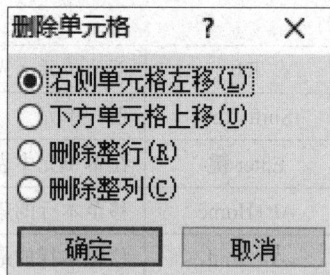

5. 单元格的合并和拆分

单元格的合并是指将两个或多个单元格合并成一个单元格，而单元格的拆分是指将一个单元格变为多个单元格。在 Word 2010 中，使用"表格工具/布局"选项卡下"合并"任务组中的命令按钮便可实现单元格的合并和拆分操作，如图 3-100 所示。

合并单元格时，如果单元格中没有内容，则合并后的单元格中只有一个段落标记；如果合并前每个单元格中都有文本内容，则合并这些单元格后原来单元格中的文本将各自成为一个段落。拆分单元格时，如果拆分前单元格中只有一个段落，则拆分后文本将出现在第一个单元格中；若段落超过拆分单元格的数量，则优先从第一个单元格开始放置多余的段落。

6. 单元格里文字的对齐格式

选取单元格里的文字，单击鼠标右键，选择快捷菜单中的"单元格对齐方式"项，会弹出几个按钮供选择，单击需要的格式，如图 3-101 所示。

若要让所有单元格里的文字格式都一样：应把鼠标移动到表格上，在表格的左上角的移动标记上单击右键，从快捷菜单的"单元格对齐方式"的面板中选择需要的格式，整个表格中的所有单元格就都一样了。

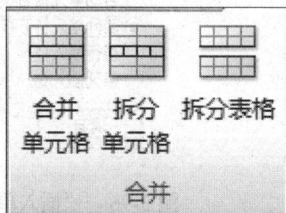

图 3-100 "合并"任务组　　　　　　图 3-101 对齐格式

7. 复制表格

表格可以全部或者部分的复制，与文字的复制一样。先选中要复制的单元格，单击"复制"按钮，然后把光标定位到要复制表格的地方，单击"粘贴"按钮，此时复制的单元格便形成了一个独立的表。

删除表格：选中要删除的表格或者单元格，按【Backspace】键，便会弹出一个"删除单元格"对话框，其中的几个选项同插入单元格时的选项是对应的，单击"确定"按钮即可删除。

说明：选中单元格后按【Delete】键可删除文字，按【Backspace】键可删表格的单元格。

3.6.3　表格的修饰

表格的格式与段落的设置很相似，有对齐、底纹和边框修饰等。

1. 自动套用格式

打开"设计"选项卡，在"表格样式"任务组中单击"其他"按钮，在表格样式列表中单击需要使用的样式将其应用到表格，如图 3-102 所示。

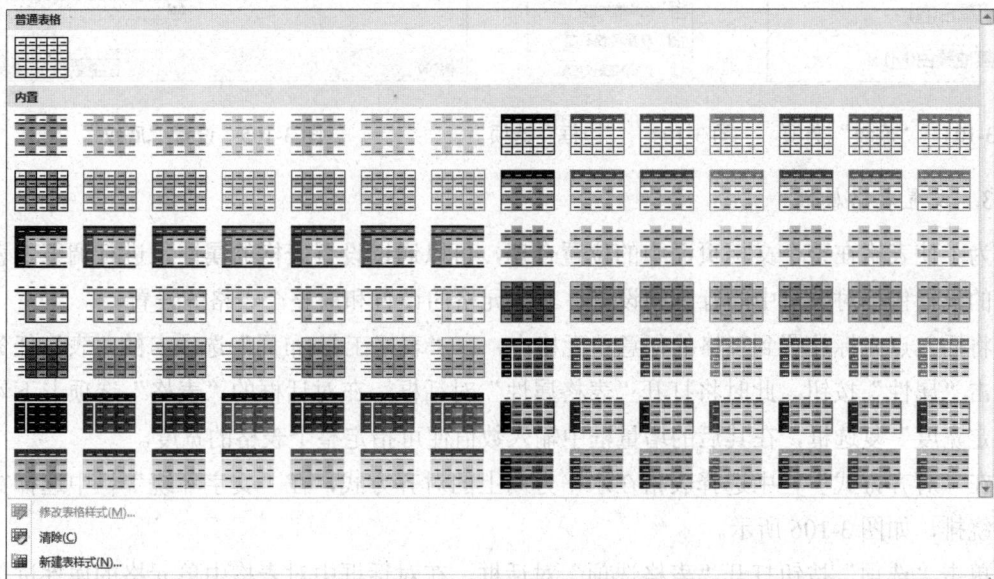

图 3-102　表格样式

2. 表格边框修饰和添加底纹

在表格中选择单元格，在"表格样式"任务组中单击"底纹"按钮上的下三角按钮，在下拉列表中单击颜色选项，可以设置选择单元格的填充颜色，如图 3-103 所示。

单击"边框"按钮上的下三角按钮，在下拉列表中使某个选项处于选择状态，则表中将显示对应的框线。取消某个选项的被选择状态，则将删除对应的边框线；单击"外侧框线"选项可取消其被选择状态，则表格四周的外边框线将被删除，如图 3-104 所示。

在下拉列表中选择"边框和底纹"命令，打开"边框和底纹"对话框。单击"底纹"标签打开"底纹"选项卡，分别设置底纹的填充颜色、底纹的图案的样式和颜色，如图 3-105 所示。

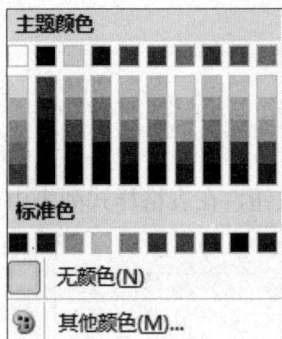

图 3-103　"底纹"选项　　图 3-104　"边框"选项　　　图 3-105　设置"底纹"

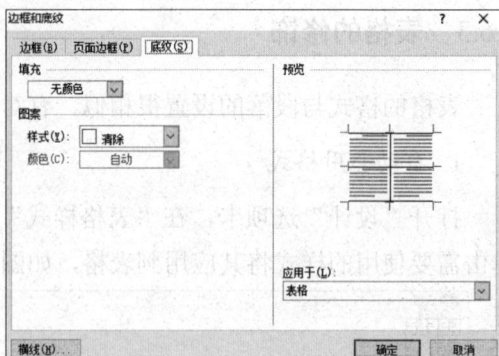

3. 设置表格属性

为了使表格在整个文档页面中的位置合理，可以通过设置表格的属性来进行调整。表格属性的设置包括对表格中的行列的设置、对单元格的设置和对整个表格的设置。

将插入点光标放置到表格的任意单元格中，在"表格工具/布局"选项卡的"表"任务组中单击"属性"按钮。此时将打开"表格属性"对话框，在对话框的"表格"选项卡下勾选"指定宽度"复选框，在其后的增量框中输入数值便可指定整个表格的宽度。

在"对齐方式"栏中选择表格在水平方向上的对齐方式，在"文字环绕"栏中选择文字是否绕排，如图 3-106 所示。

单击"选项"按钮打开"表格选项"对话框，在对话框中对表格中单元格的属性进行设置。在"表格属性"对话框中打开"行"选项卡，勾选"指定高度"复选框后在右侧的增量框中输入行高值，单击"下一行"按钮继续对下一行的行高进行设置。

打开"列"选项卡，在其中设置列宽的方法与这里行的设置方法相同。在表格中选择单元格，打开"表格属性"对话框的"单元格"选项卡，勾选"指定宽度"复选框，在其后的增量框中输入数值设置宽度比例。

改变单元格宽度后，单元格所在的整列宽度都会发生改变。在 Word 2010 中，还可以使用功能区"布局"选项卡中的"单元格大小"任务组来设置单元格的列宽和行高，也可以通过用鼠标直接拖动表格框线来改变单元格的大小。如果需要使表格中的单元格具有相同的行高或列宽，可以直接单击"单元格大小"任务组中的"分布行"和"分布列"按钮来实现。

图 3-106　"表格属性"对话框

3.6.4 表格数据的处理

Word 2010 的表格中，提供了一定的计算功能，可以进行求和、求平均值等函数运算，可以实现简单的统计功能。其方法是：在表格中单击鼠标将插入点光标放置到表格的最后一个单元格中，在"表格工具/布局"选项卡下单击"数据"任务组中的"公式"按钮，如图 3-107 所示。

在公式栏中输入公式，格式：=函数（单元格地址）

其中：

（1）函数。可在下面的"粘贴函数"栏中选择，或自己输入；系统经常使用的函数有 Sum（求和）和 Average（求平均）。

（2）单元格地址。可填写计算方向：above（系统默认，以上）、below（下）、left（左）、right（右），常用的为对插入点的上面 above、插入点的左边 left，在此处也可直接引用单元格地址，单元格地址应该用 A1、A2、B1、B2 这样的形式进行引用。其中字母代表列，数字代表行。例如：

A1　B1　C1

A2　B2　C2

A3　B3　C3

用逗号分隔表示若干个单元格，如（a1，b1，c3）表示 a1、b1 和 c3 单元。

用冒号分隔表示一个区域，如（a1：c1）表示 a1 到 c1 单元。

（3）数字格式。选取计算结果的格式，如：0.00 表示保留小数点后两位。

Word 2010 还可以对表格中的数据进行排序。其方法是：在"布局"选项卡下单击"数据"任务组中的"排序"按钮，此时将打开"排序"对话框，在对话框的"主要关键字"下拉列表中选择排序的主要关键字，在"类型"下拉列表框中选择排序标准，如图 3-108 所示。

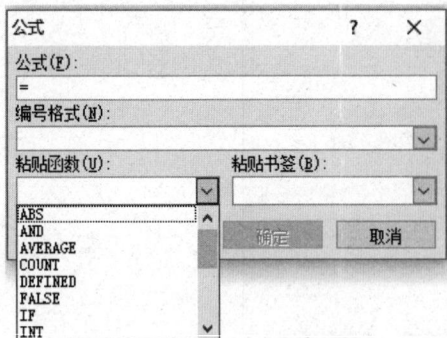

图 3-107 "公式"对话框   图 3-108 "排序"对话框

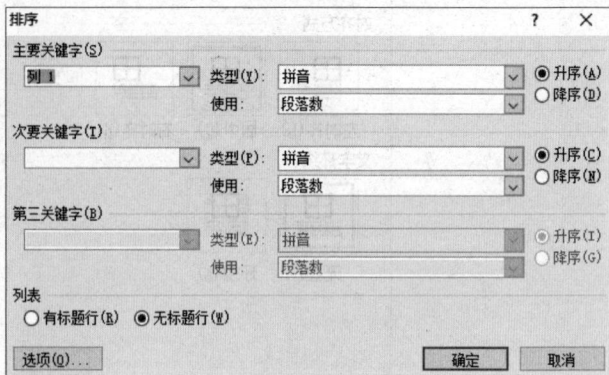

3.7 Word 2010 的高效排版技术

3.7.1 修订和批注的应用

当用户有一份文档需要经过工作组审阅，并且希望能够控制决定接受或拒绝哪些修改时，用户可以将该文档的副本分发给工作组的成员，以便在计算机上进行审阅并将修改标记出来。如果启用了修订功能，Word 将使用修订标记来标记修订。文档审阅完毕之后，用户可以区分出不同审阅者所做的修订，因为不同审阅者的修订可以用不同颜色进行标记。查看修订后，用户可以接受或拒绝各项修订。

1. 修订文档

修订是审阅者根据自己的理解对文档所做的各种修改。Word 具有文档修订的功能，当需要记录文档的修改信息以便于审阅或者需要向同事展示一个文档的准确编辑过程时，可以打开文档的修订功能，Word 2010 会自动跟踪操作者对文档文本和格式的修改，并给予标记。

在文档中单击鼠标，将插入点光标放置到需要添加修订的位置。打开"审阅"选项卡，在"修订"任务组中单击"修订"按钮上的下三角按钮，在下拉列表中选择"修订"选项，如图 3-109 所示。对文档进行编辑，文档中被修改的内容以修订的方式显示，这里直接单击"修订"按钮使其处于按下状态，将能够直接进入修订状态；单击该按钮取消其按下状态，将能够退出文档的修订状态。

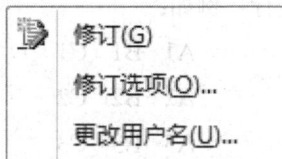

图 3-109 "修订"选项

在下拉列表中选择"修订选项"命令打开"修订选项"对话框。在对话框中的"插入内容""删除内容""修订行"等下拉列表中选择对应选项，如图 3-110 所示。"修订选项"对话框的"移动"栏中的各设置项用于在文档中移动文本中时控制格式和颜色的显示。如果取消对"跟踪移动"复选框的勾选，那么 Word 不会跟踪文本的移动操作。"表单元格突出显示"栏中的设置项用于控制表格编辑的显示，包括删除、插入、合并和拆分单元格的操作。在修订组中单击"显示标记"按钮，在"批注框"选项列表中勾选相应的选项，可以使批注内容在批注框中显示；在下拉列表中选择"接受并移到下一条"选项，则将接受本处的修订，并定位到下一条修订。

图 3-110　"修订选项"对话框

当文档中存在多个修订时，在"更改"任务组中单击"上一条"或"下一条"按钮能够将插入点光标定位到上一条或下一条修订处。在"更改"任务组中单击"拒绝"按钮上的下三角按钮，在下拉列表中选择"拒绝并移到下一条"选项，将拒绝当前的修订并定位到下一条修订。如果用户不想接受其他审阅者的全部修订，则可以选择"拒绝对文档的所有修订"选项。

2．插入批注

批注是审阅者根据自己对文档的理解为文档添加的注解和文字说明。批注可以用来存储其他文本、审阅者的批评建议、研究注释以及其他对文档开发有用的帮助信息等内容，其可以作为交流意见、更正错误、提问或向共同开发文档的同事提供信息。

将插入点光标放置到需要添加批注内容的后面，或选择需要添加批注的对象，如这里选择文档中的图像。在"审阅"选项卡下的"批注"任务组中单击"新建批注"按钮，如图3-111所示。此时在文档中将会出现批注框。在批注框中输入批注内容即可创建批注。

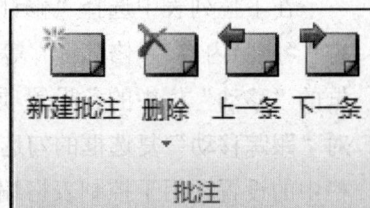

图3-111   "批注"任务组

在"修订"任务组中单击"修订"按钮的下三角按钮，选择下拉列表中的"修订选项"打开"修订选项"对话框。在对话框的"批注"下拉列表中设置批注框颜色，在"指定宽度"增量框中输入数值设置批注框的宽度，在"边距"下拉列表中选择对应选项。

Word 2010能够将在文档中添加批注的所有审阅都记录下来。在下拉列表中选择"审阅者"选项，在打开的审阅者名单列表中选择相应的审阅者，可以仅查看该审阅者添加的批注；单击"垂直审阅窗格"选项将打开"垂直审阅风格"。用户可以在审阅窗格中查看文档中的修订和批注，并随时更新修订的数量。

如果需要更新文档中的修订数量，可以单击"审阅窗格"右上角的"更新修订数量"按钮。如果需要在"审阅窗格"中显示修订或批注的详细情况汇总，可以单击"显示详细汇总"按钮。如果需要将显示的详细汇总隐藏，可以单击"隐藏详细汇总"按钮。在下拉菜单中选择"删除"命令，则当前批注将被删除。

3.7.2　脚注和尾注的应用

脚注和尾注主要用于在打印文档中为文档中的文本提供解释、批注以及相关的参考资料。在一篇文档中可同时包含脚注和尾注。例如，可用脚注对文档内容进行注释说明，而用尾注说明引用的文献。脚注出现在文档中每一页的底端，尾注一般位于整个文档的结尾。

脚注或尾注由两个互相链接的部分组成：注释引用标记和与其对应的注释文本。用户可以让 Word 自动标记编号，也可以创建自定义的标记。添加、删除或移动自动编号的注释时，Word 将对注释引用标记进行重新编号。

在注释中可以使用任意长度的文本，并像处理任意其他文本一样设置注释文本格式。用户可以自定义注释分隔符，即用来分隔文档正文和注释文本的线条。

1. 查看与打印脚注和尾注

如果是在屏幕上查看文档，只需将指针停留在文档中的注释引用标记上便可以查看注释。注释文本会出现在标记上方。要将注释文本显示在屏幕底部的注释窗格中，可双击注释引用标记。打印文档时，脚注会出现在指定的位置，或者位于每一页的底端，或者紧接在该页上最后一行文本的下面。打印文档时，尾注也会出现在指定的位置，或者位于文档末尾，或者位于每一节的末尾。

2．插入脚注或尾注

在"引用"选项卡下的"脚注"任务组中单击"插入脚注"/"插入尾注"按钮，如图 3-112 所示。或选择"脚注"任务组中的"脚注和尾注"按钮，打开"脚注和尾注"对话框，如图 3-113 所示。

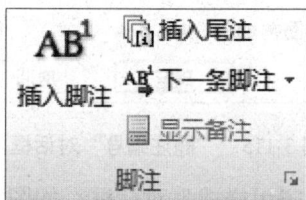

图 3-112　"脚注"任务组　　　　图 3-113　"脚注和尾注"对话框

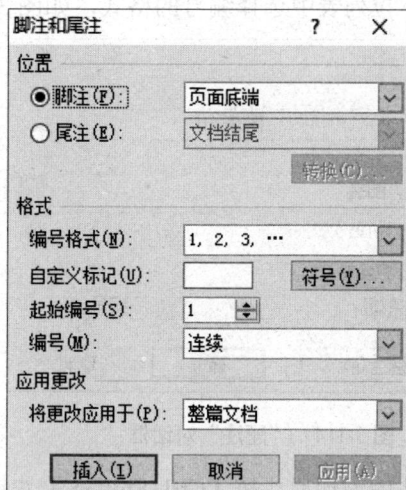

在打印出的文档或联机查看的打印形式的文档中，默认情况下，Word 会将脚注置于每页的底部，将尾注置于文档的结尾处。用户可以改变脚注的位置，以使脚注紧接着显示在文本下方。与此类似，用户也可以改变尾注的位置，以使尾注显示在每节的结尾。

3．删除脚注或尾注

如果要删除注释，请删除文档窗口中的注释引用标记，而非注释窗格中的文字。 在文档中选定要删除的注释的引用标记，然后按【Delete】键。如果删除了一个自动编号的注释引用标记，那么 Word 会自动对其余的注释重新编号。

要删除所有自动编号的脚注或尾注，可在"替换"选项卡上，单击"更多"按钮，再单击"特殊格式"按钮，然后单击"尾注标记"或"脚注标记"。确保"替换为"框为空，然后单击"全部替换"按钮。不能一次删除所有的自定义脚注引用标记。

3.7.3　题注和索引

在 Word 文档中，经常会使用图像、表格和图表等对象，而对于这些对象又常常需要对其进行编号，有时还需要添加文字进行识别，这可以利用 Word 2010 的题注功能来实现。对于纸质图书来说，索引是帮助读者了解图书价值的关键，能够帮助读者了解文档的实质。

1．题注

在文档中插入图片，将插入点光标放置在图片的下方。在"引用"选项卡的"题注"任务组中单击"插入题注"按钮，此时将打开"题注"对话框，如图 3-114 所示。

在"标签"下拉列表中选择标签类型，此时在"题注"文本框中将显示该类标签的题注样式。如果不符合自己的要求，可以单击"新建标签"按钮打开"新建标签"对话框，在"标签"文本框中输入新的标签样式。单击"编号"按钮，打开"题注编号"对话框，在对话框的"格式"下拉列表中选择编号的格式，如图 3-115 所示。

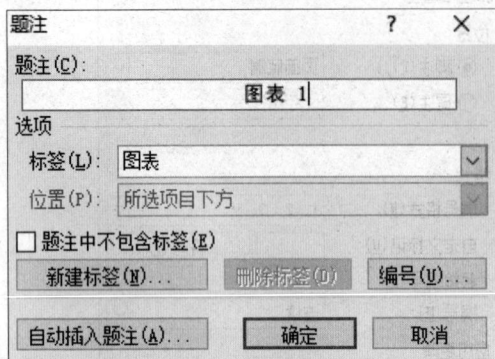

图 3-114 "题注"对话框　　　　　　图 3-115 "题注编号"对话框

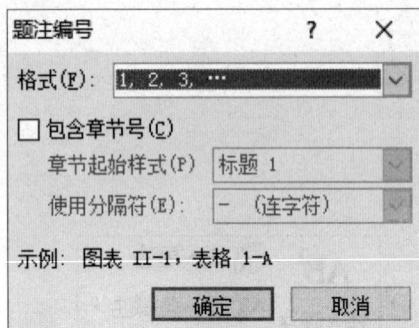

完成题注的添加后，按【Ctrl+Shift+S】快捷键打开"应用样式"对话框，如图 3-116 所示。在对话框中单击"修改"按钮打开"修改样式"对话框。在"修改样式"对话框中对题注的样式进行修改，设置文字的字体、字号以及对齐方式。

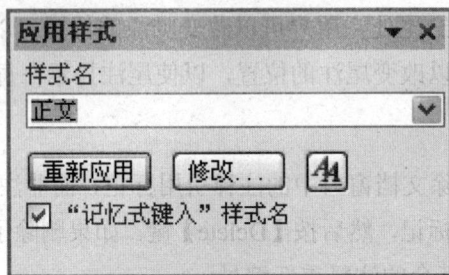

图 3-116 "应用样式"对话框

2. 索引

在"引用"选项卡的"索引"任务组中单击"标记索引项"按钮，打开"标记索引项"对话框，如图 3-117 所示。在外文档中选择作为索引的文本，应单击"主索引项"文本框，将选择的文字添加到文本框中，然后单击"标记"按钮标记索引项。可在不关闭对话框的情况下标记其他索引项。

在次索引项后面输入";"，可以创建下级索引。单击选中"交叉引用"单选按钮，在其后的文本框中输入文字可以创建交叉索引。选择"当前页"单选按钮，可以列出索引项的当前页码。单击选中"页码范围"单选按钮，Word 会显示一段页码范围。当一个索引项有多页时，则可选定这些文本后将索引项定义为书签，然后在"书签"文本框中选定该书签，Word 将能自动计算该书签所对应的页码范围。

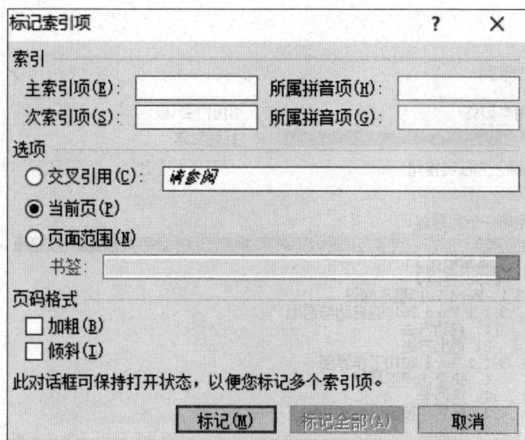

图 3-117 "标记索引项"对话框

在"索引"任务组中单击"插入索引"按钮,打开"索引"对话框,在对话框中对创建的索引进行设置。如果选中"缩进式"单击按钮,次索引将相对于主索引项缩进。如果选中"安排式"则主索引将和次索引排在一行中。由于中文和西文的排序方式不同,应该在"语言"(国家/地区)下拉列表框中选择索引使用的语言。如果是中文,则可在"排序依据"下拉列表中选择排序的方式。若勾选"页码右对齐"复选框,页码将右排列,而不是紧跟在索引的后面。

如果需要对索引的样式进行修改,可以再次打开"索引"对话框,单击其中的"修改"按钮打开"样式"对话框,在"索引"列表中选择需要修改样式的索引,单击"修改"按钮打开"修改样式"对话框,在对话框中对索引样式进行设置,如修改索引文字的字体和大小。

3.7.4 交叉引用

交叉引用是对文档中其他位置的内容的引用。可以为标题、脚注、书签、题注、编号段落等创建交叉引用。如果创建的是联机文档,则可在交叉引用中使用超链接,这样读者就可以跳转到相应的引用内容。如果后来添加、删除或移动了交叉引用所引用的内容,用户可以方便地更新所有的交叉引用。

1. 创建交叉引用

要创建交叉引用,请输入附加文字,然后插入一项或多项引用内容。

在文档中,输入交叉引用开头的介绍文字。例如,可输入"详细内容,请参阅"等字样。在"引用"选项卡中单击"题注"任务组中的"交叉引用"按钮,打开"交叉引用"对话框,如图 3-118 所示。在"引用类型"框中,单击要引用的项目的类型,例如章节标题。在"引用内容"框中,单击要在文档中插入的信息,例如标题文字。在"引用哪一个标题"框中,单击要引用的特定项目。要使用户可以跳转到所引用的内容,请选中"以超链接形式插入"复选框。如果包括"见上方/见下方"复选框可用,可选中此复选框来包含有关所引用内容的相对位置的信息。

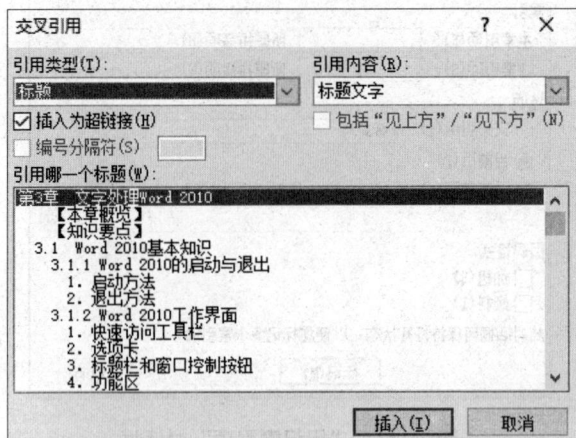

图 3-118　"交叉引用"对话框

只能引用位于同一文档中的内容。要引用其他文档中的内容，首先要将文档合并到主控文档中。Word 以域的方式插入交叉引用，如果用户的交叉引用显示为{REF_Ref249586*MERGEFORMAT}或类似字样，则表明 Word 显示的是域代码，而不是域结果。要查看域结果，请用鼠标右键单击域代码，然后单击快捷菜单中的"切换域代码"命令。

2. 改变交叉引用的引用内容

创建交叉引用之后，可以改变交叉引用的引用内容。例如，可将引用的内容从页码改为段落编号。改变交叉引用所引用内容的方法如下：选定文档中的交叉引用（例如，"图表 1"），注意不要选定介绍性的文字（例如："详细内容，请参阅"）。在"引用"选项卡中单击"题注"任务组中的"交叉引用"按钮，打开"交叉引用"对话框，在"引用内容"框中，单击要引用的新项目。若要修改交叉引用中的介绍性文字，只需在文档中对其进行编辑即可。

3. 更新交叉引用

如果编辑、删除或移动了交叉引用所引用的内容，就需要手动更新交叉引用。例如，如果编辑一个标题并将其移至其他页，就需要确保交叉引用反映出了修改后的标题和页码。

如果要更新某个题注或交叉引用，可将此题注或交叉引用选定。如果要更新所有题注或交叉引用，则选定整篇文档。用鼠标右键单击所选的域，然后单击快捷菜单中的"更新域"命令。

3.7.5　域和邮件合并

域是一种占位符，是一种插入到文档中的代码，它可以让用户在文档中添加各种数据或启动一个程序。对于以前的版本中许多需要使用域来完成的任务，在 Word 2010 中都可以找到更为简单高效的方法来实现。但在 Word 2010 中的某些功能，如日期、页码和邮件合并等，仍然依赖域才能实现。

1. 插入域

在 Word 中，域作为一种占位符可以在文档的任何位置插入。使用域能够灵活地在文档中插入各种对象，并且能够进行动态更新，这样能使文档版式更为活泼并具有及时性。在 Word 中，域一般有三种作用，可以用来执行某种特定的操作、给特定的项做标记以及进行计算并显示结果。

打开文档，在文档中单击鼠标放置插入点光标。在"插入"选项卡的"文本"任务组中单击"文档部件"按钮，如图 3-119 所示。

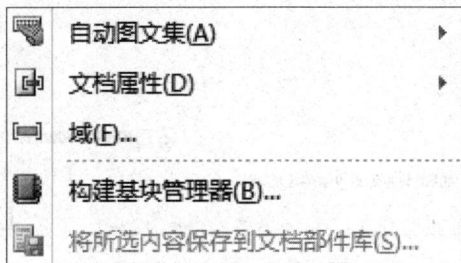

图 3-119 "文档部件"选项

在下拉列表中选择"域"选项，打开"域"对话框。在对话框的"类别"下拉列表中选择需要使用的类别，在"域名"列表中列出了选择类型的域，可以选择需要使用的域名；在右侧的"域属性"栏的列表中选择使用的格式，如图 3-120 所示。

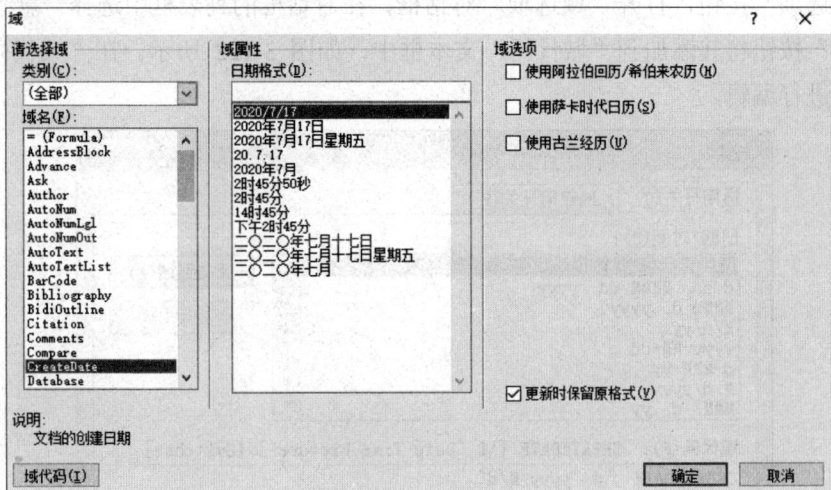

图 3-120 "域"对话框

如果对域代码十分熟悉，在文档中单击鼠标放置插入点光标后。按【Ctrl+F9】组合键，在出现的括号中直接插入域代码即可创建域。

2. 编辑域

在文档中插入域后，可以对插入的域进行编辑和修改。这包括对域属性进行修改、设置域的格式和重新指定域开关等操作。鼠标右击插入文档中的域后，选择快捷菜单中的"编辑域"命令。此时将打开"域"对话框，单击"域代码"按钮便能在对话框中显示域的代码，如图 3-121 所示。

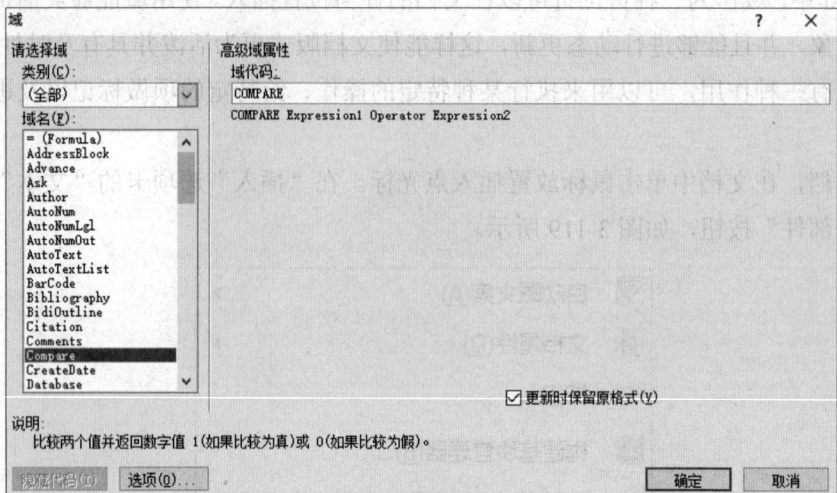

图 3-121　显示域代码

默认情况下，域插入到文档中后只能看到域结果，而无法看到域代码。如果需要在文档中显示域代码，可以用鼠标右击域，在快捷菜单中选择"切换域代码"命令即可。如果需要重新显示域结果，可以再次选择快捷菜单中的"切换域代码"命令。

单击"选项"按钮，打开"域选项"对话框，在对话框的列表框中选择一款代码。单击"添加到域"按钮将其添加到"域代码"文本框中，如图 3-122 所示。在"域代码"文本框中对域代码进行编辑。

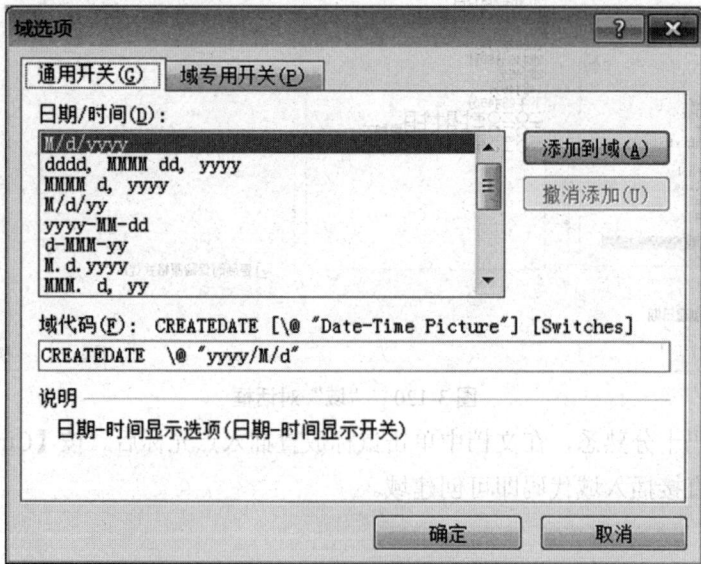

图 3-122　"域选项"对话框

一个完整的域代码一般包括四个部分，分别是域名、域指令、开关和域标识符。如这里的 CREATEDATA 是域名，即域的名称；yyyy 年 M 月 d 日星期 W HH:mm:ss 为域指令；域开关是在域中能够导致特定操作的特殊指令，如 CREATEDATA 域开关可以在"域专用开关"选项卡中选择设置，也可以在域代码中直接输入开关；域标识符是在文档中插入域时代码开头和结尾的大括号"{}"。

在文档中选择域结果文字，此时将会得到浮动工具栏。使用浮动工具栏可以设置域结果样式。单击"文件"标签，选择"选项"选项，在右侧窗格中选择"高级"选项，使用右侧窗格的"显示文档内容"设置栏的"域底纹"，在下拉列表中设置域底纹的显示方式。"域底纹"下拉列表中有三个选项，默认情况下为"选取时显示"，在文档中只有域被选择时才会显示域底纹。当将其设置为"不显示"时，域底纹将不显示。如果在"显示文档内容"栏中勾选"显示域代码而非域值"复选框，则文档中插入的域将只显示域代码。

3. 使用域进行计算

进行文档处理时，有时需要对文档中的数据进行计算。在 Word 2010 中，可以使用域来进行计算，前提条件是计算的数据必须是由域插入的数据或带有书签的数据。

在文档中选择需要计算的数据，在"插入"选项卡中单击"书签"按钮，打开"书签"对话框，在对话框中创建一个书签。在需要插入域的位置单击鼠标放置插入点光标。在"插入"的选项卡的"文本"任务组中单击"文档部件"按钮，打开"域"对话框，单击"公式"按钮。此时将打开"公式"对话框，在"公式"文本框的"="后面单击鼠标放置插入点光标，在"粘贴函数"下拉列表中选择需要使用的函数。函数被粘贴到"公式"文本框后，在函数中输入需要的运算式，在"粘贴书签"下拉列表中选择书签将其粘贴到公式文本框中。公式输入完成后单击"确定"按钮关闭"公式"对话框，插入点光标处将显示域计算结果。

4. 邮件合并

邮件合并指的是在邮件文档（即主文档）的固定内容中合并与发送信息相关的一组通信资料（即数据源），从而批量生成需要的邮件文档。合并邮件的功能除了能够批量处理信函和信封这些与邮件有关的文档之外，还可以快捷地用于批量制作标签、工资条和成绩单等。在批量生成多个具有类似功能的文档时，邮件合并功能能够大大的提高工作效率。

在功能区中打开"邮件"选项卡，单击"开始合并邮件"任务组中的"开始邮件合并"按钮，在下拉列表中选择"信函"选项，如图 3-123 所示。在"开始邮件合并"任务组中单击"选择收件人"按钮，在下拉列表中选择"使用现有列表"选项，在打开的"选择数据源"对话框中选择作为数据源的文件。

图 3-123　"开始邮件合并"选项

3.7.6　超链接

如果希望 Word 文档的效果更为丰富，用户可以在其中插入超链接。超链接的外观上既可以是图形，又可以是具有某种颜色或带有下划线的文字。超链接表示为一个"热点"图像或显示的文字，用户单击之后可以跳转到其他位置。这一位置既可以在用户的硬盘或公司的 Intranet 上，也可以在 Internet 上，如全球广域网上的某一网页。例如，用户可以在 Word 文件中创建跳转到 Excel 中某一图表的超链接，以便提供更详细的信息。

1. 插入跳转到另一个文档、文件或 Web 页 的超链接

创建的超链接可以跳转至已有的文件或新文件。指定新文件的名称之后，用户既可以立即打开该文件进行编辑，也可以以后再编辑该文件。无论采用哪种方式，都会为用户创建该文件。其方法是：选择要作为超链接显示的文本或图形对象，然后单击右键，在快捷菜单中选择"超链接"命令，则会弹出插入超链接对话框，如图 3-124 所示。

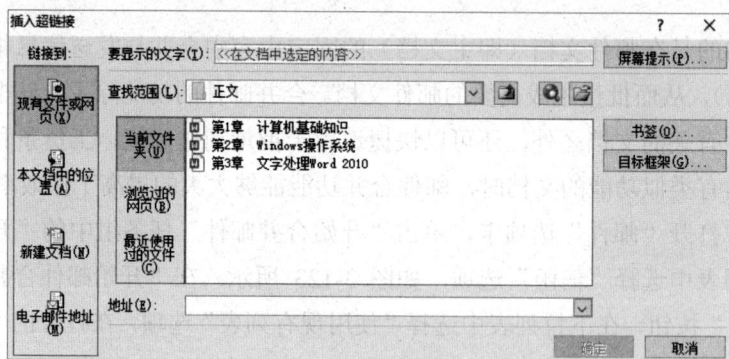

图 3-124　"插入超链接"对话框

如果要链接到已有的文件或 Web 页，可单击"链接到"下的"现有文件或网页"命令，查找并选择要链接的文件。若要链接到尚未创建的文件，则单击"链接到"下的"新建文档"，输入新文件的名称。还可以指定新文件的路径，并决定是现在打开并编辑新文件还是以后再

执行此操作。如果要指定鼠标指针停留在超链接上时显示屏幕提示，可以单击"屏幕提示"按钮，然后输入所需文字。如果没有加以指定，Word 就将用文件的路径或地址作为提示。

2. 插入指向电子邮件地址的超链接

如果用户已安装了电子邮件程序，则在单击指向电子邮件地址的超链接时，Web 浏览器将创建一封电子邮件，并在"收件人"行中填好地址。具体方法是选择要代表电子邮件地址的文字或对象，单击"插入超链接"按钮，在"链接到"下单击"电子邮件地址"。在"电子邮件地址"框中，输入要链接的电子邮件地址。在"主题"框中，输入电子邮件的主题。

3. 链接到其他文档或 Web 页中的特定位置

如果文档或 Web 页中包含书签，用户还可以准确地跳转到该书签所在的位置。例如，如果某一 Web 页中包含三个表格，用户可以将超链接设置为直接跳转到第二个表格。

设置方法是：打开要前往的目标文档，并插入书签。打开要包含超链接的文档，然后选定要作为超链接的文字或对象。单击"插入超链接"按钮，在"链接到"下单击"原有文件或 Web 页"，查找并选择要链接的目标文档，单击"书签"按钮，然后选择所需书签。

4. 插入指向当前文档或 Web 页中某一位置的超链接

如果要链接到当前文档的某一位置，可以使用 Word 2010 或书签。其方法是：在要前往的目标位置插入书签或对位于要前往的目标位置的文字应用 Word 2010。选择要用于代表超链接的文字或对象，单击"插入超链接"按钮，在"链接到"下单击"本文档中的位置"，从列表中选择要链接的标题或书签。

【本章习题】

一、单项选择题

1. 下列＿＿＿是在 Word 2010 不支持的。

A. 把文档设置为只读　　　　　　　B. 添加数字签名

C. 对文档进行保护　　　　　　　　D. 将文档内的文字设置为密文

2. Word 2010 设置了自动保存功能，欲使自动保存时间间隔为 10 分钟，进行设置的一组操作是＿＿＿。

A. 选择"文件"选项卡中的"选项"按钮

B. 选定图形所在页按【Ctrl+S】键

C. 选择"文件"选项卡中的"保存"按钮

D. 选择"审阅"选项卡中的"限制编辑"按钮

3. 在＿＿＿选项卡的"样式"任务组里，可以设置文档的样式。

A. 插入　　　　　　B. 开始　　　　　　C. 视图　　　　　　D. 页面布局

4. 在 Word 2010 中，_____显示方式可查看与打印效果一致的各种文档。

A. 大纲视图   B. 页面视图   C. 阅读版式视图   D. Web 版式视图

5. 段落标记是在按_____键后产生的。

A. Esc   B. Ins   C. Enter   D. Shift

6. 在 Word 2010 中，下面关于页眉和页脚的叙述错误的是_____。

A. 一般情况下，页眉和页脚适用于整个文档

B. 奇数和偶数页可以有不同的页眉和页脚

C. 在页眉和页脚中可以设置页码

D. 可以同时设置页眉和页脚

7. 将当前编辑 Word 2010 文档转存为其他格式的文件时，应使用[文件]菜单中的_____命令。

A. 保存   B. 页面设置   C. 另存为   D. 发送

8. 欲在当前 Word 2010 文档中插入一个特殊符号，应在_____选项卡中去寻找。

A. 插入   B. 引用   C. 视图   D. 开始

9. 选定整个文档，使用_____快捷键。

A. Ctrl+A   B. Ctrl+Shift+A   C. Shift+A   D. Alt+A

10. 将选定的文本从文档的一个位置复制到另一个位置，可按住_____键再用鼠标拖动。

A. Ctrl   B. Alt   C. Shift   D. Enter

11. 在 Word 2010 中，按_____组合键与工具栏上的复制按钮功能相同。

A. Ctrl＋C   B. Ctrl＋V   C. Ctrl＋A   D. Ctrl＋S

12. 按快捷键【Ctrl+S】的功能是_____。

A. 删除文字   B. 粘贴文字   C. 保存文件   D. 复制文字

13. 在文本编辑时，可用_____键和方向键选择多个字符。

A. Ctrl   B. Tab   C. Shift   D. Alt

14. 下列说法错误的是_____。

A.【Ctrl+C】是执行剪贴板的复制操作   B.【Ctrl+V】是执行剪贴板的粘贴操作

C.【Ctrl+X】是执行剪贴板的剪切操作   D.【Ctrl+S】是执行全选操作

15. 下列_____是 Word 2010 增加的新的特性。

A. 可以按照图形、表、脚注和注释来查找内容

B. 数据库管理功能

C. 多进程文档管理

D. 支持开源系统

16. 要创建一个公式，可以_____。

A. 执行【开始】→【字体】命令

B. 执行【插入】→【公式】命令

C. 单击【表格和边框】工具栏上的"求和"按钮

D. 使用【绘图】工具栏上的绘图工具

17. Word 2010 双击文档前的文本选择区，则可选择_____。

A. 插入点所在行　　　B. 插入点所在列　　　C. 整篇文档　　　D. 什么都不选

18. 在 Word 2010 编辑状态下进行"替换"操作，应使用_____选项卡命令。

A. 审阅　　　　　　B. 插入　　　　　　C. 视图　　　　　　D. 开始

19. 使用_____选项卡中的"标尺"命令，可以显示或隐藏标尺。

A. 开始　　　　　　B. 格式　　　　　　C. 邮件　　　　　　D. 视图

20. 在对 Word 2010 文档编辑时，文字下面有红色波浪或绿色波浪下画线表示_____。

A. 已修改过的文档　　B. 对输入的确认　　C. 拼写可能错误　　D. 语法可能错误

21. Word 2010 中"插入 / 图片"命令不可插入的是_____。

A. 剪贴画　　　　　B. 公式　　　　　　C. 艺术字　　　　　D. 形状

22. 在一个文档中，为使页面的页码不同可以使用插入分隔符的_____分节符来完成。

A. 分页符　　　　　B. 分栏符　　　　　C. 下一页　　　　　D. 连续

23. Word 2010 进行强制分页的方法是按_____组合键。

A. Ctrl+Shift　　　　B. Ctrl+Enter　　　　C. Ctrl+Space　　　　D. Ctrl+Alt

24. 在 Word 2010 中，能插入"页码"的命令是_____。

A. "插入"选项卡中的"页码"命令选项

B. "页面布局"选项卡中的"页眉和页脚"命令选项

C. "视图"选项卡中的"页眉和页脚"命令选项

D. "开始"选项卡中的"页眉和页脚"命令选项

25. 在 Word 2010 中，可以进行分栏排版的方式为_____。

A. 选择"页面布局"选项卡中的"分栏"命令选项

B. 选择"插入"选项卡中的"分隔符"命令选项

C. 选择"视图"选项卡中的"拆分"命令选项

D. 选择"其他格式"工具栏下的"分栏"命令按钮

26. 要为某个段落添加双下划线，可以_____。

A. 执行【开始】→【字体】命令，在【字体】对话框中进行设置

B. 执行【开始】→【段落】命令，在【段落】对话框中进行设置

C. 使用【表格和边框】工具栏上的按钮

D. 使用【绘图】工具栏绘制

27. 在 Word 2010 中，欲进行自动编号，可单击下述_____按钮。

A. ▨　　　　　　　B. ▧　　　　　　　C. ▤　　　　　　　D. ▥

28. 批注是审阅者对文档添加的注释信息，通过该操作，_____。

A. 可以在批注框中添加图表批注　　　　B. 可以在批注框中添加视频批注

C．不能改变文档的样式   D．不能改变文档的内容

29．如果文档中的页码发生了变化，目录就需要更新。更新目录页的方法是：右键单击目录区域，并选择"更新域"，在弹出的对话框中选择＿＿＿＿＿。

    A．只更新页码   B．增加新页码   C．删除原页码   D．更新整个目录

30．在 Word 2010 编辑状态下，若设置一个文字格式为下标形式，应使用"开始"选项卡中＿＿＿＿组的"下标"命令。

    A．字体   B．段落   C．文字方向   D．组和字符

31．在 Word 2010 中，打印文档时，正确的操作命令是＿＿＿＿＿。

    A．选择"开始"面板中的"打印"命令选项   B．按【Alt+S】组合键

    C．选择"页面布局"选项卡的"打印"命令按钮   D．按【Ctrl+S】组合键

32．如果发现 Word 2010 文档不能进行修订操作，并出现"不允许修改，因为所选内容已被锁定"提示信息，可以＿＿＿＿＿。

    A．选择"插入与删除"   B．关闭文档保护

    C．单击"修订"按钮   D．勾选"设置格式"

33．设定打印纸张大小时，应当使用的命令是＿＿＿＿＿。

    A．"开始"中的"打印预览"命令   B．"页面布局"中的"页面设置"命令

    C．"开始"中的"段落"命令   D．"视图"中的"页面"命令

34．在 Word 2010 表格中，如果同列单元格的宽度不合适，可以利用＿＿＿＿＿进行调整。

    A．水平标尺   B．滚动条   C．垂直标尺   D．表格自动套用格式

35．在 Word 2010 表格中，对单元格左边的所有单元格中的数值求和，应使用＿＿＿＿公式。

    A．= SUM（RIGHT）   B．= SUM（BELOW）

    C．= SUM（LEFT）   D．= SUM（ABOVE）

36．在 Word 2010 的表格中填入的信息＿＿＿＿＿。

    A．只限于文字形式   B．只限于数字形式

    C．限于文字和数字形式   D．是文字、数字和图形对象等

37．在 Word 2010 的编辑状态中，对已进行的添加批注操作，如果发现在屏幕上无法看到包含有审阅者名称及批注的相关批注框，可以使用＿＿＿＿＿来恢复显示出来。

    A．"审阅"选项卡／修订／显示标记   B．"审阅"选项卡／新建批注

    C．"审阅"选项卡／接受／接受修订   D．"视图"选项卡／阅读版式视图

38．在 Word 2010 中，编制目录的依据是文档中的＿＿＿＿＿。

    A．段落   B．项目   C．章节   D．各级标题

39．当前文档中有一个表格，选定表格中的行后，单击"表格工具"中"拆分表格"命令后，表格被拆分成上、下两个表格，已选择的行＿＿＿＿＿。

    A．在上边的表格中   B．在下边的表格中   C．不在这两个表格中 D．被删除

40．当前文档中有一个表格，经过拆分表格操作后，表格被拆分成上、下两个表格，两

个表格中间有一个回车符，当删除该回车符后，_____。

A. 上、下两个表格被合并成一个表格

B. 两表格不变，插入点被移到下边的表格中

C. 两表格不变，插入点被移到上边的表格中

D. 两个表格被删除

41. Word 2010 文档中有一个表格，当鼠标在表格的某一个单元格内变成向右箭头，连续三次单击鼠标后，_____。

A. 整个表格被选择

B. 标所在的一行被选择

C. 标所在的一个单元格被选择

D. 格内没有被选择的部分

42. 在 Word 2010 中要对某一单元格进行拆分，应执行_____操作。

A. 选择"插入"选项卡中的"拆分单元格"命令

B. 选择"开始"选项卡中的"拆分单元格"命令

C. 选择"引用"选项卡中的"拆分单元格"命令

D. 选择"表格工具"中的"拆分单元格"命令

43. 在 Word 2010 中，要使文字和图片叠加，应在插入的图片格式中选择_____方式。

A. 四周环绕　　　　B. 紧密环绕　　　　C. 无环绕　　　　D. 上下环绕

44. 在"字数统计"中用户不能得到的信息是_____。

A. 文件的长度　　　B. 文档的页数　　　C. 文档的段落数　　　D. 文档的行数

45. 在 Word 2010 中，节是一个重要的概念，下列关于节的叙述不正确的是_____。

A. 在 Word 2010 中，默认整篇文档为一个节

B. 可以对一篇文档设定多个节

C. 可以对不同的节设定不同的页码

D. 删除节的页码用【End】键

二、问答题

1. Word 2010 文档有哪几种视图方式？如何切换？

2. 在 Word 2010 文档中设置文字格式有哪些操作？设置段落格式有哪些操作？设置页面格式有哪些操作？

3. 在 Word 2010 文档中编辑表格有哪些操作？设置表格有哪些操作？

4. 在 Word 2010 文档中编辑图形有哪些操作？设置图形有哪些操作？在 Word 2010 文档中编辑图形有哪些操作？设置图形有哪些操作？

第 4 章　电子表格 Excel 2010

【本章概览】

Excel 2010 是目前使用最为广泛的办公自动化软件 Office 2010 的组件之一。Excel 2010 的基本操作包括启动、退出、电子表格的创建、打开和保存。

Excel 2010 的编辑包括在工作表中输入文字、数字、日期和时间；对工作表进行字体、字形、字号、颜色、边框等格式方面的设置；对工作表进行各种插入、删除、复制等编辑操作。Excel 2010 中还可以利用工作表的数据建立简洁明了的图表以及对图表各方面的修饰；通过页面设置将工作表进行打印输出；利用系统提供的功能进行单变量求解、进行模拟运算表等数据管理工作；利用系统内部提供的数据库进行数据库的创建、查询、筛选、排序、汇总等操作；能够创建透视表及透视图，能够运用各种方法进行数据处理。

【知识要点】

> ➤ Excel 2010 的基本操作
> ➤ 公式与函数
> ➤ 格式化工作表
> ➤ 图表的制作
> ➤ 打印工作表
> ➤ 数据管理与分析

4.1　Excel 2010 概述

4.1.1　Excel 2010 的启动与退出

1. Excel 2010 的启动

Excel 2010 是在 Windows 环境下运行的应用程序，启动方法与其他 Windows 环境下应用程序的启动方法相似。启动中文 Excel 2010 的方法如下。

（1）单击任务栏上的"开始"按钮，弹出 Windows 的"开始"菜单。

（2）选择"程序"级联菜单下的"Excel"，即可启动中文 Excel，进入如图 4-1 所示的主窗口。

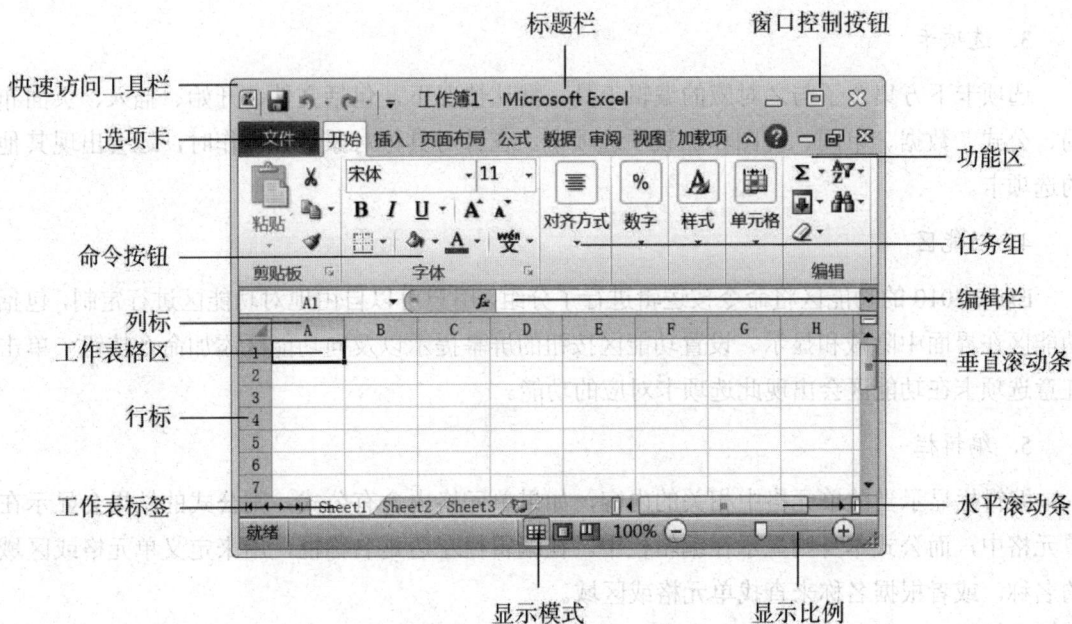

图 4-1　Excel 2010 的工作界面

（标注文字：标题栏、窗口控制按钮、快速访问工具栏、选项卡、命令按钮、列标、工作表格区、行标、工作表标签、功能区、任务组、编辑栏、垂直滚动条、水平滚动条、显示模式、显示比例）

2．Excel 2010 的退出

要退出中文 Excel 2010，可以选择下列操作方法之一。

（1）选择 Excel 2010 "文件" 选项卡，单击左侧窗格中最下方的 "退出" 命令。

（2）在要关闭的工作簿中，单击左上角的控制菜单图标，在弹出的窗口控制菜单中单击 "关闭" 命令。

（3）单击 Excel 2010 标题栏右侧的 "关闭" 按钮。

4.1.2　Excel 2010 的界面

Excel 2010 主窗口主要包括标题栏、快速访问工具栏、选项卡、功能区、编辑栏、工作表区和状态栏等元素。部分元素功能和操作与 Word 2010 相同。

1．标题栏

标题栏位于 Excel 窗口的最上方，用于显示 Excel 打开的工作簿名称。当用户的 Excel 窗口不是处于最大化时，使用标题栏可以在桌面上移动 Excel 窗口，将鼠标指向标题栏，然后按下鼠标左键拖动，即可将 Excel 窗口拖到新的位置。

2．快速访问工具栏

Excel 2010 的快速访问工具栏中包含最常用操作的快捷按钮，以方便用户使用，可以执行相应的功能。单击快速访问工具栏中的按钮，弹出 "快速访问工具栏" 的下拉菜单，用户只需勾选其中的项目，被勾选的项目就可以出现在快速访问工具栏中。

3. 选项卡

选项卡下方集合了与之对应的编辑工具。默认情况下，包括文件、开始、插入、页面布局、公式、数据、审阅、视图和加载项选项卡。在针对具体对象进行操作时，还会出现其他的选项卡。

4. 功能区

Excel 2010 的功能区将命令按逻辑进行了分组，用户可以自由地对功能区进行定制，包括功能区在界面中隐藏和显示、设置功能区按钮的屏幕提示以及向功能区添加命令按钮。单击任意选项卡在功能区会出现此选项卡对应的功能。

5. 编辑栏

编辑栏显示当前单元格中相关的内容，如果单元格内含有公式，则公式的结果会显示在单元格中，而公式本身则显示在编辑栏中。在编辑栏左边是名称框，用来定义单元格或区域的名称，或者根据名称来查找单元格或区域。

6. 工作表区

工作表区是用来编辑、查看数据的区域。

工作表右侧是垂直滚动条，单击滚动条的向上箭头、向下箭头或者拖动滑动块，可以查看工作表的其他部分。

工作表区底部分为两部分，左边部分是工作表标签，右边部分是水平滚动条。工作表标签是用来显示工作表的名称（默认情况下，工作表名称依次为 Sheet1，Sheet2，Sheet3 等，用户可以重新定义工作表的名称）。其中，当前正在使用的工作表标签以白底含下划线显示。水平滚动条的使用与垂直滚动条的使用一致。

7. 状态栏

状态栏位于 Excel 窗口的底部，显示与当前工作状态相关的各种状态信息。例如，显示"就绪"，表明 Excel 正准备接收命令或数据。

4.2 Excel 2010 的基本操作

工作簿是用于存储并处理数据的文件，工作簿名就是文件名。在 Excel 主窗口中，工作簿名显示在标题栏中。

一个工作簿中可以包含多个不同类型的工作表，在默认情况下，新建一个工作簿时，系统提供了三个工作表，当前工作的工作表只有一个，称为活动工作表（或当前工作表），工作表名显示在工作表标签中（工作表区的下端）。

每个工作表是由 256 列和 65 536 行组成，行和列相交处形成单元格。每一列列名由 A、

B、C 等表示，每一行行号由 1、2、3 等表示，所以每一单元格的位置由交叉的列名、行号表示。例如，在列 B 和行 5 交叉的单元格可表示为 B5。

每个工作表中只有一个单元格为当前工作的，称为活动单元格或当前单元格，屏幕上带粗线黑框的单元格就是活动单元格，此时可以在该单元格中输入和编辑数据。

4.2.1 文档的操作

在正式工作之前，首先要掌握文档的管理：如何建立新文档；如何及时保存文档；当再次使用文档时如何打开文档等文档的操作。

1. 创建新工作簿

在 Excel 启动后，它自动创建一个名为"工作簿 1"的文档，在 Excel 2010 中，不仅可以创建空白工作簿，还可以根据模板创建带有格式的工作簿，工作簿默认的扩展名为.xlsx。

在"文件"选项卡中选取"新建"命令，在右侧窗格中产生"新建"视图，如图 4-2 所示。Excel 2010 为用户提供了多种模板类型，利用这些模板，用户可快速创建各种类型的工作簿。

图 4-2 新建 Excel 文件

2. 打开已存在的文档

如果用户想打开一个已经存在的文档，一般情况下，直接双击已有工作簿的图标就可将其打开。另外，通过"文件"选项卡中的"打开"命令，或直接单击"快速访问工具栏"工具栏中的"打开"按钮，弹出"打开文件"对话框，如图 4-3 所示。在"查找范围"下面的列表框中列出了文件夹和文件，双击该文档所在的文件夹，反复双击子文件夹，直至该文档显示出来。在文件列表中，单击该文档名，然后再单击"确定"按钮。

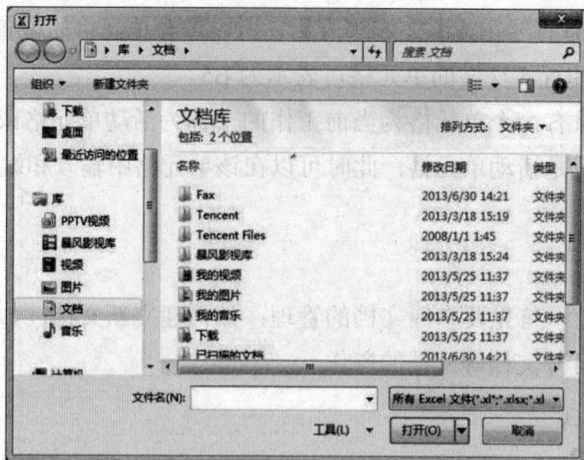

图 4-3　打开对话框

3. 保存文档

用户应该及时保存所编辑的文档，以免由于意外情况造成文档的数据丢失。保存的方法很简单，只需要选取"文件"选项卡中的"保存"命令或单击"快速访问工具栏"工具栏的"保存"按钮即可。如果文档是第一次保存，选取"文件"选项卡中的"保存"或"另存为"命令，或单击"快速访问工具栏"工具栏中的"保存"按钮，产生"另存为"对话框，如图4-4 所示。在"保存位置"下拉框中选取被保存文档的目标驱动器，在"文件名"文本框中输入保存的文档名，然后再单击"保存"按钮。

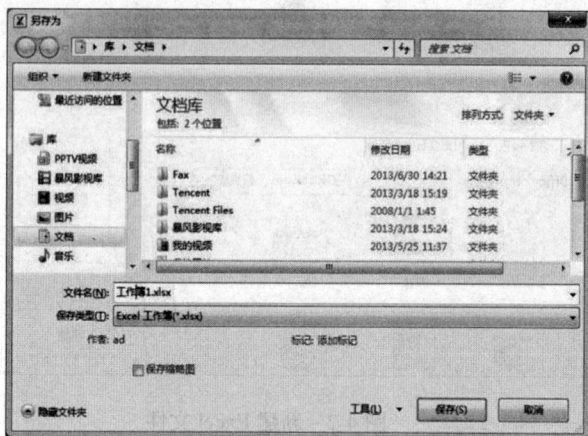

图 4-4　"另存为"对话框

4. 关闭文档

在关闭工作簿前应先保存工作簿，否则将显示提示信息。关闭的方法有几种，如：在"文件"选项卡中选择命令项"关闭"命令，单击"窗口控制按钮"栏的"关闭"按钮，单击程序控制图标在弹出的下拉菜单中选择"关闭"命令，或通过【Ctrl+F4】快捷键即可关闭当前工作簿。

在"文件"选项卡中选择命令项"退出"命令，或通过【Alt+F4】快捷键就可关闭 Excel 2010 软件。

4.2.2　输入数据并保存工作簿

建立工作表的第一步应该是输入数据，在 Excel 中单元格是存储数据的基本单位，数据包括数值、文本、日期、时间、公式等。Excel 能够按照其约定，自动识别所输入的是什么类型的数据，每一个单元格最多能够输入 255 个字符，输入的数据能够按照默认的格式存放。

1. 单元格的选取

Excel 在执行大多数命令或操作前，必须选定要工作的单元格。选定的单元格将被突出显示出来，随后的操作和命令将作用于选定的单元格。当单一单元格被选取时，其四周将以粗边框包围，此单元格称为活动单元格，同一时刻只有一个活动单元格。

（1）选定单个单元格：用鼠标单击所选取的单元格或按下箭头键移动到单元格位置，选定的单元格由粗边框包围。

（2）选定连续单元格区域：用鼠标光标移动到欲选定区域的任意一个角上的单元格，按下鼠标并拖动到欲选定区域的单元格的对角单元格，然后松开鼠标按键。如将光标移到 B5 单元格，按下鼠标并拖动到 D8 单元格，然后松开鼠标，被选定的单元格以反白显示。而活动单元格仍为白色背景。

（3）选定整行或整列：要选定某一整行或整列，只要用鼠标单击行号或列标即可。选定相邻的多行或多列，可用鼠标拖动行号或列标，或者选定第一行或第一列，然后按【Shift】键，再选择最后一行或最后一列。

（4）选取非相邻单元格或单元格区域：首先选取第一个单元格或单元格区域，然后按【Ctrl】键，再选取其他的单元格或单元格区域。

（5）选取大范围的单元格区域：单击单元格区域的第一个单元格，使用滚动条移动工作表，找到区域的对角单元格，按【Shift】键的同时单击此单元格。

（6）选取整个工作表的所有单元格：工作表的左上角行号和列标交叉位置有一个按钮，称为"全部选取框"按钮，若要选取整个工作表的所有单元格，可单击此按钮。

2. 向单元格中输入数据

在 Excel 中有三种数据类型：文字、数值和公式。文字可以是一个字母、一个汉字，也可以是一个句子；公式用于计算时使用，具体内容将在本章第四节介绍；数值型数据包括数字、日期、时间和货币等。对于不同的数据 Excel 有不同的输入方法。

（1）文字和数字的输入。对于文字和数字，用户只要在选择单元格后，就可以直接输入。当向单元格输入第一个字符时，编辑栏中将显示"取消"和"输入"按钮。数据输入完毕时，可以单击"输入"按钮，或按方向键，或按【Enter】键表示确认。有时需要把某些数字当文本来处理，如邮政编码、电话号码等。在输入这些资料时，需要用半角单引号（'）引导即可，如'332 000。

例如：在 C4 单元格中输入数据"90"，其步骤为：

①标单击单元格 C4。

②输入数据"90"，编辑栏中将显示"取消"和"输入"按钮，如图 4-5 所示。

③按【Enter】键。

（2）输入日期和时间。在 Excel 中日期和时间均按数字处理，工作表中的日期和时间的显示均取决于单元格中所采用的数字显示格式，当 Excel 辨认出输入的日期或时间时，单元格的格式就由常规的数字格式变为内部的日期或时间格式，如果不能辨认当前输入的日期或时间，Excel 就当作文本处理。

若要在同一单元格输入日期和时间，只需要将日期与时间用空隔隔开。

时间和日期可以进行运算。时间相减得到时间差；时间相加得到总时间。日期也可以进行相减，相减得到相差的天数；当日期加上或减去一个整数，将得到另一日期。

（3）在单元格区域中输入数据的方法如下。

①选择要输入数据的单元格区域，单元格可以相邻，也可以不相邻。

②在第一个被选定的单元格输入数字或文本。

③按【Enter】完成输入并移动到当前单元格下方的单元格，按【Shift+Enter】快捷键移动到上方单元格，按【Tab】键从左至右移动，按【Shift+Tab】快捷键则从右至左移动。

④继续输入其他内容，如果想在选定区域的各单元格输入相同的内容，请在第二步之后单击编辑栏，按【Ctrl+Enter】快捷键，则选定区域中所有的单元格均输入相同的内容，如图4-6 所示。

图 4-5　输入数据

图 4-6　多个单元格输入相同内容

3. 输入、建立序列

在工作表中经常会用到许多序列，如日期序列，数字序列，星期序列，月份序列等。Excel提供了输入序列的简便方法，而且用户也可以自己定义序列。

在输入序列时会用到"填充柄"，如果选定了一个区域，那么在选定区域的右下角会有一个黑色的小方块，这就是"填充柄"。将鼠标光标移到"填充柄"，鼠标光标会变成黑色的小十字，拖动"填充柄"就可以复制单元格的内容到相邻单元格，或使用数据序列填充相邻的单元格。

（1）Excel 可以完成的填充序列类型。

①等差序列：建立等差数列时，Excel 会根据步长值来决定数值的升序或降序。

②等比数列：建立等比数列时，Excel 将数值乘以常数因子。

③日期序列：包括指定增量的日、星期和月，或诸如星期、月份和季度的重复序列。

④自动序列：包括数字和文本的组合序列以及自定义文本序列。

（2）填充数字、日期或其他序列。Excel 可自动填充日期、时间和数字系列，包括数字和文本的组合系列。在"开始"选项卡下单击"编辑"任务组中"填充"按钮上的下三角按钮，在下拉列表中选择"序列"选项，如图 4-7 所示。

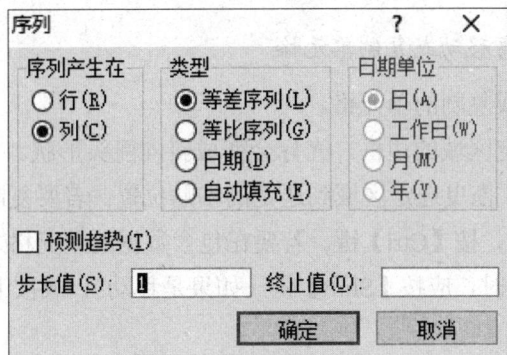

图 4-7 "序列"对话框

①选择要填充区域的第一个单元格，输入序列的初始值。如果序列的步长值不是 1，那么在下一个单元格中输入序列的第二个数字，这两个数之间的相差就决定了该序列的步长值。

②使用鼠标拖动"填充柄"到最后一个单元格。

③升序填充时向下或向右拖动"填充柄"，降序填充时向上或向左拖动"填充柄"。

4.3 表格的编辑

建立完文档后，随着时间或实际情况的变化，有时需要根据人们的要求进行，诸如移动、复制、修改、增加、删除数据等编辑。电子表格也是如此，下面主要讲述电子表格的基本编辑操作。

4.3.1 移动或复制单元格数据

短距离移动或复制数据的最简单的方法是使用鼠标拖曳功能；长距离移动或复制单元格

（如复制到其他工作表、工作簿或应用程序），应使用"开始"选项卡下的"剪贴板"任务组中的"复制"和"粘贴"命令，或使用快速访问工具栏中的相应按钮，也可以使用快捷键方式。在对单元格进行复制操作时可以复制单元格的所有内容，也可以复制其中的部分内容。

1．长距离移动、复制或移动、复制到其他文档

（1）选择所要移动或复制的单元格。

（2）若要移动选定区域，单击"剪切"按钮。若要复制选定区域，单击"复制"按钮，之后选定区域会被虚线活动边框所包围。

（3）若将单元格移动或复制到其他工作表或工作簿，需先转换到相应的工作表或工作簿。

（4）选定粘贴区域的左上角单元格。

（5）若要将数据移动到已包含数据的单元格，应单击"粘贴"按钮，Excel 会替换粘贴区域中现有的所有数据。

2．在当前窗口短距离移动或复制单元格

（1）选择所要移动或复制的单元格。

（2）将光标指向选定区域的边框。光标会变成斜向箭头形状。

（3）若要移动数据，拖曳选定区域到选定的粘贴位置；若要复制数据，在拖曳选定区域到选定的粘贴位置的同时，按【Ctrl】键。若要在包含数据的单元格之间插入数据，在拖曳选定区域到所要插入的位置时，应按【Shift】键（如果是移动），或按【Shift】和【Ctrl】键（如果是复制）。

4.3.2　插入单元格数据

1．插入空白单元格数据

（1）选取欲插入空白单元格的区域。

（2）选取"开始"选项卡下的"单元格"任务组中的"插入"命令，显示"插入"对话框，如图 4-8 所示；或右击鼠标，在快捷菜单中选择"插入"命令。若选取"整行"或"整列"，则在选定区域插入与选定区域相同的行数或列数。

（3）单击"确定"按钮。

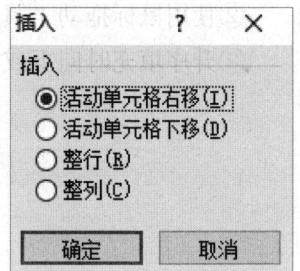

图 4-8　"插入"对话框

2．插入列

如果需要在工作表中插入列，只需要在图 4-8 选取"整列"单选按钮，然后单击"确定"按钮即可。

3．插入行

如果需要在工作表中插入行，只需要在图 4-8 选取"整行"单选按钮，然后单击"确定"按钮即可。

4.3.3 清除或删除单元格数据

在对单元格进行删除时，可以是删除整个单元格，也查可以是清除单元格中的内容。删除单元格时，被删除的单元格从工作表中消失，空出的位置由周围的单元格填充。清除单元格时，单元格中的内容、格式或附注消失，但空白单元格仍保留在工作表上。

在插入或删除单元格、行或列时，Excel 会自动调整对移动过的单元格的引用，以正确反映新的位置，从而保证公式中的引用能得以更新。

1. 清除选定的单元格

（1）选择所要清除的单元格。

（2）选取"开始"选项卡下的"编辑"任务组中的"清除"命令，然后单击"全部""格式""内容"或"批注"命令。如图 4-9 所示。

2. 清除整行或整列

（1）选择一行或一列。

图 4-9 清除与删除数据

（2）选取"开始"选项卡下的"编辑"任务组中的"清除"命令，然后单击"全部""格式""内容"或"批注"命令；或选定单元格、行或列后，直接按【Delete】键清除单元格的内容。

3. 删除选定的单元格

（1）选择所要删除的单元格。

（2）选取"开始"选项卡下的"单元格"任务组中的"删除"命令，在弹出列表中选择"删除单元格"。

（3）指定删除单元格后周围单元格移动方向。

4. 删除选定的行和列

（1）选定整行或和整列。

（2）选取"开始"选项卡下的"单元格"任务组中的"删除"命令，在弹出列表中选择"删除工作表行"/"删除工作表列"。

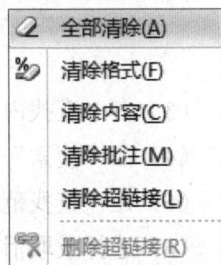

4.3.4 查找或替换单元格数据

"查找"命令可以在选定的单元格或工作表中搜索指定的字符，并选定包含这些字符的第一个单元格。"替换"命令可以查找并用指定内容去替换选定单元格或当前工作表中的字符。

1. 查找

（1）选定欲查找数据的单元格区域或工作表。

（2）选取"开始"选项卡下的"编辑"任务组中的"查找"命令，弹出"查找"对话框，如图 4-10 所示。

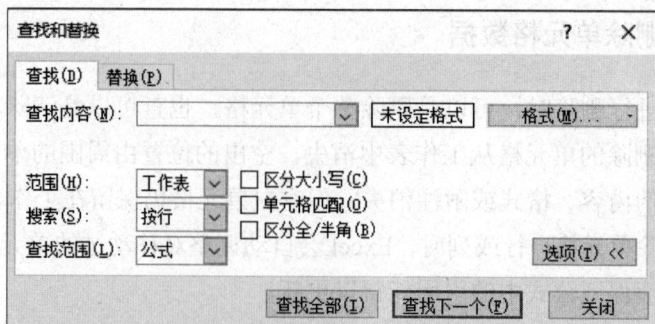

图 4-10 "查找"对话框

（3）在"查找内容"编辑框中输入要查找的数据。

（4）在"搜索"下拉框中，选择"按行"顺序或"按列"顺序搜索。

（5）在"查找范围"下拉框中，选择"公式""值"或"附注"。

（6）选择或取消"区分大小写""单元格匹配"和"区分全/半角"复选框。

（7）单击"查找下一个"按钮开始查找。如果找到匹配的单元格，Excel 便会使此单元格为活动单元格。再次单击"查找下一个"按钮可以继续查找下一个。

（8）如果这时想替换找到的数据，可单击"替换"按钮，产生"替换"对话框。

2. 替换

在上述查找所弹出的替换对话框中的替换值文本框输入替换的内容，然后每单击一次"替换"按钮，就开始查找替换下一个匹配数据；如果单击"全部替换"按钮，则一次替换完所有的匹配项。

4.4 公式与函数

除了能在电子表格中输入常数之外，还可以输入公式和函数，进行计算或解答问题。也正是有了公式和函数，电子表格程序才有了实际的意义，能发挥出它强大的功能。公式有助于分析工作表中的数据，对工作表的数值可以进行诸如加、乘或比较等操作，在工作表中需要输入计算值时可以使用公式。公式主要包括运算符、单元格引用值、工作表函数和名称等元素。在编辑时，输入这些元素的组合即可将公式输入到工作表单元格中，输入公式时必须由等号（＝）开始。

4.4.1 输入公式

1. 输入公式

（1）选定要输入公式的单元格。

（2）输入等号（＝），然后输入公式。如果公式由粘贴名称或函数开始，Excel 将自动插入等号。当在单元格完成公式输入后，Excel 会自动计算并将结果显示在单元格中，而将公式的内容显示在编辑栏中，如图 4-11 所示。

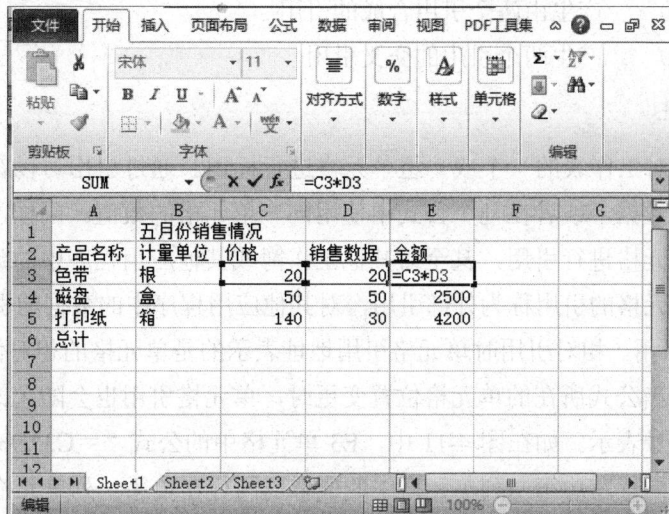

图 4-11　公式示例

按【Ctrl+`】（位于键盘左侧），可以使单元格在显示公式与显示公式的值之间进行切换。

2. 如何使用运算符

运算符用于对公式中的元素进行运算操作，在 Excel 中主要有下列四种运算符。

（1）算术运算符：完成基本的数学运算，结合数字数值并产生数字结果。

+（加号）　　　　加

-（减号）　　　　减（在数值前面表示负号，例如，-1）

*（星号）　　　　乘

/（斜杠）　　　　除

%（百分号）　　　在数值后面，表示百分数，例如 20%

^（脱字符）　　　幂（乘方）

（2）比较运算符：比较两个数据并且产生逻辑型 TRUE 或 FALSE。

=　　　　　　　　等于

>　　　　　　　　大于

<　　　　　　　　小于

>=　　　　　　　 大于等于

<=　　　　　　　 小于等于

<>　　　　　　　 不等于

（3）文本运算符：将一个或多个文本连接为一个组合文本值。

&（连字符）　　　连接两个文本值产生一个连续的文本值

（4）引用运算符。

区域（冒号）　　　对包括两个引用区域在内的所有单元格进行引用

联合（逗号）　　　产生由两个引用合成的引用

交叉（空格）　　　产生两个引用的交叉引用

3. 引用地址

"引用"是对工作表的一个或一组单元格进行标识。通过引用可以在一个公式中使用工作表不同部分的数据，或者在几个公式中使用同一单元格的数值。同样，可以对工作簿的其他工作表中的单元格进行引用，甚至对其他工作簿或其他应用程序中的数据进行引用。对其他工作簿中的单元格的引用称为外部引用，对其他应用程序中的数据的引用称为远程引用。

（1）相对引用。相对引用时单元格引用地址表示的是单元格的相对位置，而非在工作表中的绝对位置，当公式所在的单元格位置变更时，单元格引用也会随之改变。相对地址引用直接以列标和行号表示。如在图 4-11 中，E3 单元格中的公式"＝C3*D3"表示的意义为：E3 单元格中的值为同行左边第二列单元格中的值乘以同行左边第一列单元格中的值。

（2）绝对引用。单元格绝对引用的表示法为在行号和列标前加符号"$"，如果使用绝对地址引用，在进行含有公式的单元格复制时，引用的地址不会发生变化。

（3）混合引用。单元格的混合引用是指在引用地址时行号或列标两者只有一个采用绝对引用，如$C5，C$5。

按【F4】键可以改变引用地址的表示法。首先将光标插入欲改变引用表示法的引用地址上，按【F4】键，引用地址将在"相对引用""绝对引用"和"混合引用"之间切换，如按【F4】键，引用 C5 将依次改变为$C$5，C$5，$C5。

4.4.2 使用函数

Excel 提供了许多的内部函数，可实现对工作表的计算。在工作中灵活使用函数可以节省时间，提高效率。在函数中实现函数运算所使用的数值称为参数，函数返回的数值称为结果。括号告诉 Excel 参数从哪里开始，到哪里结束，括号必须成对，并且前后不能有空格。参数可以是数字、文本、逻辑值、数值或引用。当函数的参数本身也是函数时，就是所谓的嵌套。在 Excel 中，公式可嵌套七级函数。使用函数时，用户可以在编辑栏中直接输入，但必须保证输入的函数名正确无误，并输入必要的参数。Excel 提供的函数很多，有时用户也许记不清函数的名字和参数，为此，Excel 提供了函数向导来帮助建立函数。

（1）把光标插入编辑栏或单元格中欲输入函数的位置。

（2）选取"公式"选项卡下的"函数库"任务组中的"插入函数"命令，如图 4-12 所示。产生"插入函数"对话框，如 4-13 所示。

图 4-12 函数库任务组

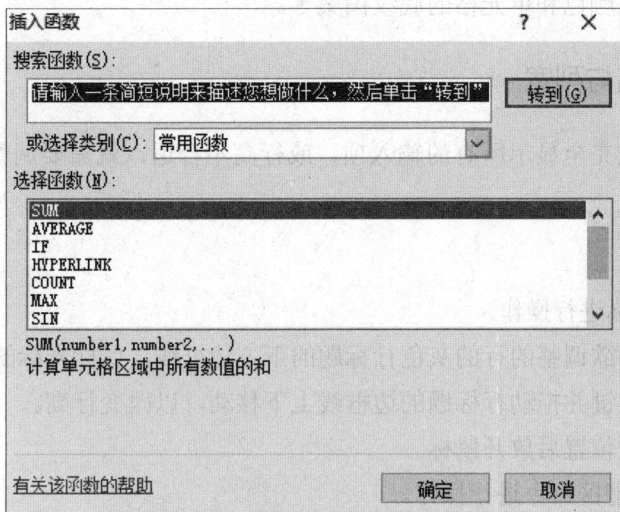

图 4-13 "插入函数"对话框

（3）在"函数分类"列表框中，选取想要的函数类别。

（4）在"函数名"列表框中选取所需要的函数名。

（5）点取"确定"按钮，显示"函数参数"对话框，如图 4-14 所示。

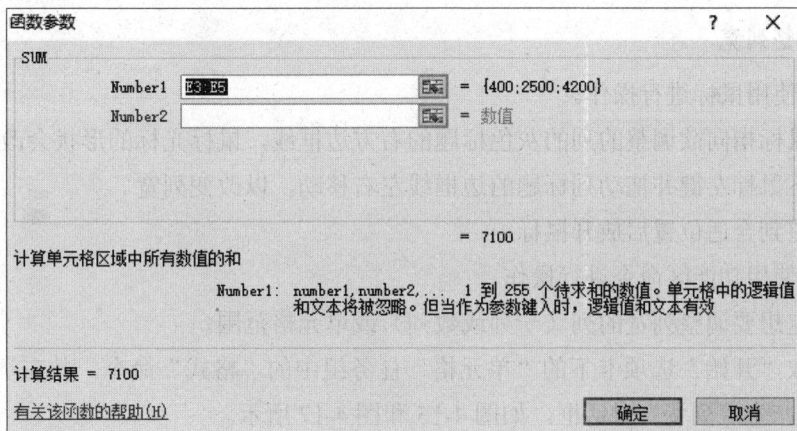

图 4-14 "函数参数"对话框

（6）按照提示输入函数所需的参数。若参数为单元格引用，可直接单击相应单元格。

（7）单击"确定"按钮，完成函数的建立。

4.5　格式化工作表

格式化工作表就是把工作表"打扮"得更漂亮、更美观，从而使工作表更具吸引力和说服力。格式化工作包括调整行高和列宽，改变单元格内容的字体、颜色、对齐方式，以及单元格边框的线型、颜色和单元格的底纹图案等。

4.5.1　调整行高与列宽

有时列宽不能完全显示所有的输入项，或行高不合适，就需要调整行高和列宽，以使屏幕显示最佳状态。

1. 调整行高

（1）使用鼠标进行操作。

①将鼠标指向欲调整的行的灰色行标题的下方边框线，鼠标光标的形状会改变。

②按下鼠标左键并拖动行标题的边框线上下移动，以改变行高。

③调整到合适位置后放开鼠标。

（2）使用功能区命令进行操作。

①选定想要调整行高的行（一行或数行）或单元格范围。

②选取"开始"选项卡下的"单元格"任务组中的"格式"命令，并在下拉菜单中选取"行高"，产生"行高"对话框，如图 4-15 和图 4-16 所示。

③在对话框中的"行高"编辑栏中输入行高，然后单击"确定"按钮。如欲调整到最适行高，在第 2 步中，选取"最适合的行高"命令。

2. 调整列宽

（1）使用鼠标进行操作。

①将鼠标指向欲调整的列的灰色标题的右方边框线，鼠标光标的形状会改变。

②按下鼠标左键并拖动列标题的边框线左右移动，以改变列宽。

③调整到合适位置后放开鼠标。

（2）使用功能区命令进行操作。

①选定想要调整列宽的列（一列或数列）或单元格范围。

②选取"开始"选项卡下的"单元格"任务组中的"格式"命令，并在下拉菜单中选取"列宽"，产生"列宽"对话框，如图 4-15 和图 4-17 所示。

③在对话框中的"列宽"编辑栏中输入列宽。该数值表示所定义的列宽能够以常规字体显示的字符个数，然后单击"确定"按钮。如调整到最适列宽，在第 2 步中，选取"最适合的列宽"命令。

单元格大小
行高(H)...
自动调整行高(A)
列宽(W)...
自动调整列宽(I)
默认列宽(D)...

可见性

隐藏和取消隐藏(U) ▸

组织工作表

重命名工作表(R)

移动或复制工作表(M)...

工作表标签颜色(T) ▸

保护

保护工作表(P)...

锁定单元格(L)

设置单元格格式(E)...

行高 ? ✕
行高(R): 13.5
确定   取消

列宽 ? ✕
列宽(C): 8.38
确定   取消

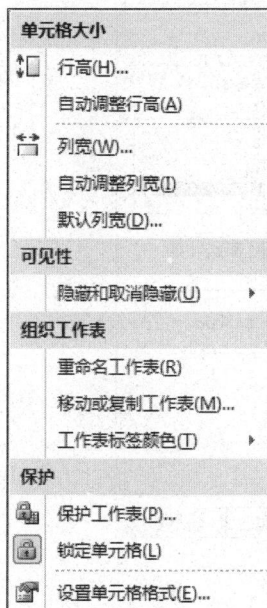

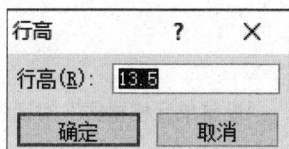

图 4-15 "格式"选项 　　图 4-16 "行高"对话框 　　图 4-17 "列宽"对话框

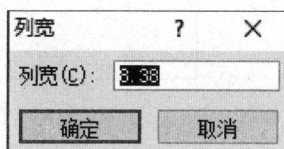

3. 隐藏行或列

用鼠标拖动行标题下边框与上边框重合，即可隐藏该行；用鼠标拖动列标题右边框与左边框重合，即可隐藏该列。取消隐藏则操作相反。如果使用"开始"选项卡下的"单元格"任务组中的"格式"命令来隐藏行或列则可按下列步骤进行。

（1）选定想要隐藏的行或列。

（2）选取"开始"选项卡下的"单元格"任务组中的"格式"命令，并在下拉菜单中选取"隐藏和取消隐藏"。

4.5.2 设置字体

通过"开始"选项卡下的"字体"任务组中的工具按钮，可以很方便地为选定的单元格设置字体，包括字体、字号和字形。也可以为单元格中的个别字符设置格式。首先选取欲改变字体的单元格或字符，然后点取"字体"任务组中的工具栏上相应按钮即可。其中"粗体""斜体"和"下划线"按钮可同时选取，则选定的数据将同时具有这些属性。

如果要使用上、下标等"特殊效果"，可以选择"字体"任务组中的"字体"按钮，打开"设置单元格格式"对话框，如图 4-18 所示，它包括了更多的选项。选取"字体"选项卡，在"字体""字形""字号"等下拉列表框中，选择想要的选项，同时可以在预览框中看到相应的效果。

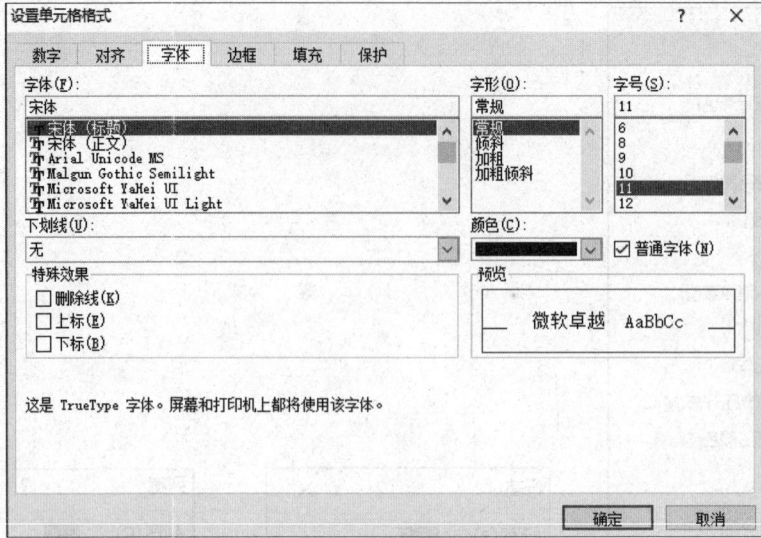

图 4-18　"设置单元格格式"对话框

4.5.3　设置数字格式

使用"开始"选项卡下的"数字"任务组中的数字格式按钮，可以快速应用基本的数字格式，如图 4-19 所示。它们依次为：会计数字格式、百分比样式、千位分隔样式、增加小数位数、减少小数位数。也可以选择"数字"任务组中的"数字"按钮，打开"设置单元格格式"对话框，如图 4-20 所示，在弹出的对话框中选择"数字"选项卡，选用其他内部的数字格式。分类列表框中选取所需的格式类别，在右侧的选项框中选取具体的格式。

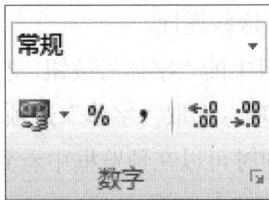

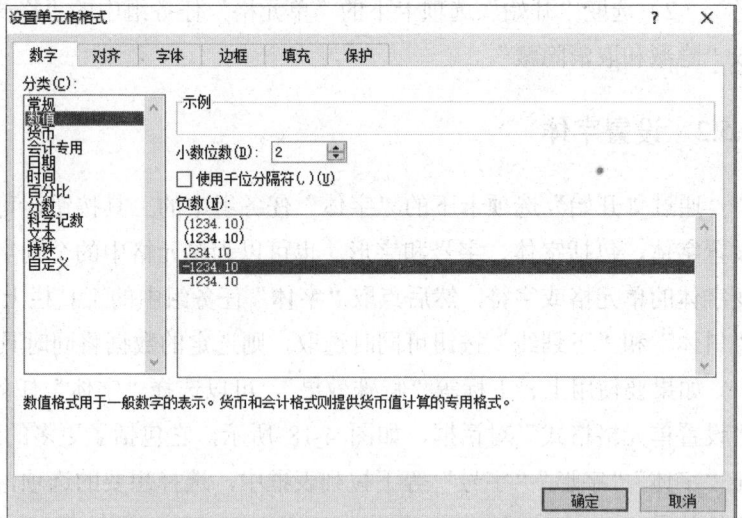

图 4-19　"数字格式"工具按钮　　　　图 4-20　"设置单元格格式"中的数字选项

1. 选择数字格式类型

可用的内部数字格式类型显示在"数字"选项卡的"分类"框中。先选择分类项，然后从显示的选项中选择格式。可参考表 4-1 中的要求选择适当的格式类型，如果没有所需选项，可以创建自定义的数字格式。

表 4-1　格式类型

常规	无特殊的数字格式
数字	千位分隔符，小数点位置和负数格式
货币	小数点位置，货币符号和负数格式
会计	货币符号和小数点位数对齐
日期	日期或日期与时间混合
时间	一天中的时间
百分数	1 的百分数
分数	分数
科学记数	科学（记数）格式，E+
文本	文本或把数字作为文本
特殊	邮政编码、电话号码及社会保险号

2. 创建自定义数字格式

（1）选定要格式化的单元格。

（2）选择"数字"任务组中的"数字"按钮，打开"单元格格式"对话框，然后单击"数字"选项卡。

（3）在"分类"框中，选定与所需格式最相近的格式，在"分类"框中，单击"自定义"命令，在"类型"框中，编辑数字格式代码以创建所需的格式。

基本数字格式代码：使用数字格式代码，可以创建所需的自定义数字格式。数字格式代码由四部分组成，每部分用分号分隔，每部分依次定义正数、负数、零值和文本格式。如果只用两部分，第一部分将用于正数和零，第二部分用于负数，如果只用一部分，所有的数字将使用该格式。如果跳过一个部分，应包括分号。

①使用"常规"格式，将数字显示为整数，分数显示为小数，相对单元格太长的数字则用科学记数法表示。

②若要创建数字的位置标识符，请在格式内包括下列格式代码，若数字的小数点右侧位数大于格式中位置标识符位数，该数字将按位置标识符位数进行四舍五入，若数字的小数点左侧位数大于格式中位置标识符位数，多余的位数将显示出来。

③"#"不显示多余的零。

④若数字位数少于格式中的零数，"0（空）"将显示多余的零。

⑤若数字位数少于格式中的零数，"?"将显示多余的零，并且在小数点两侧为没有意义的零加空位以便对准，在可变位数的分数中也可使用该符号。

⑥若要将逗号做为千位分隔符或放大数字以千位为单位，在数字格式中使用逗号。

⑦若要设置格式中某一部分的颜色，可在该部分用方括号输入颜色的名称；若要显示调色板的颜色，可在该部分加入 C 颜色（n），n 表示从 0 至 56 的数字。

如果格式中包括"AM"或"PM"，那么按 12 小时计时，"AM""am""A"或"a"表示从午夜十二点到中午十二点之间的时间，"PM"，"pm"，"P"或"p"表示从中午十二点到午夜十二点之间的时间；否则按 24 小时计时。如果在"h"格式代码后马上使用"m"，那么 Excel 将不显示月份而显示分钟；否则 Excel 将显示月份而不是分钟。如果要显示的小时大于 24，分或秒大于 60，那么在时间格式的最左端加方括号。例如，时间格式[h]：mm：ss 可以显示大于 24 的小时数。

4.5.4　设置对齐方式

要对齐单元格中的内容，可使用"文件"选项卡下的"对齐方式"任务组中的对齐按钮，如图 4-21 所示，这些按钮分别为："左对齐"按钮、"居中"按钮、"右对齐"按钮和"跨列居中"按钮。首先选取欲格式化的单元格，然后单击所需的对齐工具按钮即可。

若要按其他方式对齐数据如垂直对齐，可以使用菜单命令来进行设置。

②　取欲格式化的单元格或单元格区域。

②选择"格式"菜单中的"单元格"命令，产生"设置单元格格式"对话框。

③选择"对齐"选项卡，如图 4-22 所示。

③　认各选择项，然后单击"确定"按钮。

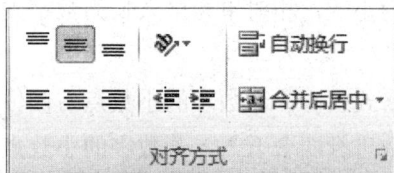

图 4-21　对齐方式任务组　　　　图 4-22　"设置单元格格式"中的对齐选项

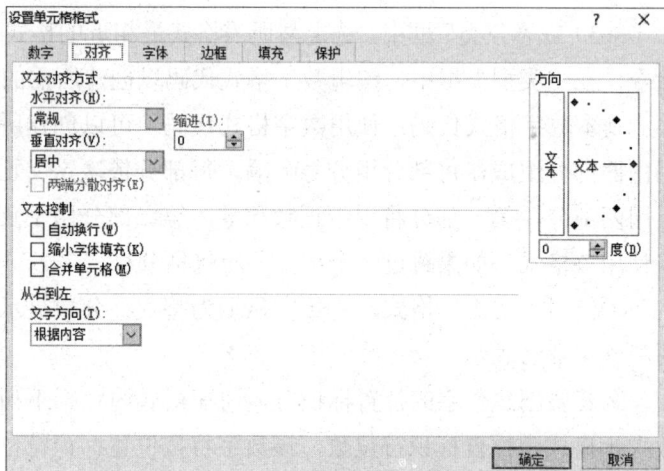

现对文本"对齐方式"对话框中各选项说明如下：

1. 水平对齐

常规：使文字左对齐，数字右对齐，逻辑值和误差值居中。

靠左：使选定文本左对齐。

居中：使选定文本在本单元格居中对齐。

靠右：使选定文本右对齐。

填充：重复选定的单元格中的内容，直到单元格填满为止。

两端对齐：使选定文本左右都对齐，但至少要有一行折行的文本才能看到调整的效果。

跨列居中：使活动单元格中的输入项，在选定的多个单元格中跨列居中。

分散对齐：使选定的文本在单元格中水平均匀分布。

2. 垂直对齐

若要使选定的文本在单元格内垂直对齐，可分别选取"靠上""居中"或"靠下"。如果要使选定的文本按行高在单元格中垂直均布，可选取"分散对齐"。

文本方向：更改文本在选定区域中的显示方向，"方向"选项框中已形象地表示出各选项的意义。

自动换行：当单元格中的内容宽度大于当前设定的列宽时则自动换行，行高也随之改变。

各种对齐效果可以参考图 4-23 中的实例。

图 4-23　文本对齐方式示例

4.5.5　设置表格边框线式样

默认情况下，工作表中显示的表格线是灰色的，这些灰色的表格线在打印时是不会被打印出来的，如果要打印这些表格线，那么需要为表格添加边框线。要为选定的单元格添加边框和颜色，可单击"开始"选项卡下的"字体"任务组中的"边框"命令，并在下拉菜单中

选取需要的边框样式,如图 4-24 所示。同样,也可使用"设置单元格格式"对话框进行操作:

(1)选取需要进行设置边框线的单元格或单元格区域。

(2)选择"开始"选项卡下的"字体"任务组中的"字体"按钮,产生"设置单元格格式"对话框。

(3)选择"边框"选项卡,如图 4-25 所示。

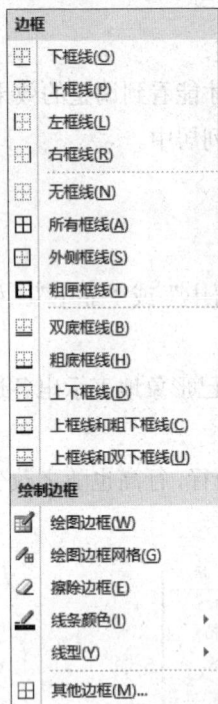

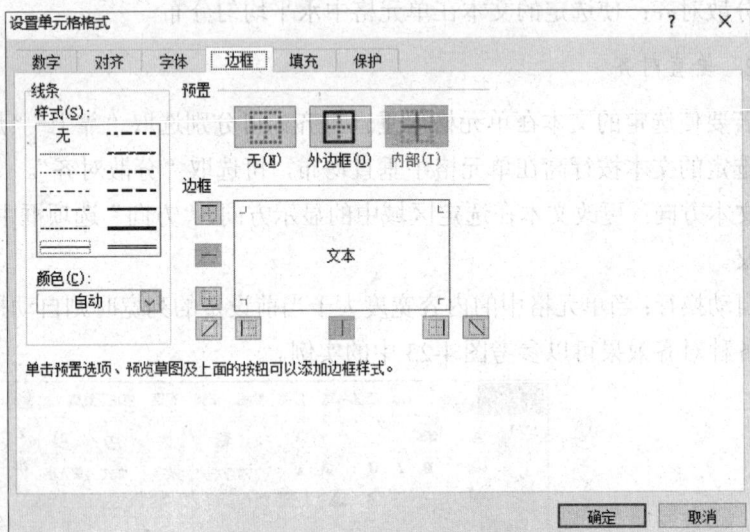

图 4-24 "边框"选项 图 4-25 "设置单元格格式"中的边框选项

(4)在"边框"框中选择边框位置,在"线型"框中选择边框线型。可以为边框的各边设置不同的线型。

(5)单击"颜色"下拉按钮产生调色盘,给边框加上适当的颜色,再单击"确定"按钮。

4.5.6 设置单元格底纹图案

除了边框外,Excel 2010 还可以对单元格的底纹颜色和样式进行设置,这样可以使某些选定数据更突出。单击"开始"选项卡下的"字体"任务组中的"填充颜色"命令,并在下拉菜单中选取需要的选项,如图 4-26 所示。

同样,也可使用"设置单元格格式"对话框进行操作。

(1)在"单元格格式"对话框中选择"图案"选项卡。

(2)选择"开始"选项卡下的"字体"任务组中的"字体"按钮,产生"设置单元格格式"对话框。

(3)在"填充"框中选择填充图案样式,设置前景色和图案颜色,如图 4-27 所示。

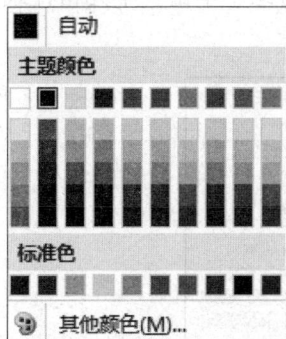

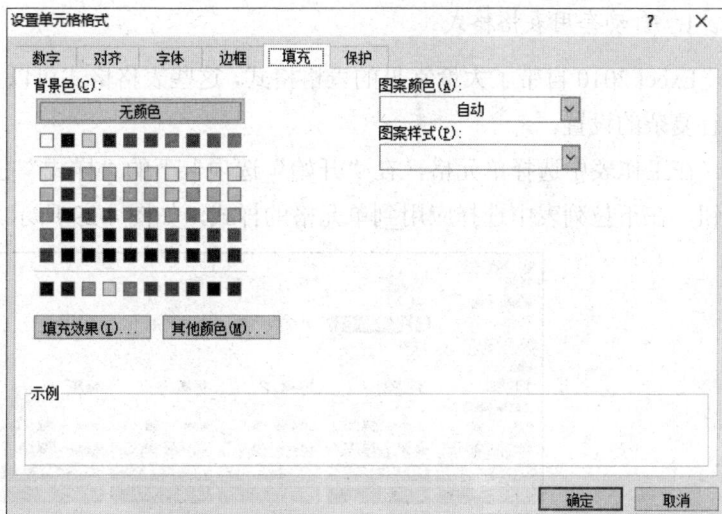

图 4-26　"填充颜色"选项　　　　**图 4-27　"设置单元格格式"中的填充选项**

（4）单击"填充效果"按钮，在"填充效果"对话框中选取所需效果，如图 4-28 所示。然后单击"确定"按钮。

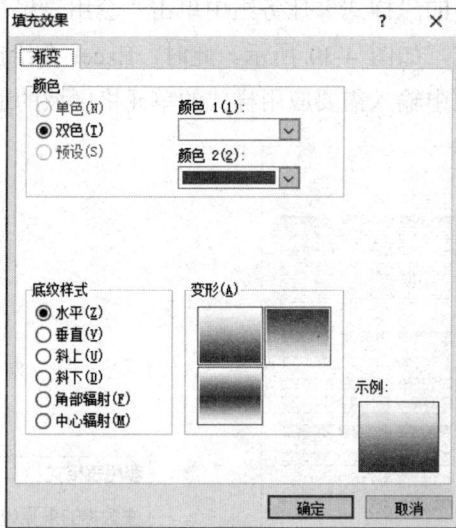

图 4-28　"填充效果"对话框

4.5.7　样式的定义和应用

样式就是成组保存的格式集合：如字体、字号、图案和对齐方式等，可将各种格式的组合定义为样式，并赋予一个样式各称，然后将其运用到其他单元格中。应用样式可以快速、方便地为不同的单元格或范围应用同一组格式，而不必对格式要求相同的单元格或范围一一设置。

1. 自动套用表格格式

Excel 2010 自带了大量常见的表格格式，这些表格格式可以直接应用到表格中，而不需要进行复杂的设置。

在工作表中选择单元格，在"开始"选项卡下的"样式"任务组中单击"单元格样式"按钮，在下拉列表中选择应用到单元格的样式，如图 4-29 所示。

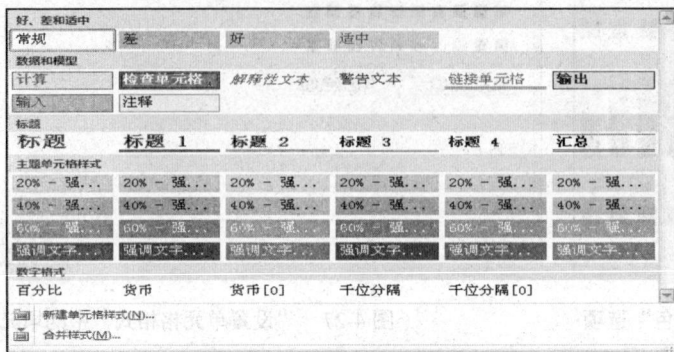

图 4-29 "单元格样式"选项

在"开始"选项卡下的"样式"任务组中单击"套用表格样式"按钮，在下拉列表中选择需要应用到表格的样式，如图 4-30 所示。此时，Excel 会给出"套用表格式"对话框，在"表数据的来源"文本框中输入需要应用样式的单元格区域的地址，如图 4-31 所示。

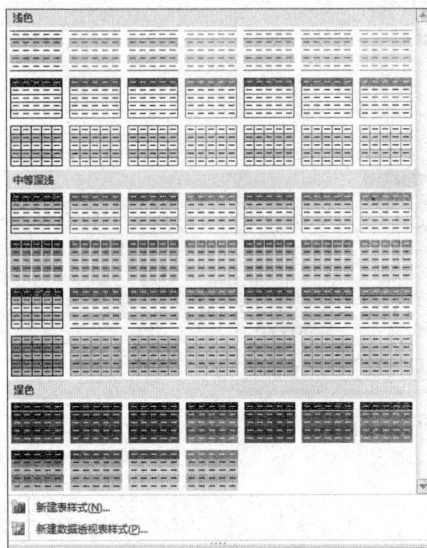

图 4-30 设置样式应用范围

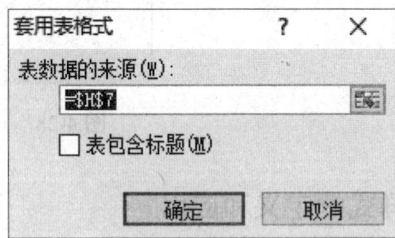

图 4-31 "套用表格格式"选项

2. 自定义套用表格格式

用户如果需要经常使用格式固定的样式，可以根据需要对表格样式进行定义，然后保存这种样式，以后可作为套用的表格格式来使用。

在"开始"选项卡的"样式"任务组中单击"套用表格样式"按钮，在下拉列表中选择"新建表样式"选项。此时将打开"新建表快速样式"对话框，如图 4-32 所示。在"名称"文本框中输入样式名称，在"表元素"列表中选择"整个表"选项，然后单击"格式"按钮，打开"设置单元格格式"对话框，对表格的格式进行设置，包括表格的边框、字体及填充样式，如图 4-33 所示。完成设置后，单击"确定"按钮，关闭"设置单元格格式"对话框。

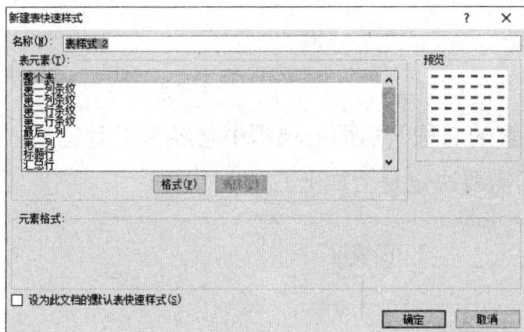

图 4-32　"新建表快速样式"对话框

图 4-33　设置表格格式

打开"自动套用格式"列表，在"自定义"栏中右击自定义表格格式选项，在快捷菜单中选择"修改"命令将打开"修改表快速样式"对话框，通过该对话框能够对创建的自定义套用格式进行重新设置。选择其中的"删除"命令可以删除该自定义的表格格式，选择"设为默认值"命令能够将该样式设置为默认的样式。

3.　自定义单元格格式

Excel 2010 提供了大量预设单元格格式供用户使用，如果用户对自己设置的某个单元格格式比较满意，可以将其保存下来以便能够在表格中重复使用。

在工作表中选择需要保存格式的单元格，单击"样式"任务组中的"单元格样式"按钮，在下拉列表中选择"新建单元格样式"命令。此时，将打开"样式"对话框，在"样式名"文本框中输入样式的名称，在"包括样式"栏中选择包括的样式，如图 4-34 所示。单击"确定"按钮，关闭对话框并保存单元格样式。

如果没有选择某个单元格区域，也可以单击"格式"按钮打开"设置单元格格式"对话框，使用对话框对数字、对齐方式和填充效果等进行设置，进而创建自定义单元格格式。

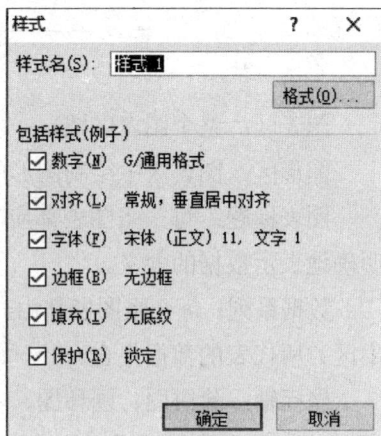

图 4-34　"样式"对话框

4.6 图表

文字与表格数据固然能够反映问题，但是一张设计良好的图表则更具有吸引力和说服力，图表简化了数据间的复杂关系，描绘了数据的变化趋势，能够使用户更清楚地了解数据所代表的意义。Excel 可绘制多种类型的图表，每一种图型中又包括多种模式，几乎能够满足用户的所有需要。

4.6.1 认识图表元素

在学习绘制图表前，有必要了解图表中各元素的名称，后面的课程中会经常提到它们，如图 4-35 所示。图表中的某些元素可由用户根据需要决定是否加上。

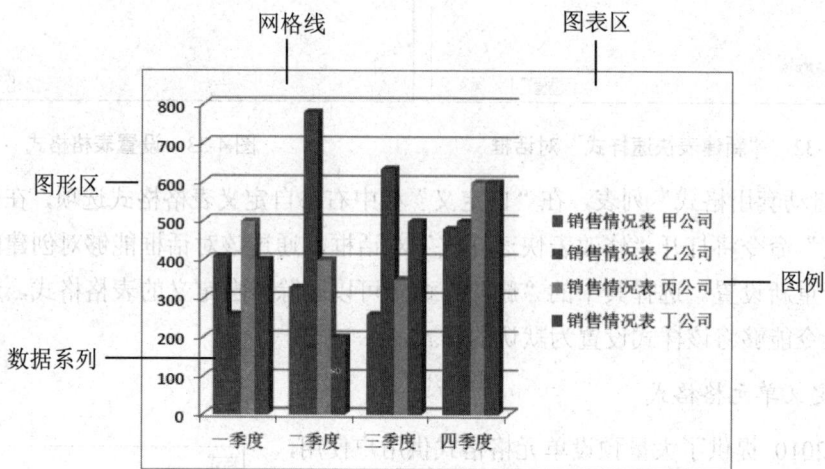

图 4-35　图表的各个元素

图表区：整个图表区域。

图形区：图表区中绘制图形的区域。

图表标题：每一张图表都应有一个标题，标题简要地说明了图表的意义。标题应简短、明确地表示数据的含义。

数据系列：每一张图表都由一个或多个数据系列组成，系列就是图形元素（如线、条形、扇区）所代表的数据集合。

坐标轴：除饼图、圆环图、雷达图不需要坐标轴外，其他类型的图表都应有坐标轴。分类 X 坐标轴表示数据系列的分类，数据 Y 坐标轴表示度量单位，每个坐标轴通常有一个标题来表示数据的类别和度量单位。

坐标轴刻度线标记：用来标记分类 X 轴。

网格线：用来标记度量单位的线条，以便于分清各数据点的数值。

图例：当图表表示多个数据系列时，可以用图例来区分各个系列。

4.6.2　建立图表

在 Excel 2010 中，用户可以利用"插入"选项卡下的"图表"任务组或"迷你图"任务组中选择需要的图表命令，如图 4-36 所示。或单击"图表"任务组中的"图表"按钮，打开"插入图表"对话框，如图 4-37 所示。

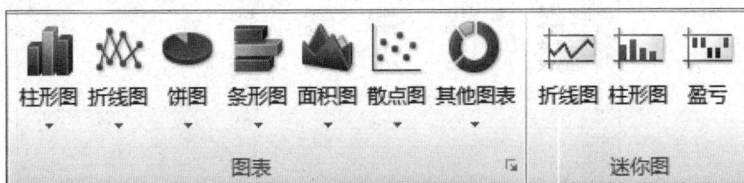

图 4-36　图表和迷你图任务组

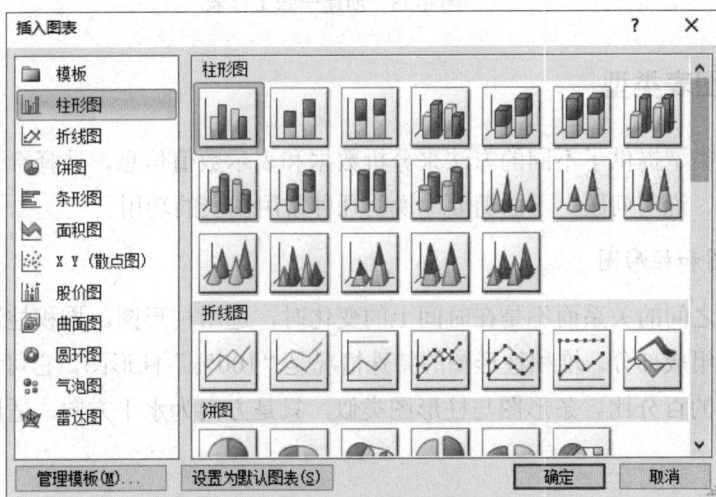

图 4-37　"插入图表"对话框

在创建图表前，必须先在工作表中为图表输入数据，然后再选择数据并使用"图表向导"逐步完成选择图表类型和其他选项的设置。

下面举一个简单的例子来说明怎样使用"图表向导"创建图表。

（1）建立如图 4-38 所示的工作表，并选择图表中要包含的数据单元格。

（2）选择"插入"选项卡下的"图表"任务组，或单击"图表"任务组右下方的快捷项弹出"插入图表"对话框。

（3）用户选择图表类型时，可选择其中的一种，单击"确定"按钮，创建如图 4-35 所示的图表。

Excel 2010 中可以建立两类图表：一类为嵌入图表，另一类为图表工作表。其中，嵌入图表是置于工作表中而非独立的图表，图表工作表是放置于工作簿的工作表中的图表，这种工作表称为图表工作表。

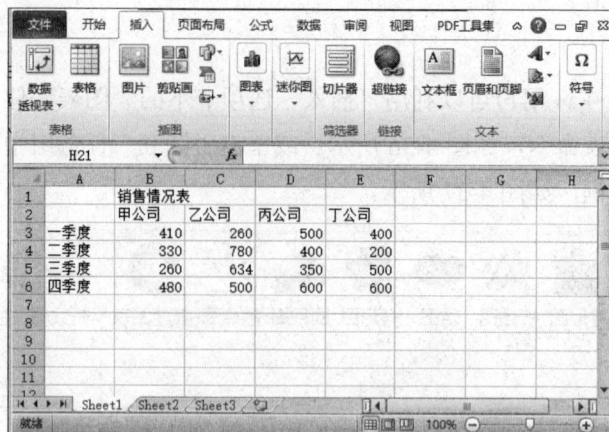

图 4-38 创建一张工作表

4.6.3 选择图表类型

每种图表类型提供了不同的方法来分析数据和表示数值信息，选择合适的图表类型，有助于分析数据、说明问题。下面简要地说明几种常用图表的功用。

1. 条形图和柱形图

比较项目之间的关系而不是在时间上的变化时，选用柱形图。堆积柱形图可清晰地显示整体中的各个组成部分。堆积柱形图的特殊情况是"100%"柱形图，它可以表示整体中各个组成部分所占的百分比。条形图与柱形图类似，只是方向为水平方向，适用于显示较长的数值坐标。

2. 折线图

折线图用于描述和比较数值数据的变化趋势，有效地表示一个或多个数据集合在时间上的变化，尤其是随时间发生的动态变化。在单个图表中，不宜使用过多的系列，应使图清晰明了。

3. 圆环图和饼图

圆环图和饼图通常用部分在整体中所占的百分比或数值来表示部分与整体的关系。每一个切片可以标记出数值或所占的百分比，当强调一个或多个切片时，可以把它们分离出来，以吸引观众的注意力。

4. XY 散点图

散点图中的点一般不连，每一点代表了两个变量的数值，是用来分析两个变量之间是否相关。

5. 面积图

面积图可以看作是折线图的一种特殊形式，它表示系列数据的总值，而不强调数据的变化情况。

当需要增强图表的视觉效果时，可以使用相应的三维图表。如三维饼图、三维折线图、三维条形图及三维柱形图。

4.6.4　图表的编辑与设置

如果已经创建好的图表不符合用户要求，可以对其进行编辑。单击图表可以看到"图表工具"选项卡，Excel 2010 将其分为设计、布局和格式三个部分。

1. 设置图表元素格式

要为选择的任意图表元素设置格式，可在"图表工具/格式"选项卡的"当前所选内容"任务组中单击"设置所选内容格式"，在弹出的对话框中选择需要的格式选项。

要为所选图表元素的形状设置格式，可在"形状样式"任务组中单击需要的样式，或者单击"形状填充""形状轮廓"或"形状效果"，然后选择需要的格式选项。

若要通过使用"艺术字"为所选图表元素中的文本设置格式，可在"艺术字样式"任务组中单击需要的样式，或者单击"文本填充""文本轮廓"或"文本效果"，然后选择需要的格式选项。

2. 调整图表的位置和大小

对于嵌入图表，可以在所在工作表上移动其位置，也可以将其移动到单独的图表工作表中。在工作表上移动图表的位置，可用鼠标指针指向要移动的图表，当鼠标指针变成十字时将图表拖到新的位置，然后释放鼠标。对于嵌入图表，还可以调整其大小。

将嵌入图表放到单独的图表工作表中的方法是：单击嵌入图表以选中该图表并显示图表工具，在"图表工具/设计"选项卡下的"位置"任务组中单击"移动图表"，如图 4-39 所示。

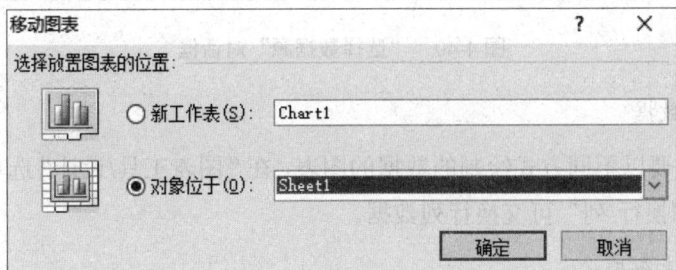

图 4-39　"移动图表"对话框

在"选择放置图表的位置"下选择"新工作表"，将图表显示在图表工作表中；选择"对象位于"将图表显示为其他工作表中的嵌入图表。

3. 更改图表类型

若图表的类型无法确切地展现工作表数据所包含的信息，就需要更改图表类型。通过"图标工具/设计"选项卡下的"类型"任务组中的"更改图表类型"命令，会弹出"更改图表类型"对话框，可更改图表样式。

4. 更改数据系列

当图表建立好以后，用户也许需要修改表格中的数据。Excel 的工作表和图表之间存在着连结关系，即当修改任何一边的数据后，另一边将随之改变，因此当修改了工作表中的数据后，不必重新绘制图表，图表会随着工作表中的数据自动调整。更改单元格中的数据点值，操作步骤如下。

（1）打开包含绘制图表所需数据的工作表。

（2）在需要更改数据的单元格中，输入新数值。

（3）按【Enter】键。

选中已经建立好的图表，单击"图标工具/设计"选项卡下的"数据"任务组中的"选择数据源"按钮可更改数据系列，如图 4-40 所示。在出现的"选择数据源"对话框中，通过"图例项"中的"添加""编辑"和"删除"按钮可更改数据系列。

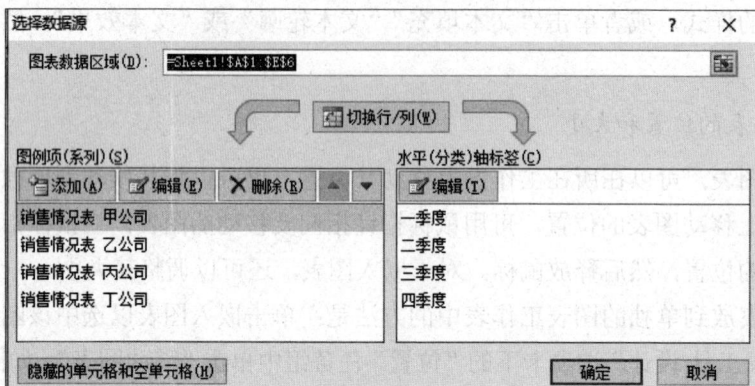

图 4-40　"选择数据源"对话框

5. 交换行列数据

单击其中包含要以不同方式绘制的数据的图表，在"图表工具/设计"选项卡下的"数据"任务组中选择"切换行/列"可交换行列数据。

6. 对图表快速布局

Excel 2010 为图表提供了几种内置布局方式，从而能快速对图表布局。要选择预定义图表布局，可单击要设置格式的图表，然后在"图表工具/设计"选项卡下的"图表布局"任务组中单击要使用的图表布局。

7. 快速设置图片样式

Excel 2010 为图表提供了几种内置样式，从而快速对图表样式进行设置。要选择预定义图表样式，可单击要设置格式的图表，然后在"图表工具/设计"选项卡下的"图表样式"任务组中单击要使用的图表样式。

8. 显示或隐藏网格线

要显示或隐藏网格线，可单击要设置格式的图表，然后在"图表工具/布局"选项卡下的"坐标轴"任务组中单击"网络线"命令按钮，选择需要的网格格式。

（1）要向图表中添加横网格线，可指向"主要横网格线"，然后单击所需的选项。如果图表有次要水平轴，还可以单击"次要网格线"。

（2）要向图表中添加纵网格线，可指向"主要纵网格线"，然后单击所需的选项。如果图表有次要垂直轴，还可以单击"次要网格线"。

（3）要将竖网格线添加到三维图表中，可指向"竖网格线"，然后单击所需选项。此选项仅在所选图表是真正的三维图表时才可用。

（4）要隐藏图表网格线，可指向"主要横网格线""主要纵网格线"或"竖网格线"，然后单击"无"。

9. 添加趋势线

趋势线就是用图形的方式显示数据的预测趋势并可用于预测分析，也称为回归分析。利用趋势线可以在图表中扩展均势线，根据实际数据预测未来数据。在"图表工具/布局"选项卡下的"分析"任务组中可以为图表添加趋势线。

10. 使用迷你图显示数据趋势

迷你图是 Excel 2010 中的一个新增功能，它是绘制在单元格中的一个微型图表，用迷你图可以直观地反映数据系列的变化趋势。与图表不同的是，当打印工作表时，单元格中的迷你图会与数据一起进行打印。

（1）创建迷你图。在 Excel 2010 中，提供了三种形式的迷你图，即"折线图""柱形图"和"盈亏图"。在图 4-37 中很难直接看出数据的变化趋势，而使用迷你图就可以非常直观地反映出每季度各公司的销售情况趋势情况。

下面举一个简单的例子来说明怎样创建迷你图。

①选择 B4:E4 区域，在"插入"选项卡下的"迷你图"任务组中单击"折线图"按钮。

②弹出"创建迷你图"对话框，在"数据范围"右侧的文本框中输入数据所在的区域 B4:E4，也可以单击右侧的按钮用鼠标对数据区域进行选择。

③选择迷你图存放的位置，鼠标单击选择 F4 单元格，单击"确定"按钮，此时在 F4 单元格中创建一组折线迷你图。用手动填充柄的方法将迷你图填充到其他单元格，就像填充公式一样，如图 4-41 所示。

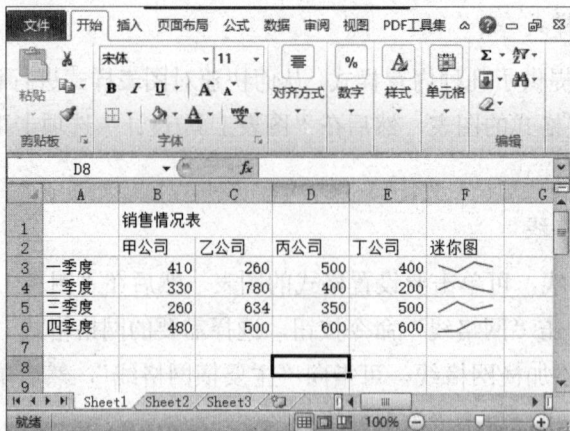

图 4-41　"迷你图"

（2）编辑迷你图。当点选了有迷你图的表格后将会出现"迷你图工具"功能区，如图 4-42 所示。

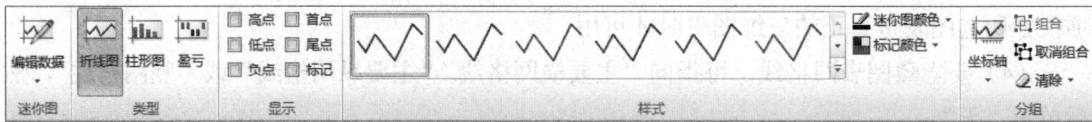

图 4-42　"迷你图工具"功能区

其中：

编辑数据：修改迷你图图组的源数据区域或单个迷你图的源数据区域。

类型：更改迷你图的类型为折线图、柱形图、盈亏图。

显示：在迷你图中标识什么样的特殊数据。

样式：使迷你图直接应用预定义格式的图表样式。

迷你图颜色：修改迷你图折线或柱形的颜色。

编辑颜色：迷你图中特殊数据着重显示的颜色。

坐标轴：迷你图坐标范围控制。

组合及取消组合：由于创建本例迷你图时"位置范围"选择了单元格区域，四个单元格内的迷你图为一组迷你图，所以可通过使用此功能进行组的拆分或将多个不同组的迷你图组合为一组。

4.7　打印工作表

当建立好一份工作表之后，一般需要打印出来。Excel 提供了丰富的选项，以满足不同的需要。另外，还提供了打印预览功能，能够在实际打印出来之前，预先观察到打印的效果。Excel 会按照原来的缺省设置或在"页面设置"对话框中指定设置打印。但是通常需要选取打印范围，并设置某些选项。

4.7.1　设置打印区域

（1）选定欲打印的单元格范围。

（2）在"页面布局"选项卡下的"页面设置"任务组中的"打印区域"，然后单击"设置打印区域"命令。被选定的单元格范围四周会出现虚线边框，并且 Excel 会将选定的打印区域命名为"Print_Area"。如果取消已设置好的打印区域，那么选取"取消打印区域"命令。

4.7.2　页面设置

设置好打印区域后，为了使打印出的页面美观，符合要求，用户可以对纸张的大小和方向进行设置。同时也可以对打印文字与纸张边框之间的距离，即页边距进行设置。

打开需要打印的工作表，在"页面布局"选项卡下的"页面设置"任务组中单击页面设置按钮，打开"页码设置"对话框，在对话框的"页面"选项卡中对页面大小和纸张方向进行设置。各选项卡中的设置分述如下。

1．设置页面

选取"页面设置"对话框中的"页面"选项卡，如图 4-43 所示。

（1）打印方向：可以选择"纵向"或"横向"。如果要打印的列数多于行数最好选择"横向"。

（2）缩放。

缩放比例：要对打印的工作表进行缩放，选中本项，并在编辑栏输入缩放的百分比。

调整为：要在打印时缩小工作表或选定区域，以便适合选定的页码数，可选择本项，然后在"页宽""页高"编辑框输入相应的数值。

（3）纸张大小：选择打印所用的纸张。

（4）打印质量：选定打印的质量指标——每英寸输出的点数（DPI），点数愈大，质量愈好。

（5）起始页码：要使起始面码为 1，或紧接前一个数开始，可输入"自动"。要指定起始页码，可输入相应的数值。

2．设置页边距

选取"页面设置"对话框中的"页边距"选项卡，如图 4-44 所示。在此选项卡中，可以设置页边距、页眉页脚至页边的距离及居中方式，并在"打印预览"框中立即看到指定选项后的文档外观。

在"上""下""左""右"编辑框分别输入数值指定数据与打印线各边的距离。

在"页眉""页脚"编辑框中输入相应的数值，指定页眉与页顶或页脚与页底的距离，该距离应小于页边距设置，以免页眉或页脚与数据重叠。

要使数据在页面是居中显示，可选择"垂直居中"或"水平居中"，也可两者都选。

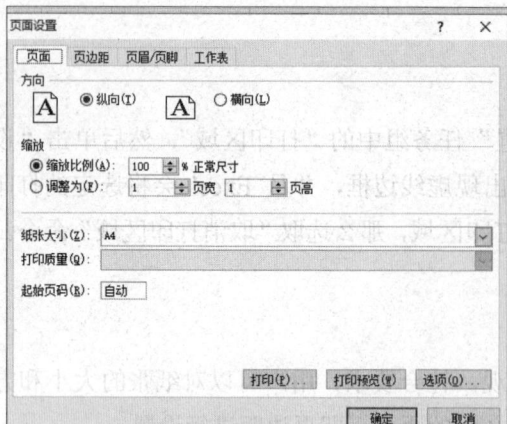

图 4-43 页面设置中的页面设置   图 4-44 页面设置中的页边距设置

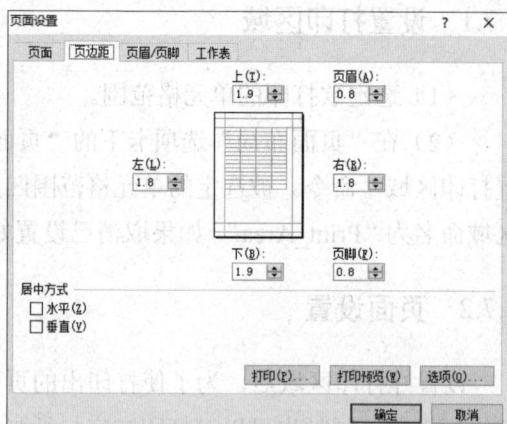

3. 设置页眉和页脚

选取"页面设置"对话框中的"页眉/页脚"选项卡，如图 4-45 所示，给打印的页面增加页眉和页脚。页眉默认为工作表的名称，页脚缺省为"第 X 页"，也可以从预定义的页眉、页脚中选取一个，或建立自己定义的页眉和页脚。

单击"自定义页脚"按钮，产生"页脚"对话框，中间部分的&[标签名]是工作表名称的代码。可以单击其他按钮分别在"左""右"两个框中加入其他代码，最后单击"确定"按钮。这些按钮从左到右分别为：

字体按钮：产生字体对话框，可以设置字体、字形、大小等。

页码按钮：输入页码代码。

总页码按钮：输入总页码代码。

日期按钮：输入当天日期。

时间按钮：输入当时时间。

文件名按钮：输入文件名。

工作表按钮：输入当前的工作表名。

单击"自定义页眉"按钮，产生"页眉"对话框，其设置方法与设置页脚的方法相同。

设置好以上各个选项卡后，可以单击"确定"按钮，退出页面设置。或单击"打印"按钮产生"打印"对话框，或单击"打印预览"按钮进入打印预览屏幕。

4. 设置工作表

在"页面设置"对话框中，点取"工作表"选项卡，如图 4-46 所示。

（1）打印区域。如果已经设置好了打印区域，那么打印区域的单元格范围会显示在右边编辑框中。否则可以单击折叠按钮，然后拖动鼠标，在工作表中选取需要打印的区域。或在编辑框中直接输入。

（2）打印标题。要在选定工作表的各页中打印相同的行列标题，可在"打印标题"选项下选择相应的选项。然后在该工作表上，选择作为标题的行或列。也可直接输入单元格引用或名称。

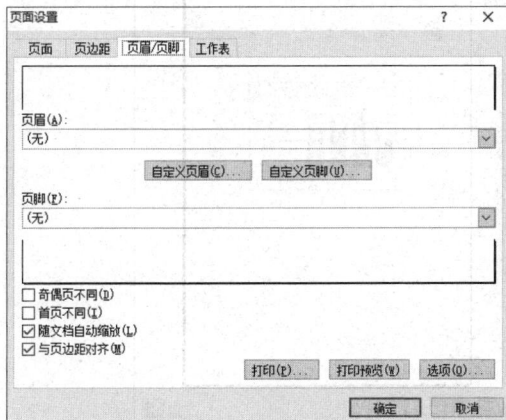

图 4-45　页面设置中的页眉/页脚设置

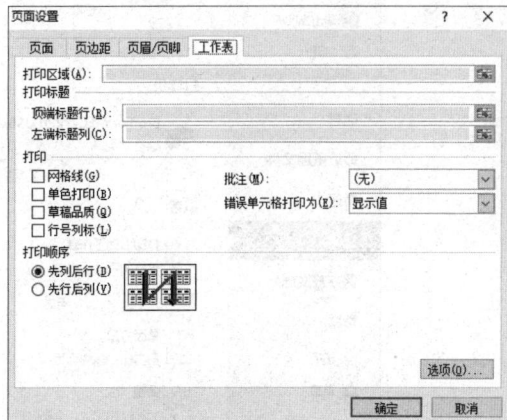

图 4-46　页面设置中的工作表设置

（3）打印。网格线：是否在工作表上打印垂直和水平的单元格网格线。

附注：要打印活动工作表的单元格附注，选择此项。

草稿：以"草稿"方式打印时，Excel 不打印网格线和大部分图形。这样可减少打印时间。

单元格单色打印：要在黑白打印彩色数据时，可选择本选项。若使用的是彩色打印机，选择本选项可减少打印时间。

行号列标：要以 A1 引用样式或 R1C1 引用样式打印行号和列标，可选中本项。

（4）打印顺序。

先列后行：当数据范围超出一页时，下一页对上一页下面的数据进行编号打印，然后移到右边向下打印。

先行后列：当数据范围超出一页时，下一页对上一页右面的数据进行编号打印，然后移到下边向右打印。

4.7.3　打印预览

在实际打印出页面之前，希望能够预先看一看打印出来的效果，对不合适的地方及时进行修改，这样可以节省时间和成本。通过单击"文件"标签，在选项卡中单击"打印"选项，此时在文档窗口中将显示所有与打印有关的命令选项，在最右侧的窗格中将能够预览打印效果，使用【Ctrl+P】快捷键也可打开打印选项。拖动"显示比例"滚动条上的滑块能够调整文档的显示大小，单击"下一页"按钮和"上一页"按钮，将能够进行预览的翻页操作，如图4-47 所示。

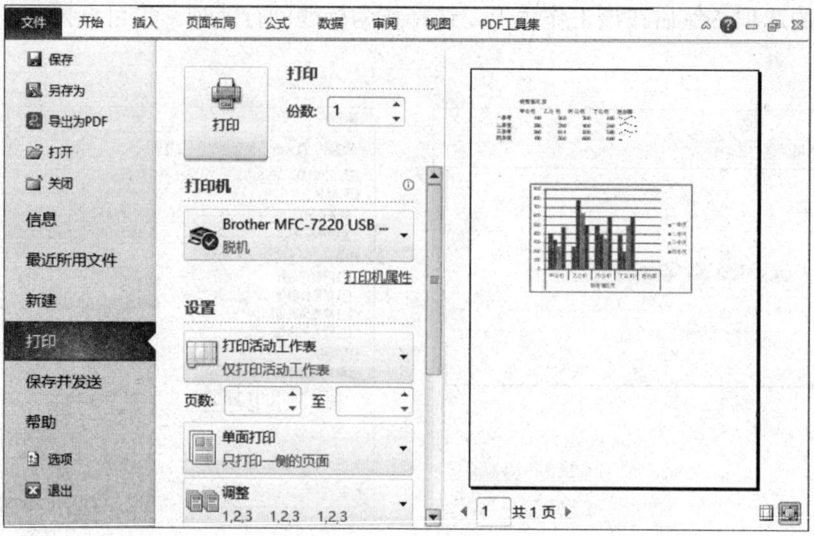

图 4-47　"打印"选项

4.8　数据管理与分析

Excel 2010 是专业的数据处理软件,其除了能够方便地创建各种类型的表格和进行各种类型的计算之外,还具有对数据进行分析处理的能力。用户通过对数据进行分析,可以对工作进行安排和规划。

4.8.1　数据的排序

可以根据一列或几列中的数值对数据清单排序。同样,如果数据清单是按列建立的,也可以按照某行中的数值对列排序。排序时,Excel 将利用列或指定的排序次序重新设定行、列和各单元格。

1.　单列排序

选择单元格区域中的列字母、数值、日期或时间数据,或者确保活动单元格在包含这些数据的表格列中。在"数据"选项卡下的"排序和筛选"任务组中单击"升序"按钮,将进行升序排序,单击"降序"按钮将进行降序排序,如图 4-48 所示。

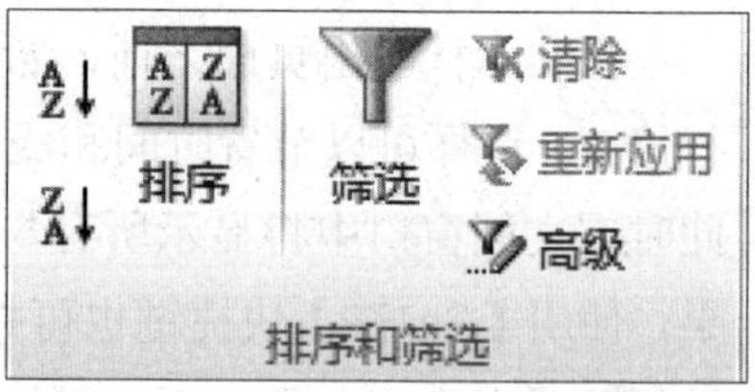

图 4-48　"排序和筛选"任务组

2.　多列排序

在进行单列排序时,是使用工作表中的某列作为排序条件,如果该列中具有相同的数据,此时就需要使用多列排序进行操作。单击"排序"按钮将打开"排序"对话框,如图 4-49 所示。根据排序要求选择相应的"主要关键字",单击"添加条件",可添加"次要关键字",如果还有排序条件可以继续添加。

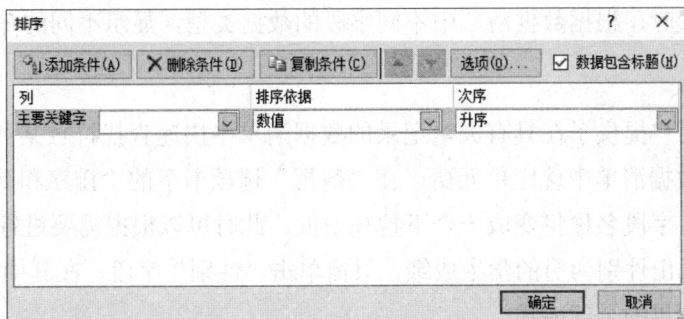

图 4-49 "排序"对话框

默认情况下,如果按照升序排列,Excel 2010 按下面规则进行排序。数字将按照从最小的负数到最大的正数的顺序排列;日期将按照从早到晚的顺序排列;对于逻辑值,False 排在 True 的前面,空的单元格排在所有非空单元格的后面,错误值的排序优先级相同。

3. 自定义序列排序

选择单元格区域中的一列数据,打开"排序"对话框时,在"次序"下选择"自定义序列"。在"自定义序列"对话框中,选择所需的序列。在输入序列中用户可根据需要按顺序输入相关数据,单击"添加"按钮创建自定义序列,如图 4-50 所示。

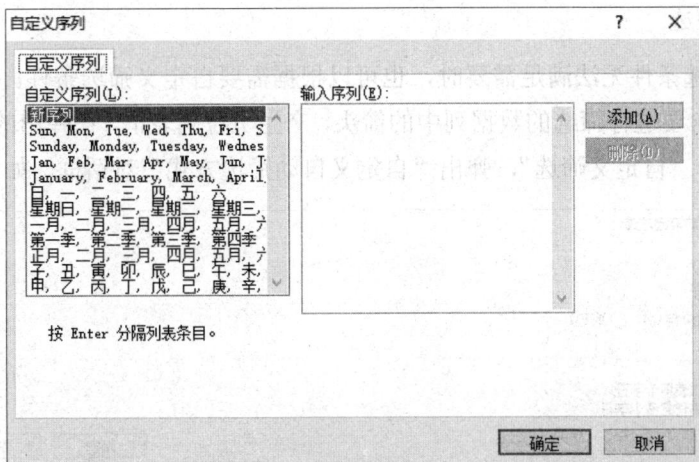

图 4-50 "自定义序列"对话框

4.8.2 数据筛选

使用记录单查询记录,一次只能显示一个记录,而且在每列中只能设置一个条件。而数据筛选功能可以在清单中集中显示所有符合条件的记录(数据行),不符合条件的记录被隐藏起来。同时还可以在每列中指定两个以上的条件。

筛选有三种方法，分别为自动筛选、自定义筛选和高级筛选，高级筛选适用于条件比较复杂的筛选。筛选时，根据数据清单中不同字段的数据类型，显示不同的筛选选项。

1. 自动筛选

自动筛选为用户提供了在具有大量记录的数据清单中快速查找符合某种条件记录的功能。在要进行筛选的数据清单中选定单元格，在“数据”选项卡下的“排序和筛选”任务组中单击“筛选”按钮，字段名称将变成一个下拉列表框，此时可以根据需要进行筛选，如图 4-51 所示。如果要筛选出性别为男的学生成绩，只需单击“性别”字段，在其中勾选“男”，即可自动筛选出性别为男的全部成绩。

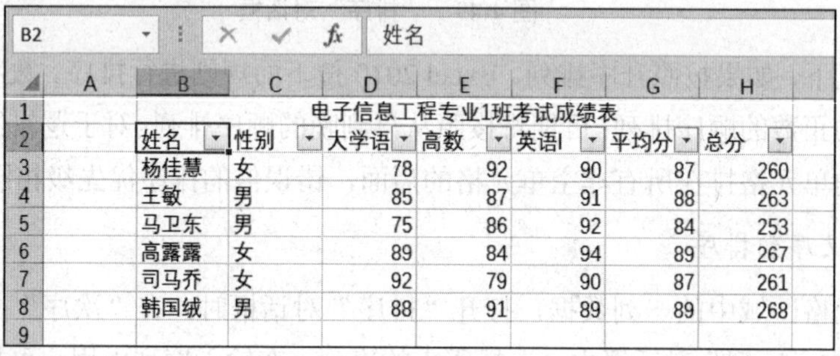
B2 姓名

	A	B	C	D	E	F	G	H
1		电子信息工程专业1班考试成绩表						
2		姓名	性别	大学语	高数	英语I	平均分	总分
3		杨佳慧	女	78	92	90	87	260
4		王敏	男	85	87	91	88	263
5		马卫东	男	75	86	92	84	253
6		高露露	女	89	84	94	89	267
7		司马乔	女	92	79	90	87	261
8		韩国绒	男	88	91	89	89	268
9								

图 4-51 自动筛选

2. 自定义筛选

当自带的筛选条件无法满足需要时，也可以根据需要自定义筛选条件。在创建自动筛选基础上，单击包含要进行筛选的数据列中的箭头，产生下拉列表框，在弹出的菜单中选择“数字筛选”，再选择“自定义筛选”，弹出“自定义自动筛选方式”对话框，如图 4-52 所示。

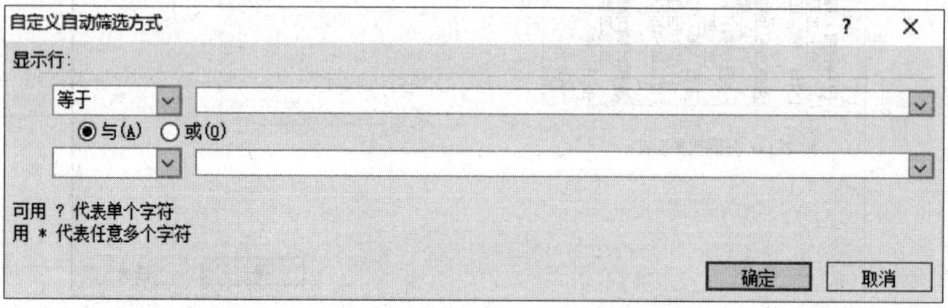

图 4-52 “自定义自动筛选方式”对话框

在“自定义自动筛选方式”对话框中，使用同一数据列的一个或两个比较条件来筛选数据清单。要匹配某一个条件，可单击第一个运算项框旁边的箭头，然后选择所要使用的比较运算符。要匹配两个条件，可单击“与”或“或”选项按钮。在第二个比较运算项和列标题框中，选择所需的运算项和数值。若要取消列中的筛选操作，可再次单击“数据”选项卡下的“排序和筛选”任务组中单击“筛选”按钮。

3. 高级筛选

在进行工作表筛选时，如果需要筛选的字段比较多，且筛选的条件比较复杂，那么使用自动筛选操作将比较麻烦，此时可以使用高级筛选来完成符合条件的筛选操作。进行高级筛选时，首先要指定一个单元格区域放置筛选条件，然后以该区域中的条件来进行筛选。如图 4-53 所示，筛选出大学语文>80 且英语 I 大于 90 的记录行。

（1）在数据清单的上端插入几个空行。

（2）在某一空白行中，输入或复制要用来筛选数据清单的条件标题（字段名称），这些应该与要筛选的列的标题一致。

（3）在条件标题下面的行中，输入要匹配的条件。在条件值与数据清单之间至少要留一个空白行，如图 4-53 所示。

（4）单击数据清单中的单元格。

（5）单击"排序和筛选"任务组中的"高级"按钮。

（6）在弹出的"高级筛选"对话框中，设置"列表区域"及"条件区域"，如图 4-54 所示。在"条件区域"框中，指定条件区域，包括条件标题，然后单击"确定"按钮。

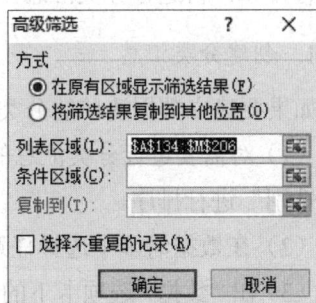

图 4-53　建立约束条件　　　　图 4-54　"高级筛选"对话框

"高级筛选"条件示例：要对于不同的列指定多重条件，可在条件区域的同一行中输入所有的条件。例如，条件区域：

大学语文	英语 I
>80	>90

将显示所有满足下述条件的记录行，大学语文大于 80 且英语 I 大于 90。

要对不同的列指定一系列不同的条件，可在不同行中输入条件。例如，条件区域：

大学语文	英语 I
>80	
	>90

将显示所有满足下述条件的记录行，这些记录中，大学语文大于 80 或者英语 I 大于 90。

（7）返回工作表后可见只是显示了按照条件筛选后的结果，如图 4-55 所示。

图 4-55　筛选结果

4.8.3　数据汇总

在用户对工作表中的数据进行处理时经常要对某些数据进行求和、求平均值等运算。Excel
提供了对数据清单进行分类汇总的方法，能够很方便地按用户指定的要求进行汇总，并且可
以对分类汇总后不同类别的明细数据进行分级显示。分类汇总的前提是先要将数据按分类字
段进行排序，再进行分类汇总，否则汇总后的信息无意义。

1. 创建分类汇总

如果要建立数据清单的分类汇总，可以按照下列步骤进行。

（1）对需要进行分类汇总的字段进行排序，例如：本例中
按"性别"进行排序。

（2）在数据清单中选择任意单元格。

（3）在"数据"选项卡下的"分组显示"任务组中单击"分
类汇总"按钮，出现如图 4-56 所示的"分类汇总"对话框。

（4）在"分类字段"列表框中，选择要进行分类汇总的数
据组的数据列，选择的数据列要与步骤一中的排序的列相同。

（5）在"汇总方式"列表框中选择进行分类汇总的函数。

（6）在"选定汇总项"列表框中，指定要分类汇总的列。

图 4-56　"分类汇总"对话框

数据列中的分类汇总是以"分类字段"框中所选择列的不同项为基础的。

（7）要用新的分类汇总替换数据清单中已存在的所有分类汇总，请选中"替换当前分类
汇总"复选框。要在每组分类汇总数据之后自动插入分页符，请选中"每组数据分页"复选
框。要在明细数据下面插入分类汇总行和总汇总行，请选中"汇总结果显示在数据下方"复
选框。

（8）设置完毕后，单击"确定"按钮。图 4-57 就是分类汇总的结果。

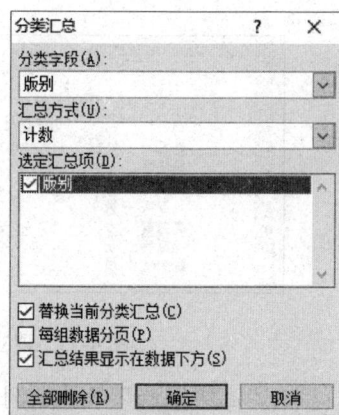

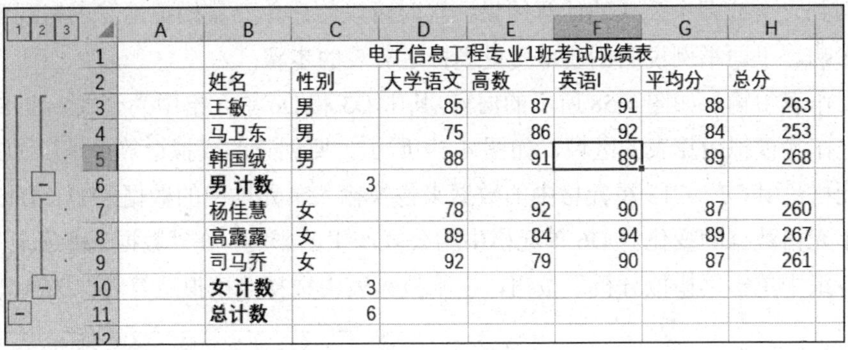

1 2 3		A	B	C	D	E	F	G	H
	1		电子信息工程专业1班考试成绩表						
	2		姓名	性别	大学语文	高数	英语I	平均分	总分
	3		王敏	男	85	87	91	88	263
	4		马卫东	男	75	86	92	84	253
	5		韩国绒	男	88	91	89	89	268
	6		男 计数	3					
	7		杨佳慧	女	78	92	90	87	260
	8		高露露	女	89	84	94	89	267
	9		司马乔	女	92	79	90	87	261
	10		女 计数	3					
	11		总计数	6					
	12								

图 4-57　分类汇总结果

2. 分级显示

要想在前面的分类汇总的基础之上再次进行分类汇总，选中数据区域中的任意单元格，单击"数据"选项卡下的"分级显示"任务组中的"分类汇总"按钮，在"分类汇总"对话框中勾选需要汇总的项。

在图 4-55 中可以看到，对数据清单进行分类汇总后，在行标题的左侧出现了分级显示符号，主要用于显示或隐藏某些明细数据。

为了显示总和与列标志，请单击行级符号 1；为了显示分类汇总与总和时，请单击行级符号 2。在本例中，单击行级符号 3，会显示所有的明细数据。

单击"隐藏明细数据"按钮"-"，表示将当前级的下一级明细数据隐藏起来；单击"显示明细数据"按钮"+"，表示将当前级的下一级明细数据显示出来。

3. 删除分类汇总

如果用户在进行"分类汇总"操作后，觉得不需要进行分类汇总，可以选中数据区域中的任意单元格，单击"数据"选项卡下的"分级显示"任务组中的"分类汇总"按钮，在"分类汇总"对话框中的左下角单击"全部删除"按钮，然后单击"确定"按钮。

4.8.4　数据分析

Excel 2010 具有十分强大的数据分析功能，它能提供很多工具帮助用户分析工作表中的数据。例如用户可以使用模拟运算表来分析公式中某些数值的变化对计算结果的影响，还可以使用单变量求解或规划求解来对数据进行分析处理计算，从而得出合理的结果。

1. 使用模拟运算表分析数据

模拟运算表作为工作表中的一个单元格区域，可以显示公式中某些数值的变化对计算结果的影响。模拟运算表为同时求解某一运算过程中所有可能变化值的组合提供了捷径，并且它还可以将不同的计算结果同时显示在工作表中，便于查找和比较。

（1）创建单变量模拟运算表。如果在工作表中有多个输入单元格，这些单元格中数值的变化将影响到一个或多个公式的计算结果，这时可以创建单变量模拟运算表来观察计算结果所受到的影响。下面举例说明创建单变量模拟运算表的步骤：

①在工作表中输入如图 4-58 所示的内容，其中 D3 和 D6 单元格中为公式"=$D$1*$D$2"。

②选定作为模拟运算表的区域，如图 4-59 所示。要创建的模拟运算表是以 D2 单元格作为输入单元格，用 C7：C13 单元格中的数据来替换输入单元格中的数据，D7：D13 单元格中显示输入单元格数据的变化对 D6 单元格中的公式产生的影响，在"数据"选项卡下的"数据工具"任务组中单击"模拟分析"按钮，在下拉列表中选择"模拟运算表"选项。

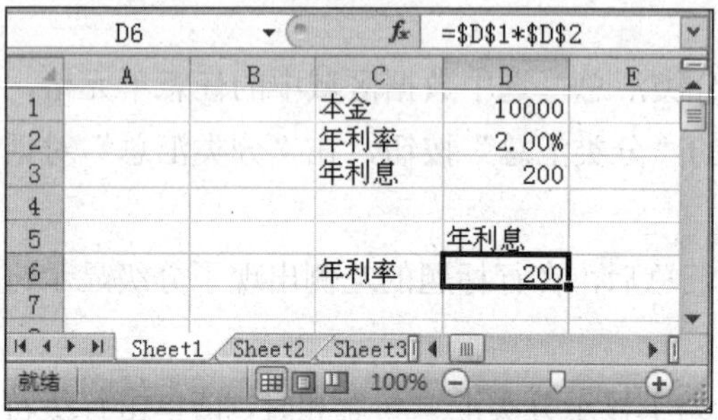

图 4-58　用于创建模拟运算表的数据

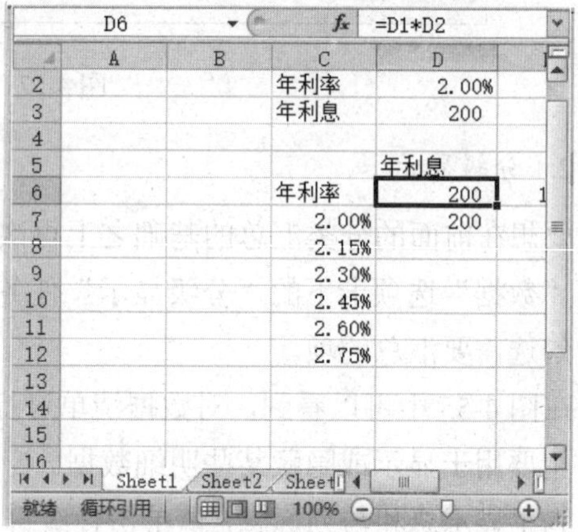

图 4-59　选定模拟运算表的单元格区域

③因为这里是用一列数据替换输入单元格中的数据，所以单击"输入引用列的单元格"文本框，然后在工作表上单击输入单元格 D2，如图 4-60 所示。

④单击"确定"按钮，建立的模拟运算表如图 4-61 所示。

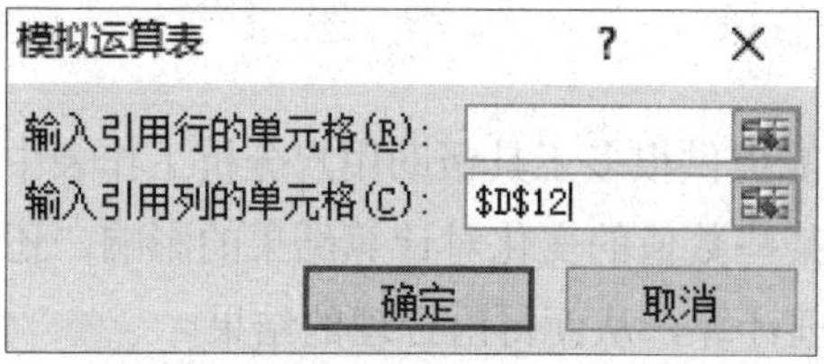

图 4-60　"模拟运算表"对话框

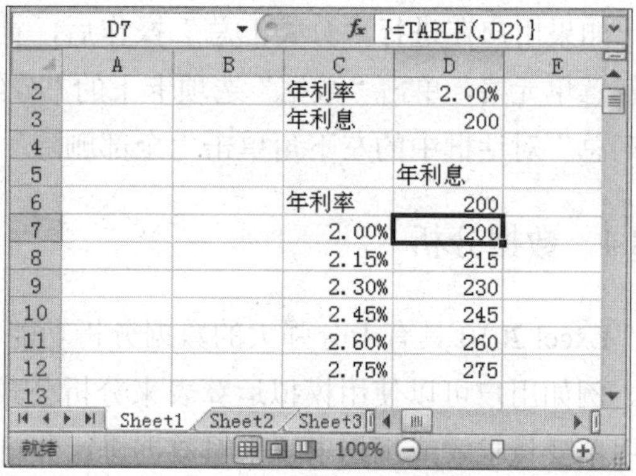

图 4-61　建立的模拟运算表

（2）创建双变量模拟运算表。上面创建了单变量模拟运算表，这个表中本金是 10 000 元。通过模拟运算表可以看出单个变量（即年利率）对计算结果（即年利息）的影响。如果希望观察本金和年利率同时对计算结果的影响，可以创建双变量模拟运算表。下面举例说明创建双变量模拟运算表的步骤：

①在工作表中输入如图 4-62 所示的内容，其中 D6 单元格中显示计算结果（年利息）它的公式是"=$D$1*$D$2"。

图 4-62　用于创建双变量模拟运算表的数据

②选定作为模拟运算表的区域。在"数据"选项卡下的"数据工具"任务组中单击"模拟分析"按钮，在下拉列表中选择"模拟运算表"选项。

③因为这里用一行数据代替输入单元格 D1（本金），用一列数据代替输入单元格 D2（年利率），所以在"输入引用行的单元格"文本框中输入单元格引用$D$1，在"输入引用列的单元格"文本框中输入单元格引用$D$2，如图 4-63 所示。

④单击"确定"按钮，创建的双变量模拟运算表如图 4-64 所示。

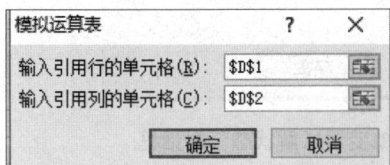

图 4-63　输入单元格的引用

图 4-64　创建的双变量模拟运算表

（3）清除模拟运算表的计算结果和清除整个模拟运算表。若要清除模拟运算表的计算结果，必须选定模拟运算表的所有计算结果，然后执行清除操作。如果只清除个别计算结果，Excel 会给出错误提示。如果只想清除计算结果而不想清除整个模拟运算表，应确认选定的清除区域中不包括输入了公式的单元格。如果要清除整个模拟运算表，请选定包括所有公式、输入数值、计算结果、格式以及批注等在内的单元格，然后按【Delete】键就可以清除整个模拟运算表。

2. 变量求解

单变量求解就是数学上的求解一元方程，它通过调整可变单元格中的数值按照给定的公式来满足目标单元格中的目标值。利用单变量求解有助于解决一些实际工作中遇到的问题。例如一本书的单价是 30 元，现在买书花了 4 500 元，一共买了多少本？利用单变量求解可以得出这个问题的答案。下面举例说明单变量求解的步骤：

（1）在工作表中输入如图 4-65 所示的内容，其中 B3 单元格中的公式是"=$B$1*$B$2"。

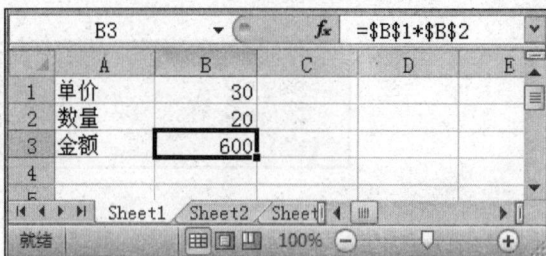

图 4-65　需要进行单变量求解的工作表

（2）在"数据"选项卡下的"数据工具"任务组中单击"模拟分析"按钮，在下拉列表中选择"单变量求解"选项，弹出"单变量求解"对话框。

（3）在"目标单元格"文本框中输入 B3，在"目标值"文本框中输入 4 500，在"可变单元格"文本框中输入$B$2，如图 4-66 所示。

（4）单击"确定"按钮，求解结果如图 4-67 所示。

（5）单击"单变量求解状态"对话框中的"确定"按钮，在工作表中可看到求解的结果。

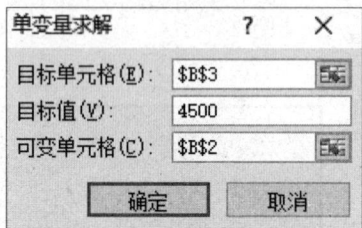

图 4-66　"单变量求解"对话框

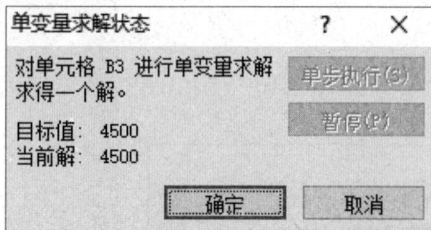

图 4-67　"单变量求解状态"对话框

4.9　数据透视表及数据透视图

数据透视表和数据透视图是 Excel 2010 提供的一种简单、形象、实用的数据分析工具，使用它可以生动、全面地对数据清单重新组织和统计数据。

4.9.1　数据透视表

数据透视表实际上是一种交互式表格，能够方便地对大量数据进行快速汇总，并建立交叉列表。使用数据透视表，不仅能够通过转换行和列显示源数据的不同汇总结果，也能显示不同页面以筛选数据，同时还能根据用户的需要显示区域中的细节数据。

1. 创建数据透视表

在 Excel 2010 工作表中，创建数据透视表的步骤大致分为两步，第一步是选择数据来源，第二步是设置数据透视表的布局。

打开要创建数据透视表的工作表，在工作表中单击选择需要放置数据透视表的单元格，如图 4-68 所示。

图 4-68 进行数据透视表操作的工作表

在"插入"选项卡下的"表"任务组中单击"数据透视表"按钮，在下拉列表中选择"数据透视表"选项。在打开的"创建数据透视表"对话框中，选中"选择一个表或区域"单选按钮，在"表/区域"文本框中输入数据所在单元格区域地址；选中"现有工作表"单选按钮，在"位置"文本框中输入数据存放数据透视表的位置，完成设置后单击"确定"按钮关闭对话框。

此时，Excel 2010 将自动打开"数据透视表字段列表"窗格，在"选择添加到报表的字段列表"中勾选相应的项，如图 4-69 所示。

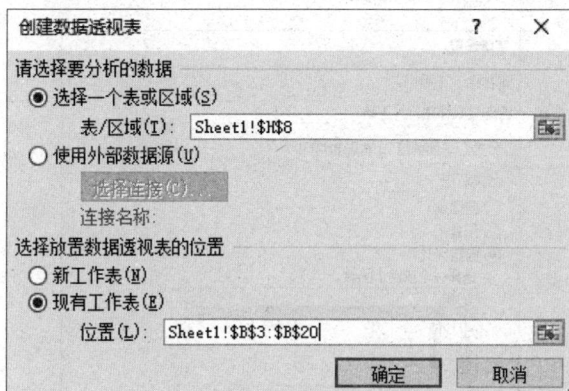

图 4-69 "创建数据透视表"对话框

在"数据透视表字段列表"窗格中，勾选字段复选框的顺序与数据透视表的显示效果有关，默认情况下，当向数据透视表中添加多个文本字段时，会以首先选中的字段作为汇总字段。在"在以下区域间拖动字段"中单击字段，将弹出如图 4-70 所示窗格。在该窗格中可对该字段进行设置。

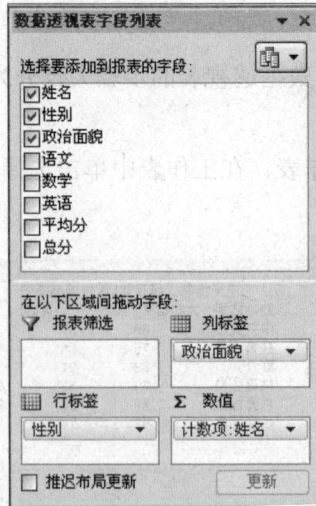

图 4-70　"数据透视表字段列表"对话框

2. 设置数据透视表选项

默认情况下，数据透视表中的字段是以求和作为汇总方式的，如果要修改字段的汇总方式，一般有三种方法。用户可以在数据透视表中直接进行修改，也可以在"数据透视表字段列表"窗格中进行设置，还可以在"数据透视表工具/选项"选项卡中进行设置。单击"活动字段"任务组中的"字段设置"按钮，将打开"字段设置"对话框，此时可修改值汇总方式及值显示方式，如图 4-71 所示。在"数据透视表字段列表"窗格的"数值"区域中单击需修改的字段，也可打开"字段设置"对话框。

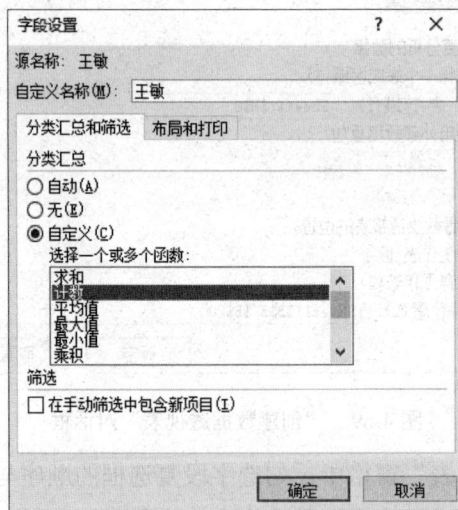

图 4-71　"字段设置"对话框

设置数据透视表选项后，创建如图 4-72 所示的数据透视表。

图 4-72　数据透视表

4.9.2　数据透视图

数据透视图以图形的形式表示数据透视表中的数据，如同在数据透视表中那样，可以更改数据透视图的布局和数据。数据透视图通常有一个使用相应布局的相关联的数据，数据透视图和数据透视表中的字段相互对应，如果更改了某一报表的某个字段位置，则另一报表中的相应字段位置也会改变。

创建数据透视图首先选择单元格区域中的一个单元格并确保单元格区域具有列标题，或者将插入点放在一个 Excel 表格中，再单击"插入"选项卡下的"表"任务组中"数据透视表"按钮，在下拉列表中选择"数据透视图"选项。

与标准图表一样，数据透视图也具有系列、分类、数据标签和坐标轴等元素。除此之外，数据透视图还有一些与数据透视表对应的特殊元素。由于数据透视图与数据透视表的操作基本一致，这里不做详细介绍，如图 4-73 所示，为"电子信息工程专业 1 班考试成绩表" 创建的统计不同政治面貌的男女生人数数据透视图。

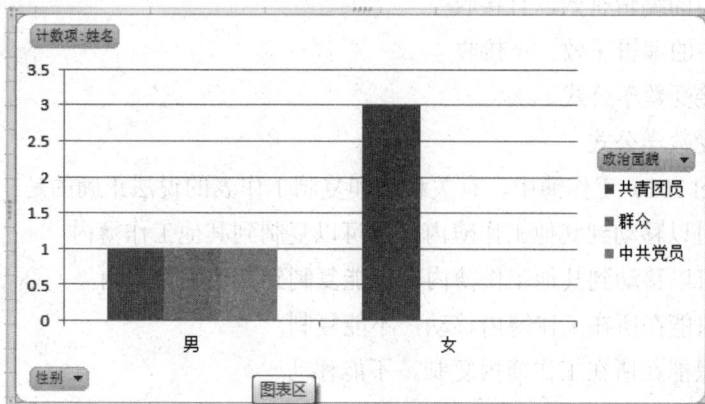

图 4-73　数据透视图

【本章习题】

一、单项选择题

1. 新建工作簿默认包含_____个工作表。

A. 256 　　　　B. 1 　　　　C. 2 　　　　D. 3

2. 在 Excel，一张工作表最多可有_____。

A. 26 列 　　　　B. 256 列 　　　　C. 65 536 列 　　　　D. 16 384 列

3. Excel 2010 工作簿文件的缺省类型是_____。

A. .txt 　　　　B. .wks 　　　　C. .xlsx 　　　　D. .docx

4. 下列_____是 Excel 2010 的基本存储单位。

A. 幻灯片 　　　　B. 单元格 　　　　C. 工作表 　　　　D. 工作簿

5. 在 Excel 2010 中，第 7 行第 5 列的单元格表示为_____。

A. F7 　　　　B. E7 　　　　C. R7C5 　　　　D. R5C7

6. 在 Excel 2010 中，下列_____是 C7，E7，D6:D8 所表示的单元格。

A. D7 　　　　B. D6 　　　　C. C7 　　　　D. C7, D7, E7, D6, D8

7. 在 Excel 2010 工作表中，每个单元格都有唯一的编号叫地址，地址的使用方法是_____。

A. 字母+数字 　　　　B. 列标+行号 　　　　C. 数字+字母 　　　　D. 行号+列标

8. 在 Excel 2010 中，当给某一个单元格设置了数字格式，则关于该单元格错误的是_____。

A. 不改变其中的数据，只改变显示形式 　　　　B. 只能输入数字

C. 可以输入数字也可以输入字符 　　　　D. 把输入的数据格式改变了

9. Excel 2010 工作表可以进行智能填充时，鼠标的形状为_____。

A. 空心粗十字 　　　　B. 向左上方箭头 　　　　C. 向右上方箭头 　　　　D. 实心细十字

10. Excel 2010 编辑栏中的"="表示_____。

A. 公式栏中的编辑有效，且接收

B. 公式栏中的编辑无效，不接收

C. 不允许接受数学公式

D. 允许接受数学公式

11. 在 Excel 2010 工作簿中，有关移动和复制工作表的说法正确的是_____。

A. 工作表可以移动到其他工作簿内，也可以复制到其他工作簿内

B. 工作表可以移动到其他工作簿内，不能复制到其他工作簿内

C. 工作表只能在所在工作簿内移动，不能复制

D. 工作表只能在所在工作簿内复制，不能移动

12. 在 Excel 2010 中，选择一活动单元格，输入一个数字，按【Ctrl】键，向_____方向拖动填充柄，所拖过的单元格被填入的是按步长值为 1 的递增等差数列。

A. 下　　　　　B. 左　　　　　C. 上　　　　　D. 以上答案均对

13. 在 Excel 2010 中，编辑栏中的名称框显示的是_____。

A. 单元格的地址　　　　　　　　B. 当前单元格的地址

C. 当前单元格的内容　　　　　　D. 单元格的内容

14. 在 Excel 2010 中，单击鼠标右键弹出的快捷菜单中所包含的命令是_____。

A. 任意　　　　　　　　　　　　B. 最常用的鼠标对象号

C. 随鼠标指针位置的变化决定　　D. 固定的几个

15. 在 Excel 2010 工作表中，单元格区域 B2:C6 所包含的单元格个数是_____。

A. 5　　　　　B. 6　　　　　C. 7　　　　　D. 8

16. 在 Excel 2010 中，设置单元格区域的数字格式可通过_____进行。

A. "数据"选项卡　　　　　　　　B. "视图"选项卡

C. "开始"选项卡　　　　　　　　D. "常用"工具栏

17. 在 Excel 2010 中，填充单元格区域中的底纹可通过_____进行。

A. "页面布局"选项卡　　　　　　B. "文件"选项卡

C. "插入"选项卡　　　　　　　　D. "开始"选项卡

18. 在 Excel 2010 中，添加单元格区域的边框线可通过_____进行。

A. "插入"选项卡　　　　　　　　B. "编辑"选项卡

C. "数据"选项卡　　　　　　　　D. "开始"选项卡

19. 在 Excel 2010 中，若填入一列等差数列（单元格内容为常数），使用的方法是_____。

A. 使用填充柄　　　　　　　　　B. 使用"数据"选项卡命令

C. 使用"插入"选项卡命令　　　　D. 使用"格式"选项卡命令

20. 在 Excel 2010 中，调整单元格区域中的文本对齐方式可通过_____进行。

A. "数据"选项卡中的"对齐方式"　B. "开始"选项卡中的"对齐方式"

C. "编辑"选项卡中的"对齐方式"　D. "常用"工具栏

21. 在 Excel 2010 中，使用填充柄不可在单元格区域中填充_____。

A. 相同数据　　　　　　　　　　B. 没有关系的数据

C. 已定义的序列数据　　　　　　D. 递增或递减的数据序列

22. 在 Excel 2010 中，填充柄处于单元格的_____。

A. 右下角　　　　B. 左上角　　　　C. 左下角　　　　D. 右上角

23. 在 Excel 2010 中，下列_____是 D1:E3 代表的单元格。

A. E1，E2，E3　　　　　　　　　B. D1，D2，D3，E1，E2，E3

C. D1，D2，D3　　　　　　　　　D. A1，E3

24. 在 Excel 2010 中，编辑单元格批注的方法是，先选中单元格，然后点击_____选项卡中的"新建批注"。

A. 审阅　　　　B. 插入　　　　C. 数据　　　　D. 视图

25. 在 Excel 2010 中，单元格的合并通过_____不可以完成。

A. "开始"选项卡中的"合并及居中"按钮

B. "开始"选项卡中的"对齐方式"

C. "数据"选项卡

D. 右键弹出快捷菜单

26. 在 Excel 2010 中，单元格可以是_____的数据。

A. 时间　　　　　　　B. 文本　　　　　　C. 日期　　　　　　　D. 以上都可以

27. 在 Excel 2010 中，选中多个连续的单元格的方法是按_____键配合鼠标操作。

A. Alt　　　　　　　B. Shift　　　　　　C. Ctrl　　　　　　　D. Del

28. 在单元格中输入数据后，按_____组合键，能实现在当前活动单元格内换行。

A. Ctl+Enter　　　B. Alt+Enter　　　　C. Del+Enter　　　　D. Shift+Enter

29. 在 Excel 2010 中，要精确调整单元格的行高可通过_____。

A. "数据"选项卡　　　　　　　　　　B. "插入"选项卡

C. 拖动行号上面的分隔线　　　　　　D. 拖动行号下面的分隔线

30. 下列正确的 Excel 2010 公式形式是_____。

A. =A5*Sheet2!B3　　　　　　　　　B. =A5*Sheet2$B3

C. =A5*Sheet2:B3　　　　　　　　　D. =A5*Sheet2%B3

31. 若在单元格中输入数值 1／2，应_____。

A. 直接输入 1/2　　　　　　　　　　B. 输入'1/2

C. 输入 0 和空格后输入 1/2　　　　　D. 输入空格和 0 后输入 1/2

32. Excel 2010 工作簿的窗口冻结的形式包括_____。

A. 水平冻结　　　　B. 垂直冻结　　　C. 水平、垂直同时冻结　　D. 以上都是

33. 在 Excel 2010 中，对单元格地址绝对引用，正确的方法是_____。

A. 在单元格地址前加"$"

B. 在单元格地址后加"$"

C. 在构成单元格地址的字母和数字前分别加"$"

D. 在构成单元格地址的字母和数字间加"$"

34. 在 Excel 2010 中，进行公式复制时哪个地址会发生改变？_____。

A. 相对地址中的地址偏移量　　　　　B. 相对地址中所引用的单元格

C. 绝对地址中的地址表达式　　　　　D. 绝对地址中所引用的单元格

35. 在 Excel 2010 输入公式时，如出现"#REF!"提示，表示_____。

A. 运算符号有错　　　　　　　　　　B. 没有可用的数值

C. 某个数字出错　　　　　　　　　　D. 引用了无效的单元格

36. 在 Excel 2010 中，以下属于单元格相对引用的是_____。

A. Al　　　　　　B. A1　　　　　　C. $Al　　　　　　　D. A$l

37. 使用公式或函数的自动填充功能时，若想填充公式或函数中引用的单元格地址随着单元格的填充发生行列地址的相应变化，应该使用_____。

A. 绝对引用　　　　B. 相对引用　　　C. 混合引用　　　　D. 不能引用

38. 在 Excel 2010 中，已知 B3 和 B4 单元格中的内容分别为"祖国"和"你好"，要在 B1 中显示，"祖国你好"可在 B1 中输入公式_____。

A. =B3+B4　　　　B. B3-B4　　　C. B3&B4　　　　D. B3$B4

39. 在 Excel 2010 中，要求 A1、A2、A3 单元格中数据的平均值，并在在 B1 单元格式中显示出来，下列公式错误的是_____。

A. =（A1+A2+A3）/3　　　　　　B. =SUM（A1：A3）/3

C. =AVERAGE（A1：A3）　　　　D. =AVERAGE（A1:A2:A3）

40. 在 Excel 2010 中，_____是函数 AVERAGE（1，""，A）的返回值。

A. 不予计算　　　B. A2　　　C. 11　　　　D. 5

41. 在 Excel 2010 中，下列函数的返回值为 8 的是_____。

A. SUM（"4"，3，TRUE）　　　　　　B. MAX（9，8，TRUE）

C. AVERAGE（8，TRUE，18，6）　　　D. MIN（FALSE，8，-9）

42. 在 Excel 2010 的数据操作中，统计个数的函数是_____。

A. COUNT　　　B. SUM　　　C. AVERAGE　　　D. TOTAL

43. 在 Excel 2010 中，在 A1 单元格中输入=SUM（8，7，8，7），则其值为_____。

A. 15　　　B. 30　　　C. 7　　　　D. 8

44. 在 Excel 2010 的单元格中，其公式：=SUM（B3:E8）含义是_____。

A. 3 行 B 列至 8 行 E 列范围内的 24 个单元格内容相加

B. 单元格 B3 与单元格 E8 的内容相加

C. B 行 3 列至 E 行 8 列范围内的 24 个单元格内容相加

D. 3 行 B 列与 8 行 E 列的单元格内容相加

45. 在 Excel 2010 中，图表建立好以后，可以通过鼠标_____。

A. 填加图表向导以外的内容　　　B. 改变图表的类型

C. 调整图表的大小和位置　　　　D. 改变行标题和列标题

46. 在 Excel 2010 中，最适合反映某个数据在所有数据构成的总和中所占的比例的一种图表类型是_____。

A. 散点图　　　B. 折线图　　　C. 柱形图　　　　D. 饼图

47. 在 Excel 2010 中，创建图表时，在弹出的"选择数据源"对话框中选择图表的数据区域后，如果图表数据区域发生变化，则相应的图表_____。

A. 自动发生变化　　　　　　B. 不会发生变化

C. 提示出错　　　　　　　　D. 需手动操作后才发生变化

48. 在 Excel 2010 中，进行分类汇总时，不可以对_____项进行统计。

A. 逻辑   B. 日期   C. 数据   D. 文本

49. 在 Excel 2010 中，排序关键字的类型可以是_____类型。

A. 日期   B. 文字   C. 数值   D. 以上都可以

50. 在 Excel 2010 中，_____单元格不能被 COUNT（A1:A4）统计出来。

A. A3 单元格数据为 0   B. A1 单元格的数据为文字"计算"

C. A2 单元格为时间格式 10:30   D. A4 单元格数据为逻辑值 FALSE

二、问答题

1. 使用条件格式的注意事项有哪些？

2. 在 Excel 2010 中，如何进行分类汇总？

3. 在电子表格数据统计中，通常以图表的形式表现出来，试简述图表的作用及其常见的类型。

4. 在 Excel 2010 中，写出显示性别为男且总分大于 450 分的学生名单的操作步骤（已知字段有学号、姓名、性别、总分）。

第5章 演示文稿 PowerPoint 2010

【本章概览】

PowerPoint 2010 是目前使用广泛的办公自动化软件 Office 2010 的组件之一。PowerPoint 2010 不但可以制作出集文字、图形以及多媒体对象于一体的演示文稿，还可以将演示文稿、彩色幻灯片以动态的形式展现出来，可广泛用于广告宣传、产品展示以及教育教学。PowerPoint 2010 的基本操作，包括演示文稿的创建和编辑、演示文稿的播放和打印、演示文稿的打包操作等。

【知识要点】

➢ PowerPoint 2010 的基本操作

➢ 母版的使用

➢ 演示文稿的放映与打印

5.1 PowerPoint 2010 基本知识

用 PowerPoint 制作的文稿是一种电子文稿，其核心是一套可以在计算机屏幕上演示的幻灯片，这种幻灯片中可以含有文字、图表、图像和声音、电影，甚至可以插入超链接。这些幻灯片集可以按一定顺序播放。

在计算机上利用 PowerPoint 软件设计制作完演示文稿后，可以将这种文稿制成实际的 35mm 的幻灯片，也可以制成投影片，在通用的幻灯机上使用；还可以用与计算机相连的大屏幕投影仪直接演示，甚至可通过网络以会议的形式进行交流。这种电子文稿和交流方式在当今极为流行，采用 PowerPoint 进行信息交流，可以将用户所要讲述的信息最大限度可视化。

5.1.1 PowerPoint 2010 的启动与退出

1. 启动方法

PowerPoint 的启动方法可以有多种，主要方法如下。

（1）单击任务栏中的"开始"按钮，将鼠标指针指向菜单中的"所有程序"项，单击"Microsoft Office 2010"，再单击"Microsoft PowerPoint 2010"，即可启动 PowerPoint 2010。

（2）双击任意扩展名为.pptx 的文件，就能够启动 PowerPoint 2010 并同时打开该文件。

2. 退出方法

当用户完成操作后，需要退出 PowerPoint 时，可单击"文件"菜单，从弹出的菜单中选择"关闭"命令；或单击位于 PowerPoint 窗口右上角的"关闭"按钮；也可使用【Alt+F4】快捷键。若对幻灯片进行过编辑修改而没有保存，PowerPoint 将显示一个信息警告框，询问用户是否保存更改后的内容。单击"保存"按钮，PowerPoint 将保存修改后的文档，然后退出；单击"不保存"按钮，不保存所做的修改，直接退出；单击"取消"按钮，则继续在 PowerPoint 中，既不保存文档也不退出。

5.1.2 PowerPoint 2010 的界面介绍

1. PowerPoint 2010 窗口

启动 PowerPoint 2010 后，屏幕上出现如图 5-1 所示的 PowerPoint 窗口。PowerPoint 的用户界面与 Word、Excel 具有相同的风格，甚至有相当一部分工具按钮都是相同的。

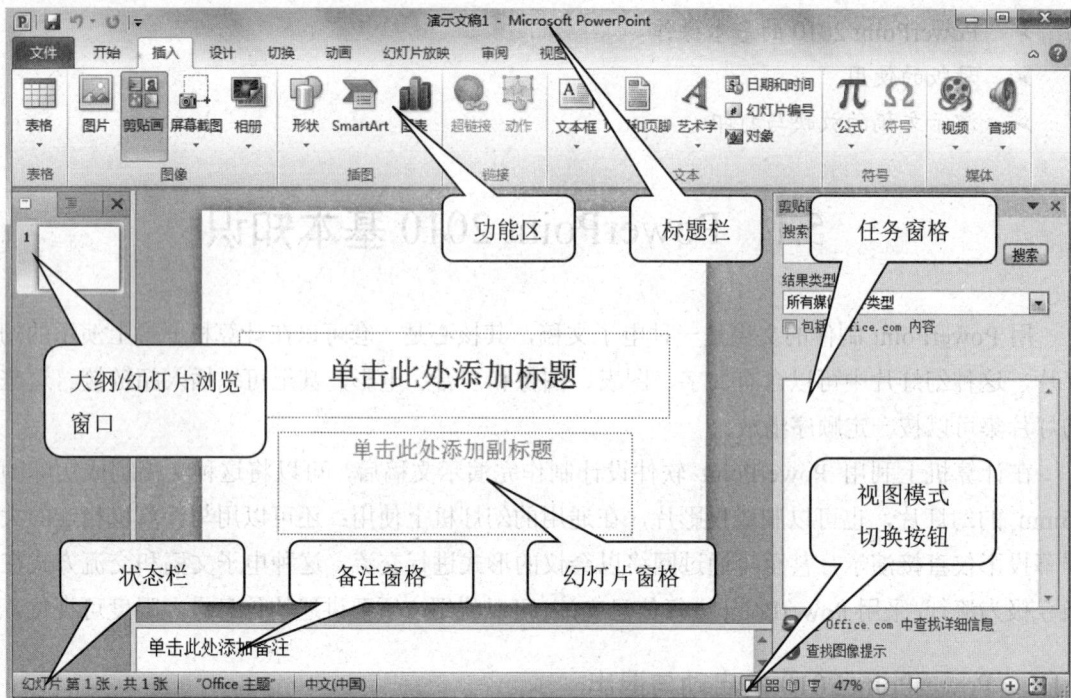

图 5-1 PowerPoint 2010 窗口

PowerPoint 窗口主要由以下部分组成。

（1）标题栏：位于窗口顶部，显示演示文稿的名称以及当前所使用的软件名称"Microsoft PowerPoint"。

（2）快速启动工具栏：其中设置了"保存""撤销"等常用的按钮。

（3）功能区：其中包含了"文件""开始""插入""设计""切换""动画""幻灯片放映"

"审阅""视图"等选项卡。每个选项卡下面都由一组命令按钮组成，若要使用其中某个命令，直接单击相应的命令按钮即可。

> "文件"选项卡：包括了当前文档的详细信息，以及"保存""打开""另存为"等对文件进行操作的相关命令。
> "开始"选项卡：包括剪贴板、幻灯片、字体、段落、绘图和剪辑等相关操作。
> "插入"选项卡：包含了用户想放置在幻灯片上的所有内容，如表格、图像、插图、链接、文本、符号以及媒体等相关操作。
> "设计"选项卡：可以为幻灯片进行页面设置、主题设计、背景设计等相关操作。
> "切换"选项卡：用于设置幻灯片的切换方式。
> "动画"选项卡：包含所有动画效果。
> "幻灯片放映"选项卡：用于幻灯片放映时进行设置放映方式、选择放映位置等相关操作。
> "审阅"选项卡：用于进行拼写检查和信息检索等操作。还可以使用注释来审阅演示文稿、审阅批注等。
> "视图"选项卡：可以快速在各种视图之间切换。

（4）大纲/幻灯片浏览窗格：显示幻灯片文本的大纲或幻灯片缩略图。单击该窗格左上角的"大纲"标签，可以方便地输入演示文稿要介绍的一系列主题，系统将根据这些主题自动生成相应的幻灯片；单击该窗格左上角的"幻灯片"标签，则演示文稿中的每个幻灯片按照缩小方式，整齐地排列在下面的窗口中，从而呈现演示文稿的总体效果。

（5）幻灯片窗格：也叫文档窗格，它是编辑文档的工作区域，用户可以在该窗格中对幻灯片内容进行编辑。

（6）备注窗格：用于输入备注，这些备注可以打印为备注页。

（7）视图模式切换按钮：用于快速切换到不同的视图模式。

（8）状态栏：位于窗口的底部，用于显示当前示演示文稿的编辑状态，包括演示文稿的幻灯片总页数、当前所在页和使用主题等。

（9）任务窗格：位于窗口的右侧。当某些操作需要具体说明操作内容时，系统会自动打开任务窗格，它将多种命令集成在一个统一的窗格中。例如，当需要插入一幅"剪贴画"时，可以单击"插入"选项卡，然后再单击其中的"剪贴画"命令按钮，"剪贴画"任务窗格就会在窗口右侧打开。如果要隐藏打开的任务窗格，可以直接单击任务窗格右上角的"关闭"按钮。

2. PowerPoint 2010 的视图

PowerPoint 2010 提供了四种主要的视图模式，即"普通视图""幻灯片浏览视图""幻灯片放映视图"以及"备注页视图"。用户可以根据工作的需要，通过切换视图分别选择不同的工作方式，以便从不同的角度对演示文稿进行编辑。用户可以选择"视图"选项卡中相应的视图模式命令按钮，也可以通过窗口下方的视图模式切换按钮进行切换。

（1）普通视图。在普通视图中，系统把文稿编辑区分成三个窗格，分别为幻灯片窗格、大纲/幻灯片浏览窗格和备注窗格，如图 5-2 所示。幻灯片窗格显示出当前幻灯片，可以进行幻灯片的编辑、对象的插入和格式化处理、输入文本和改变文本级别等；在备注区可查看和编辑当前幻灯片的演讲者备注文字。普通视图是系统默认的视图。

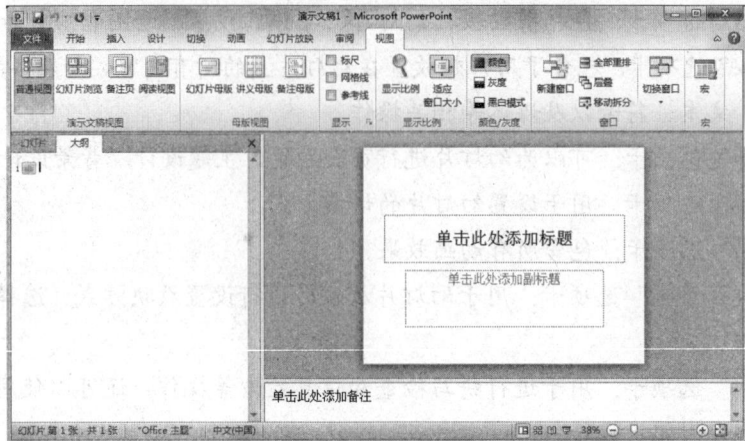

图 5-2　普通视图

（2）幻灯片浏览视图。这种视图用于按几种不同的效果来浏览演示文稿。例如，可以在窗口中按缩略图的方式顺序排列幻灯片，以便于对多张幻灯片同时进行删除、复制和移动；也可以通过双击某张幻灯片来快速地定位到它；另外，还可以设置幻灯片的动画效果，调节各张幻灯片的放映时间。

（3）幻灯片放映视图。用于播放幻灯片。在幻灯片放映视图中，不能对幻灯片进行编辑，这种视图实际上只是播放幻灯片的屏幕状态。可以通过选择"幻灯片放映"选项卡中的"从头开始"命令按钮或"从当前幻灯片开始"命令按钮确定从第几张幻灯片开始播放，按 Esc 键可以退出这种视图。

（4）备注页视图。在该视图中用户可以添加与每张幻灯片内容相关的备注，例如演讲者在演讲时所需的一些重点提示信息。

5.2　演示文稿的基本制作方法

5.2.1　演示文稿的操作

1．创建演示文稿

在对演示文稿进行编辑之前，首先应该创建一个演示文稿。演示文稿是 PowerPoint 中的文件，它由一系列幻灯片组成。幻灯片可以包括醒目的标题、详细的说明文字、生动的图片以及多媒体等元素。

（1）创建空白演示文稿。启动 PowerPoint 2010 后，系统会自动新建一个空白演示文稿，用户可以直接利用此空白演示文稿工作。此外，用户也可以自行新建一个空白演示文稿，具体步骤如下：单击"文件"选项卡，在弹出的菜单中选择"新建"命令，系统会弹出 "新建演示文稿"对话框，如图 5-3 所示。选择中间窗格中的"空白演示文稿"选项，单击"创建"按钮。

图 5-3　创建空白演示文稿

（2）使用设计模板创建演示文稿。模板是用来统一演示文稿外观的最快捷的方法，Office 中携带了很多不同风格的演示文稿模板，如：都市相册、古典型相册、宽屏演示文稿等。用户通过使用这些模板可以很轻松地创建出具有专业水平的演示文稿，具体操作如下：单击"文件"选项卡，在弹出的菜单中选择"新建"命令，单击中间窗格中的"样本模板"，在弹出的窗口中会显示已经安装的模板，如图 5-4 所示。单击要使用的模板，然后单击"创建"按钮，即可根据当前选定的模板创建演示文稿。

（3）根据现有演示文稿新建演示文稿。用户也可以根据现有的演示文稿来新建演示文稿，具体操作如下：单击"文件"选项卡，在弹出的菜单中选择"新建"命令，单击中间窗格中的"根据现有内容新建"选项。此时会弹出"根据现有演示文稿新建"对话框，选择作为模板的现有演示文稿，然后单击"新建"按钮即可。

以上介绍了三种常用的创建演示文稿的方法。此外 PowerPoint 2010 还提供了其他一些可用的模板和主题，包括"主题"以及"我的模板"。单击"主题"，可显示系统自带的要创建的主题模板，如"暗香扑面""跋涉""穿越"等。单击"我的模板"，用户可以选择一个自己已经编辑好的模板文件。

如果已经安装的模板不能达到制作要求，还可以选择"Office.com"模板。在该项中，包括表单表格、日历、贺卡、幻灯片背景、学术、日程表等。选择其中一项，将其下载并安装到用户的系统中，当下次再使用时就可以直接拿来用了。

图 5-4　选择模板

2. 演示文稿的打开

从"文件"菜单中选择"打开"命令，在"打开"对话框中用鼠标单击需要打开的演示文稿，然后单击"打开"按钮。

3. 演示文稿的保存

在幻灯片集制作过程中，一定要时常保存自己的工作成果。完成一张幻灯片的制作后即应该将该文稿存盘。

新建一个文稿后，如果尚未存过盘，在 PowerPoint 的工作窗口标题条中显示的是"演示文稿 1"这样的文稿名。此时，可按下列步骤进行存盘操作。

（1）单击"文件"选项卡，选择"保存"命令菜单，选择"保存"或"另存为"命令，或直接单击"快速启动"工具栏中的"保存"图标，弹出"另存为"对话框，如图 5-5 所示。

（2）在"保存位置"下拉列表框中选择该演示文稿保存的位置；在"文件名"文本框中输入演示文稿的名称；在"保存类型"下拉列表框中选择保存的类型。

（3）单击"保存"按钮，完成演示文稿的保存。

图 5-5　"另存为"对话框

5.2.2　编辑演示文稿

1．输入文本

在幻灯片中添加文字的方法有很多，最简单的方式就是直接将文本输入到幻灯片的占位符和文本框中。

（1）在占位符中输入文本。占位符就是带有虚线或阴影线的边框。在其中可以放置标题、正文、图表、表格、图片等对象。

当创建一个空演示文稿时，系统会自动插入一张"标题幻灯片"，如图 5-6 所示。在该幻灯片中有两个虚线框，即占位符。在占位符中会显示"单击此处添加标题"和"单击此处添加副标题"的字样。将光标移至占位符中，单击输入文字即可。

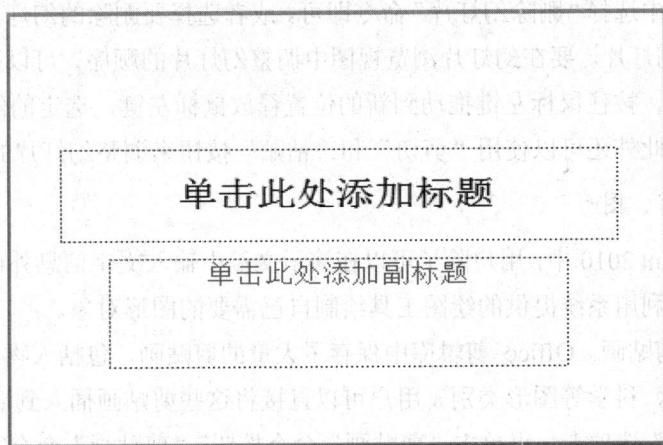

单击此处添加标题

单击此处添加副标题

图 5-6　在占位符中输入文本

（2）使用文本框输入文本。如果要在占位符之外的其他位置输入文本，可以在幻灯片中插入文本框。具体操作如下：单击"插入"选项卡，选择其中的"文本框"命令，在幻灯片的适当位置拖出文本框的位置，此时就可以在文本框的插入点输入文本了。文本框默认的是"横排文本框"，如果需要竖排文字，可以单击"文本框"命令的下拉按钮，选择"竖排文本框"命令。

2．处理幻灯片

（1）选定幻灯片。处理幻灯片之前，需要先选定幻灯片，可以选定一张或多张幻灯片。

在普通视图中选定单张幻灯片，可以单击"大纲"选项卡中的幻灯片图标，或者单击"幻灯片"选项卡中的幻灯片缩图。

在幻灯片浏览视图中可以选定多张连续或者不连续的幻灯片。单击第一张幻灯片的缩图，使幻灯片的周围出现边框，按【Shift】键并单击最后一张幻灯片的缩图可以选定多张连续的幻灯片。要选定多行不连续的幻灯片，可按【Ctrl】键，再分别单击要选定的幻灯片缩图。

（2）插入幻灯片。在普通视图或者幻灯片浏览视图中均可以插入空白幻灯片，可以用以下几种方法实现。

①单击"开始"选项卡，再单击"新建幻灯片"命令按钮。

②在"大纲/幻灯片浏览窗格"中选中一张幻灯片作为要插入的位置，按【Enter】键。

③在"大纲/幻灯片浏览窗格"中单击鼠标右键，在弹出的快捷菜单中选择"新建幻灯片"命令。

④按【Ctrl+M】组合键。

（3）复制幻灯片。复制幻灯片的操作如下：在幻灯片浏览视图中，选定要复制的幻灯片，按【Ctrl】键，然后按住鼠标左键拖动选定的幻灯片到要复制的新位置释放鼠标左键，再松开【Ctrl】键，即可将选定的幻灯片复制到目的位置。

（4）删除幻灯片。删除不需要的幻灯片可以用以下方法实现：右击要删除的幻灯片，在弹出的快捷菜单中选择"删除幻灯片"命令即可。或者选择要删除的幻灯片，按【Delete】键。

（5）移动幻灯片。要在幻灯片浏览视图中调整幻灯片的顺序，可以进行如下操作：选定要移动的幻灯片，按住鼠标左键拖动到新的位置释放鼠标左键，选定的幻灯片将出现在插入点所在的位置。此外还可以使用"剪切"和"粘贴"按钮来调整幻灯片的顺序。

3. 编辑图片、图形

在 PowerPoint 2010 中，用户除了可以在演示文稿中输入文字信息外还可以插入剪贴画和图片，并且可以利用系统提供的绘图工具绘制自己需要的图形对象。

（1）插入剪贴画。Office 剪辑库中保存了大量的剪贴画，包括人物、动物、植物、建筑物、标志、保健、科学等图形类别。用户可以直接将这些剪贴画插入到演示文稿中。

单击"插入"选项卡，再单击"剪贴画"命令按钮，"剪贴画"命令窗格就会在窗口右侧打开，点击"搜索"按钮，在列出的剪贴画中单击选择一幅就可以将其插入到演示文稿当中了，如图 5-7 所示。

图 5-7　插入剪贴画

还可以对插入的剪贴画进行编辑，如改变图片的位置和大小，改变图片的颜色和对比度等。如果只需要剪贴画中的某个部分时，可以单击"格式"选项卡中的"剪裁"命令对剪贴画进行裁剪处理。当在幻灯片中插入了多个剪贴画后，可以选择"格式"选项卡中"排列"选项组的相关命令调整剪贴画的层次位置。

（2）编辑来自文件的图片。PowerPoint 2010 还允许插入各种来源的图片文件。

在"插入"选项卡中单击"图片"命令按钮，系统会显示"插入图片"对话框。选择所需要的图片后，单击"插入"按钮即可。插入图片后，用户也可以根据需要对图片进行各种编辑处理。

（3）插入自选图形。在"插入"选项卡的"插图"选项组中选择"形状"命令按钮，系统会显示自选图形对话框，其中包括线条、矩形、基本形状、箭头汇总流程图、标注、动作按钮等。单击选择所需的图形，然后在幻灯片中拖出所选的形状。

（4）插入 Smart Art 图形。在"插入"选项卡中单击"Smart Art"命令按钮，系统会显示"选择 Smart Art 图形"对话框。用户可以在列表、流程、循环、层次结构、关系、矩阵等各种图形中选择自己所需要的，然后根据提示输入图形中所需的文字即可，如图 5-8 所示。

若要对插入的 Smart Art 图形进行编辑，可以选择"Smart Art 工具"的"设计"选项卡中的相关命令。

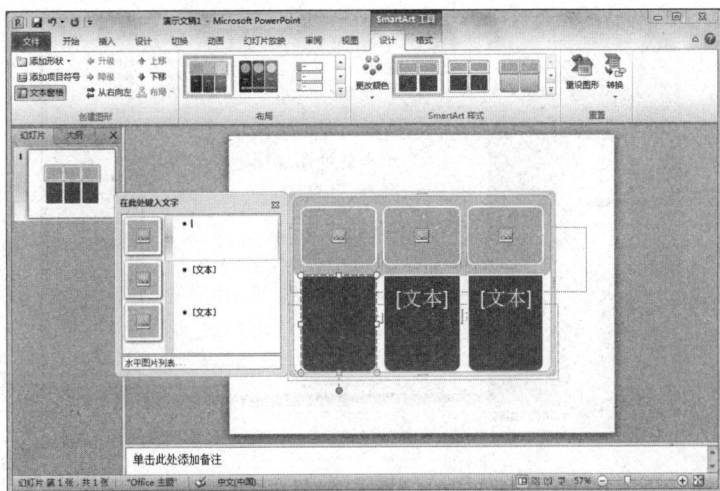

图 5-8　插入 Smart Art 图形

（5）插入图表。选择"插入"选项卡中"插图"选项组的"图表"命令按钮，系统会显示"插入图表"对话框，其中显示了一些常用的图表形式，包括二位图表和三位图表，如图 5-9 所示。

选中其中的一个图表，单击"确定"按钮将自动启动 Excel，用户可以在工作表的单元格中直接输入数据，图表会根据数据自动更新。输入数据后，关闭 Excel 窗口即可。

图表设置完成后，可以利用"设计"选项卡中的"图表布局"与"图表样式"工具快速设置图表的格式。

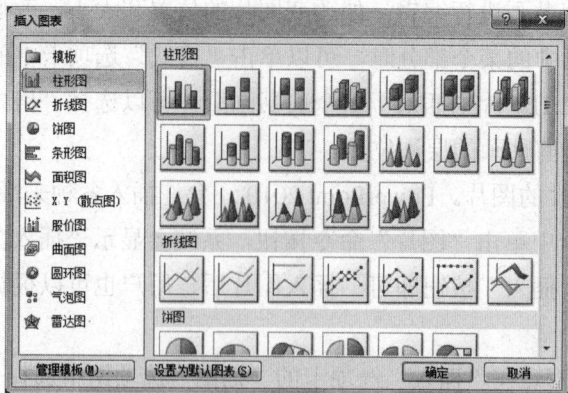

图 5-9　插入图表

4. 使用表格

如果需要在演示文稿中添加有规律的数据，可以使用表格来完成。

（1）插入表格。单击内容占位符中的"插入表格按钮" ，出现如图 5-10 所示的"插入表格"对话框。在"列数"文本框中输入需要的列数，在"行数"文本框中输入需要的行数，单击"确定"按钮，即可将指定的表格插入到幻灯片中。

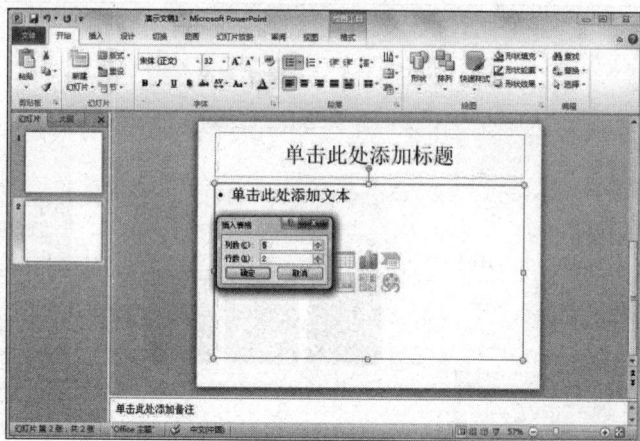

图 5-10　"插入表格"对话框

创建表格后，插入点位于表格左上角的第一个单元格中，此时可以在插入点的位置输入文本。一个单元格的文本输入完成后，按【Tab】键进入下一个单元格，或直接用鼠标单击。按【Shift+Tab】快捷键可以回到上一个单元格。

对创建好的表格还可以修改表格结构，如：插入新行新列、合并和拆分单元格等。

若要插入新行，将插入点置于表格中要插入新行的位置，在布局"选项卡"的"行和列"选项组中单击"在上方插入"或"在下方插入"按钮即可。用同样的方法可以实现插入新列的操作。

若要合并单元格，选定要合并的多个单元格，在"布局"选项卡的"合并"选项组中单击"合并单元格"按钮。用同样的方法可以实现拆分单元格的操作。

（2）设置表格格式。利用 PowerPoint 2010 提供的表格样式可以快速设置表格的格式。具体操作如下：选定要设置样式的表格，在功能区"设计"选项卡的"表格样式"选项组中选择一种样式，如图 5-11 所示。单击右侧按钮，可以滚动显示其他的样式。

图 5-11　快速设置表格格式

设置好格式后，可以为表格添加边框，并可以为表格填充颜色。

若要为表格添加边框，选定要添加边框的表格，利用"设计"选项卡的"绘图边框"选项组中的"笔样式""笔画粗细"与"笔颜色"，分别设置线条的样式、粗细与颜色。单击"设计"选项卡中"边框"按钮右侧的向下箭头，从下拉列表中选择为表格的哪条边添加边框。

若要为表格填充颜色，则选定需要填充颜色的单元格，单击"设计"选项卡中"底纹"按钮右侧的向下箭头，出现底纹列表。单击"底纹"列表中提供的颜色方块，即可为选中的单元格填充此颜色。

此外还可以在幻灯片中插入各种音频和视频文件，具体操作方法这里就不详细介绍了。

5.3　演示文稿格式编辑

5.3.1　幻灯片主题

要改变演示文稿的外观，最容易、最快捷的方法就是应用另一种主题。PowerPoint 2010 提供了几十种专业模板，利用它可以快速地生成完美动人的演示文稿。

单击"设计"选项卡，在"主题"中可以看到系统提供的部分主题，如图 5-12 所示。单击右侧的"其他"按钮可以查看所有可用的主题。当鼠标指向一种模板时，幻灯片窗格中的幻灯片就会以这种模板的样式改变。当选择一种模板单击后，该模板才会被应用到整个演示文稿中。

5.3.2 幻灯片版式

当创建演示文稿后，可能需要对某一张幻灯片的版面进行更改，最简单的改变幻灯片版面的方法就是用其他的版面去替代它。

若要改变已有幻灯片的版式，可以打开要更改版式的幻灯片，切换到功能区的"开始"选项卡，在"幻灯片"选项组中单击"版式"按钮，在弹出的下拉菜单中选择需要的版式即可，如图 5-13 所示。

图 5-12 应用的主题   图 5-13 "版式"选择框

5.3.3 母版

所谓"母版"可以看作是幻灯片的样式，它决定了幻灯片各个对象的布局、背景、配色方案、特殊效果、标题样式、文本样式及位置等属性。如果要修改多张幻灯片的外观，不必一张张修改幻灯片，只需在幻灯片母版上做一次修改即可。当在演示文稿中插入一张新幻灯片时，它完全继承其母版的所有属性。PowerPoint 2010 提供了三种母版：幻灯片母版、讲义母版和备注母版。

1. 幻灯片母版

幻灯片母版是一张包含格式占位符的幻灯片，这些占位符是为标题、主要文本和所有幻灯片中出现的背景项目而设置的。要进入幻灯片母版视图，可以在"视图"选项卡中单击"幻灯片母版"命令按钮，即可进入如图 5-14 所示的幻灯片母版视图。

在幻灯片母版视图中，包括几个虚线标注的区域，分别是标题区、对象区、日期区、页脚区和数字区，也就是前面所说的占位符。用户可以编辑这些占位符，如改变标题的版式，设置标题的字体、字号、字型、对齐方式等，可用同样的方法设置其他文本的样式。用户也可以通过"插入"选项卡将对象（如剪贴画、图标、艺术字等）添加到幻灯片母版中。

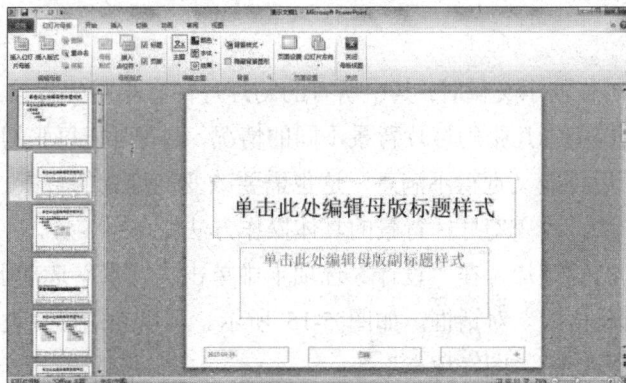

图 5-14　幻灯片母版视图

在 PowerPoint 2010 中，每个幻灯片母版都包含一个或多个标准或自定义的版式集。当用户创建空白演示文稿时，将显示名为"标题幻灯片"的默认版式，还有其他的标准版式可供使用。如果找不到符合用户需求的母版和版式，可以添加与自定义新的母版和版式，具体操作如下：在幻灯片母版视图中，单击"编辑母版"选项组中的"插入幻灯片母版"按钮，此时将在当前母版最后一个版式的下方插入新的母版。在包含幻灯片母版和版式的左侧窗格中，单击幻灯片母版下方要添加新版式的位置。切换到功能区中的"幻灯片母版"选项卡，在"编辑母版"选项组中单击"插入版式"按钮。接着用户可以进行删除不需要的占位符以及添加新的占位符等各项操作。此外，用户还可对幻灯片母版和版式进行复制和重命名等各种操作。

2. 讲义母版

讲义是演示文稿的打印版本，讲义母版的操作与幻灯片母版的操作相似，只是进行格式化的是讲义而不是幻灯片。讲义母版用于编排讲义的格式，还包括设置页眉页脚、占位符格式等。

切换到功能区中的"视图"选项卡，在"演示文稿视图"选项组中单击"讲义母版"按钮，即可进入讲义母版视图。该视图包括页眉区、页脚区、日期区以及页码区四个占位符。

讲义母版视图页面中包括许多虚线边框，表示的是每页所包含的幻灯片缩图的数目。用户可以使用"讲义母版"选项卡上的"每页幻灯片数量"按钮改变每页幻灯片的数目，确定数目后可以拖动虚线边框来调整幻灯片的打印位置。

3. 备注母版

用于控制备注页的版式及备注文字的格式。备注页用于用户输入对幻灯片的注释内容。利用备注母版可以控制备注页中输入的备注内容与外观。

单击"视图"选项卡上的"备注母版"按钮即可进入备注母版视图。备注母版上方是幻灯片缩略图，可以改变缩略图的大小和位置，也可以改变其边框的线型和颜色。缩略图的下方是报告人注释部分，用于输入对相应幻灯片的附加说明，其余空白处可以添加背景对象。

5.3.4 幻灯片背景

一般情况下，在制作演示文稿时，其中所有的幻灯片都有相同的背景。但在实际工作中，也有可能出现同一文档中的几张幻灯片背景不同的情况，也有可能每张幻灯片的背景都不同。或者，设置一种背景后可能又觉得不满意，这也需要改变幻灯片的背景。因此，有必要学习改变幻灯片背景的方法。改变幻灯片背景的具体操作方法如下：

选择要改变背景的幻灯片，在"设计"选项卡中单击"背景"选项组右侧的向下箭头，系统会显示"设置背景格式"对话框，如图 5-15 所示。可以为幻灯片设置"纯色填充""渐变填充""图片或纹理填充""图案填充"等。

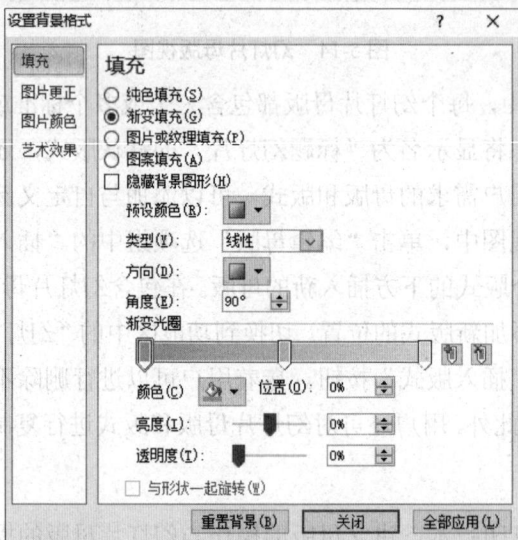

图 5-15 "设置背景格式"对话框

右击所需的背景样式，然后从弹出的快捷菜单中单击"应用于所选幻灯片"或"应用于所有幻灯片"，即可将背景样式应用于所选的幻灯片或所有的幻灯片。若要替换所选幻灯片和演示文稿中使用相同幻灯片母版的其他任何幻灯片的背景样式，则单击"应用于相应的幻灯片"，该选项仅在演示文稿中包含多个幻灯片模板时可用。

5.4 演示文稿的放映和打印

当演示文稿和幻灯片讲义都设计好后，就要对幻灯片进行放映方面的设置了。放映时可以使用幻灯片的切换效果，设置超链接等。在 PowerPoint 中提供了许多种动画效果，不但可以为幻灯片设置动画，也可以为幻灯片中的对象设置动画效果。此外还可以根据需要将演示文稿打印出来。

5.4.1 放映设置

1. 设置放映方式

根据演示文稿的播放环境，用户可以选择不同的放映方式。默认情况下，演示者需要手动放映演示文稿，按任意键完成从一张幻灯片到另一张幻灯片的切换。此外，还可以创建自动播放演示文稿，这种情况多用于商贸展示。

单击"幻灯片放映"选项卡中的"设置幻灯片放映"命令按钮，系统会显示如图 5-16 所示的"设置放映方式"对话框。

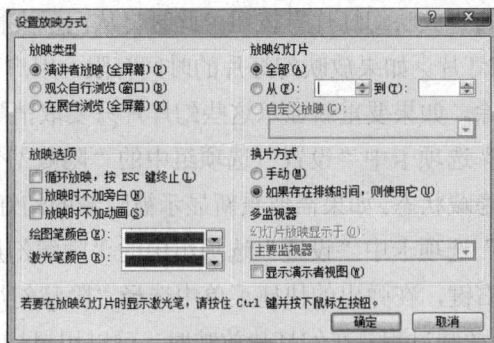

图 5-16　"设置放映方式"对话框

在"放映类型"框架中，有三种放映类型可供选择。

（1）演讲者放映（全屏幕）。这是最常用的放映类型，选择此选项可运行全屏显示的演示文稿。这时演讲者具有完整的控制权，可采用自动或人工方式运行放映。演讲者可以决定放映速度和换片时间，将演示文稿暂停，添加会议细节或即席反应，还可以在放映过程中录下旁白。如果希望演示文稿自动放映，则可以使用"幻灯片放映"菜单上的"排练计时"来设置放映时间，让其自动播放。当需要将幻灯片放映投射到大屏幕上或使用演示文稿会议时可以使用此方式。

（2）观众自行浏览（窗口）。若演示可以由观众自己动手操作，如会议、展览中心等地方，在这种情况下可以选择此项，此时可运行小规模的演示。这种演示文稿会出现在小型窗口内，并提供相应命令，允许在放映时移动、编辑、复制和打印幻灯片。制作者可以在窗口中自行定义菜单和命令，去除那些容易引起观众误操作的命令设置。在此方式中，可以使用滚动条从一张幻灯片移到另一张幻灯片，同时打开其他程序。也可以显示"Web"工具栏，以便浏览其他的演示文稿和 Office 文档。

（3）在展台浏览（全屏幕）。选择此选项可自动运行演示文稿。在展览会场或会议中心经常使用这种方式，它可以实现在无人管理的情况下自动播放。在这种方式下，除了使用鼠标按动超链接和动作按钮外，大多数控制都失效，这样观众就不能改动演示文稿。当自动运行的演示文稿结束，或者当某张人工操作的幻灯片闲置 5 min 以上，它都会自动重新开始。

2. 放映幻灯片

在 PowerPoint 中打开演示文稿后，就可以启动幻灯片放映功能了。在放映过程中，可以隐藏不需要显示的幻灯片，可以控制幻灯片放映过程，设置放映时间，还可以进行幻灯片标注和录制等各项操作。

（1）启动幻灯片放映。常用的启动幻灯片放映的方式有以下几种。

①选择"幻灯片放映"选项卡中的"从头开始""从当前幻灯片开始"或者"自定义幻灯片放映"命令。

②按【F5】键。此时将从第一张幻灯片开始放映。

③单击窗口右下角的"放映幻灯片"按钮。此时将从演示文稿的当前幻灯片开始放映。

（2）隐藏或显示幻灯片。如果放映幻灯片的时间有限，用户可以根据需要将某些幻灯片隐藏起来而不必将其删除。如果要重新显示这些幻灯片只要取消隐藏即可。

单击"幻灯片放映"选项卡中"设置"选项组中的"隐藏幻灯片"命令按钮，系统就会将选中的幻灯片设置为隐藏状态。如果需要重新显示被隐藏的幻灯片，则在选中该幻灯片后，再次单击"幻灯片放映"选项卡中"设置"选项组中的"隐藏幻灯片"命令按钮，或者在幻灯片缩略图上单击鼠标右键，在弹出的快捷菜单中选择"隐藏幻灯片"命令即可。

（3）控制幻灯片的放映过程。在幻灯片放映时，可以用鼠标和键盘来控制翻页、定位等操作。例如可以用【Space】键、【Enter】键、【PageDown】键、【→】键、【↓】键将幻灯片切换到下一页；也可以用【BackSpace】键、【←】键、【↑】键将幻灯片切换到上一页；还可以单击鼠标右键，在弹出的快捷菜单中选择相关命令执行。

（4）在放映中标注幻灯片。在幻灯片放映过程中，可以用鼠标在幻灯片上画图或写字，从而对幻灯片中的一些内容进行注释。注释时可以选择墨迹的颜色，还可以将这些墨迹保存在幻灯片上。

进入幻灯片放映状态，单击鼠标右键，显示"幻灯片放映"工具栏，如图 5-17 所示。单击"幻灯片放映"工具栏上的指针箭头，然后单击"笔"或"荧光笔"选项，就可以用鼠标在幻灯片上书写了。单击"墨迹颜色"选项可以选择墨迹的颜色。如果要退出书写状态使鼠标指针恢复箭头形状，单击"幻灯片放映"工具栏上的指针箭头，再单击"箭头"命令即可。

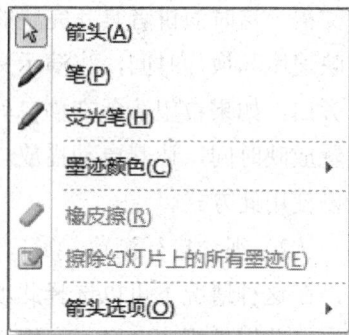

图 5-17 "幻灯片放映"工具栏

（5）设置放映时间。在放映幻灯片时，可以通过单击的方法人工切换每张幻灯片。此外还可以为每张幻灯片设置自动切换的特性，例如在展会上，展台前的大型投影仪会自动切换每张幻灯片，这时需要人工设置切换幻灯片的间隔时间（例如每隔 8 s 自动切换到下一张幻灯片）。具体操作如下：进入到幻灯片浏览视图中，选定要设置放映时间的幻灯片，单击"切换"选项卡，在"计时"选项组中选择"设置自动换片时间"复选框，然后在右侧的文本框中输入希望幻灯片在屏幕上显示的秒数。如果单击"全部应用"按钮，则所有幻灯片的切换间隔相同；否则，设置的是选定幻灯片切换到下一张幻灯片的时间间隔。可用此方法设置其他幻灯片的切换时间间隔，此时，在幻灯片浏览视图中，会在幻灯片缩略图的左下角显示每张幻灯片的放映时间。

除了可以使用这种人工设置方法以外，第二种方法是使用系统提供的排练计时功能，在排练时自动记录幻灯片的切换时间间隔，这种方法就不详细介绍了。

（6）录制幻灯片。在 PowerPoint 2010 中新增了"录制幻灯片演示"的功能，该功能可以选择开始录制或清除录制的计时和旁白的位置。它相当于以往版本中的"录制旁白"功能，将演讲者在演示讲解演示文稿的整个过程中的声音录制下来，方便听众日后能更准确地理解演示文稿的内容。

在"幻灯片"放映选项卡中单击"录制幻灯片演示"按钮，在弹出的下拉列表中单击"从头开始录制"或者"从当前幻灯片开始录制命令"，即可从选定的位置开始录制幻灯片。

3．设置幻灯片切换效果

所谓幻灯片的切换，就是从前一张幻灯片到下一张幻灯片之间的过渡，设计切换效果也就是设置过渡的形式，即当前页以何种形式消失，下一页以何种形式出现。使用切换效果，用户可以指定幻灯片以多种不同的形式出现在屏幕上，并且可以在切换的同时添加声音从而增加演示文稿的趣味性。设置幻灯片切换效果的操作步骤如下：

（1）在普通视图左侧的"幻灯片"选项卡中，单击某个幻灯片的缩略图。

（2）选择功能区中的"切换"选项卡，系统会显示"切换到此幻灯片"的任务选项，如图 5-18 所示，单击选择某种切换方式。如果要查看更多的切换效果，可以单击"快速样式"列表右侧的"其他"按钮。

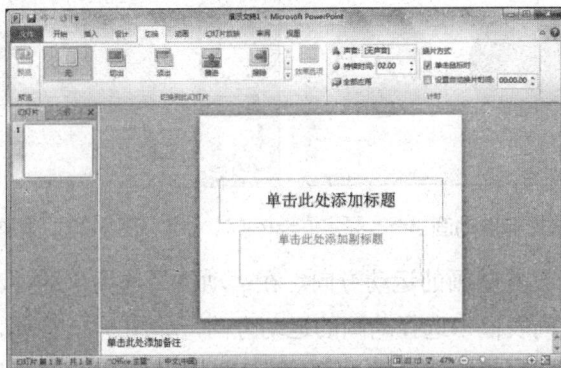

图 5-18　选择幻灯片切换效果

（3）如果要设置幻灯片切换效果的速度，可以在"持续时间"框中输入幻灯片切换的速度值。

（4）在"声音"下拉列表中可以选择幻灯片换页时的声音。

（5）在"换页方式"选项组中可以设置幻灯片切换的换页方式。如"单击鼠标时"或"在此之后自动设置动画效果"。

（6）若单击"全部应用"按钮，则会将切换效果应用于整个演示文稿。

4. 使用幻灯片动画效果

用户可以为幻灯片上的文本、形状、声音和其他对象设置动画效果从而起到突出重点、控制信息流程的作用，并提高演示文稿的趣味性。

（1）利用系统提供的标准方案快速创建动画。PowerPoint 2010 提供了"标准动画"功能，可以快速创建基本的动画。

在普通视图中，单击要添加动画的文本或对象，切换到功能区的"动画"选项卡，从"动画"选项组的"动画"列表中选择所需的动画效果，如图 5-19 所示。

（2）自定义动画。如果用户对标准方案不满意，还可以为幻灯片的文本或对象自定义动画。具体操作步骤如下：

在普通视图中，显示要设置动画的幻灯片，单击"高级动画"选项组中的"添加效果按钮"，弹出"添加效果"下拉菜单，如图 5-20 所示。"添加效果"菜单中包括"进入"（用于设置文本或对象进入放映界面时的动画效果）"强调"（用于对需要强调的部分设置动画效果）"退出"（用于设置幻灯片放映时相关内容退出时的动画效果）和"动作路径"（用于指定相关内容放映时动画所通过的运动轨迹）四个选项。用户可以根据需要选择相应的选项进行动画设置。

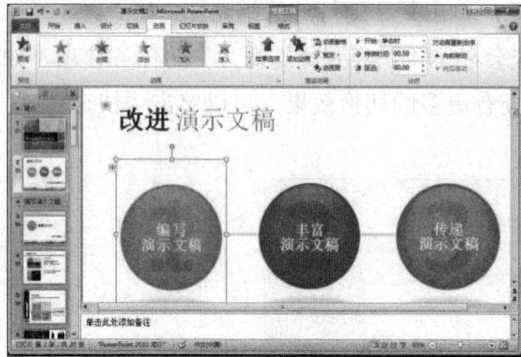

图 5-19　选择标准动画　　　　　　　　图 5-20　添加效果

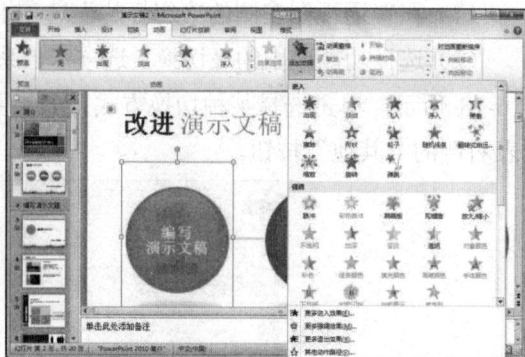

此外，用户还可以设置动画的运动方向。在"动画"选项卡的"动画"组中，单击"效果选项"按钮，在下拉列表框中选择动画的运动方向，如图 5-21 所示。除了选择系统给出的运动路径以外，用户还可以自定义动画的运动路径。在"自定义动画"任务窗格的"路径"下拉列表框中选择"编辑顶点"选项，此时路径的每个顶点都出现句柄，可以通过拖动鼠标的方式移动顶点的位置，还可以进行添加和删除顶点的操作。

为幻灯片项目或对象添加了动画效果以后，该项目或对象旁边会出现一个带有数字的灰色矩形标志，数字表示的是该动画效果在幻灯片中播放的顺序，在任务窗格的动画列表中会显示该动画的效果选项。此时用户可以对刚刚设置的动画进行修改，通过"自定义动画"任务窗格中的向上及向下放下的箭头按钮可以调整动画的播放顺序。

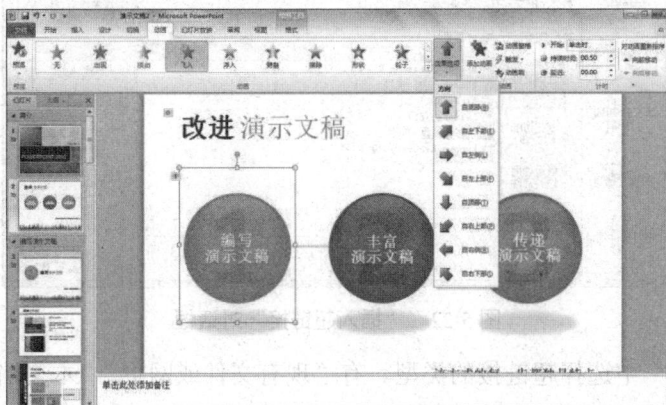

图 5-21　选择动画的运动方向

动画的开始方式一般分为三种：单击时、与上一动画同时、在上一动画之后。打开"动画窗格"可以选择动画的开始方式，选择"单击时"选项，当前动画在上一动画播放后，通过单击鼠标左键开始播放；选择"与上一动画同时"选项，当前动画与前一个动画同时开始播放；选择"上一动画之后"选项，当前动画在前一个动画播放后自动开始播放。

若要删除自定义动画，只要选择要删除动画的对象，在"动画"选项卡的"动画"组中选择"无"即可。或者可以在"动画"选项卡的"高级动画"组中，单击"动画窗格"按钮，打开动画窗格，在列表区域中右击要删除的动画，然后单击弹出菜单中的"删除"命令。

另外，用户还可以调整动画的播放速度，可以为动画添加声音效果等，这里就不详细介绍了。

5.　使用超链接

在 PowerPoint 中，超链接是指从一张幻灯片到另一张幻灯片、一个网页或一个文件的连接。创建超链接时，源点可以是任意对象，包括文本、形状、表格、图形或图片，超链接能跳转到演示文稿中任何其他位置，也可跳转到另一个演示文稿、另一个程序或跳转到 Internet 中的某个地址。只有在运行幻灯片放映时，超链接才能激活。可以附加不同的动作或声音到相同的对象上，并根据单击对象或者鼠标移动来选择要运行的动作。文本超链接带有下划线，并且显示成配色方案所指定的颜色。可以在不破坏超链接的情况下，编辑或更改超链接的目标，也可以改变代表超链接的对象。如删除了所有文本或整个对象时，那么超链接将被破坏。

（1）在演示文稿中添加链接。在演示文稿上设置超链接的操作步骤如下：

①在普通视图中，选定要作为超链接的文本或图形对象。

②切换到功能区中的"插入"选项卡，在"链接"选项组中单击"超链接"按钮，出现"插入超链接"对话框，如图 5-22 所示。此时，"要显示的文字"文本框中显示的是上一步选定的对象，若是文字可以直接进行编辑。

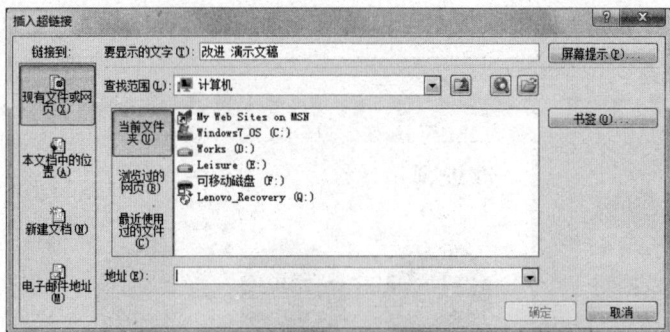

图 5-22　"插入超链接"对话框

③在"链接到"中选择超链接的类型。有"现有文件或网页""本文档中的位置""新建文档""电子邮件地址"四种类型可供选择。

若选择"现有文件或网页"图标，在右侧选择此超链接要链接到的文件或 Web 页地址。

若选择"本文档中的位置"图标，可以跳转到某张幻灯片上，例如"第一张幻灯片""最后一张幻灯片"等，如图 5-23 所示。

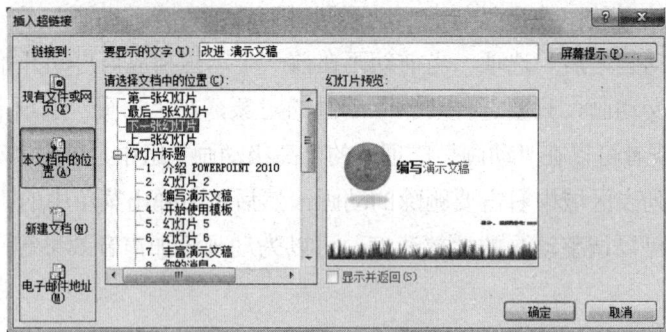

图 5-23　超链接到本文档中的位置

若选择"新建文档"图标，在如图 5-24 所示对话框中"新建文档名称"文本框中输入新建文档的名称。单击更改按钮，设置新文档所在的文件夹名，在"何时编辑"选项组中设置是否立即开始编辑新文档。

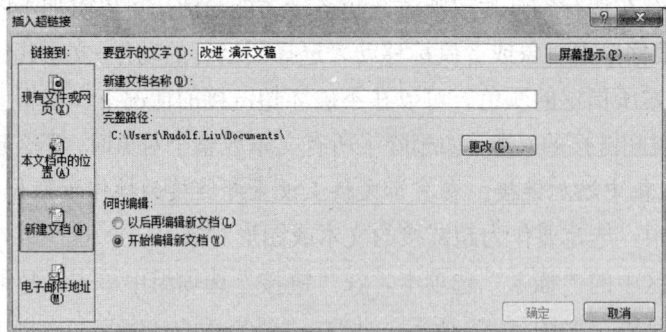

图 5-24　超链接到新建文档

若选择"电子邮件地址"图标，在弹出的对话框中选择电子邮件的地址和主题即可。

④单击"屏幕提示"按钮，会出现"设置超链接屏幕提示"对话框，设置当鼠标指针置于超链接上时出现的提示信息。

⑤单击"确定"按钮，完成超链接的设置。

放映演示文稿时，如果将鼠标指针移到超链接上，鼠标指针会变成手形，单击鼠标就可以跳转到相应的链接位置。

超链接设置完成后，可以根据需要更改链接位置。若要删除超链接，选择"插入"选项卡中的"链接"选项组，单击"超链接"按钮，在弹出的"插入超链接"对话框中单击"删除链接"按钮即可。或者，右击要删除的超链接，在弹出的快捷菜单中选择"删除超链接"命令。

（2）在幻灯片上添加动作按钮。除了上述的可以在幻灯片上添加超链接外，PowerPoint还允许在幻灯片上添加动作按钮。有时需要在幻灯片中通过点击一个按钮来执行相应的动作，可以通过设置动作按钮来执行。动作按钮在幻灯片中起到指示、引导或控制播放的作用。

PowerPoint 提供了一些标准的动作按钮，包括"自定义""第一张""帮助""后退或前一项""前进或下一项""开始""结束"等。创建动作按钮的步骤如下：

①在普通视图中，显示要插入按钮的幻灯片。

②切换到功能区中的"插入"选项卡，单击"插图"选项组中的"形状"按钮。

③从"形状"下拉列表中选择"动作按钮"组内的一个按钮。若要插入一个预定义大小的动作按钮，单击幻灯片即可；若要插入一个自定义大小的动作按钮，则按住鼠标左键在幻灯片中拖动。

④将动作按钮插入到幻灯片后，会出现如图 5-25 所示的"动作设置"对话框。在此框中选择该按钮要执行的动作。此时，如果希望采用单击鼠标执行动作的方式，单击"单击鼠标"选项卡；如果希望采用鼠标移过执行动作的方式，单击"鼠标移过"选项卡。

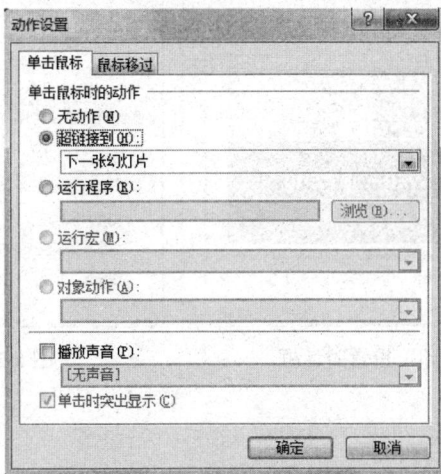

图 5-25 "动作设置"对话框

⑤选中"超链接到"单选按钮，在其下拉列表中可以选择单击该动作按钮时要进入的位

置，如："下一张幻灯片"或"上一张幻灯片"等。若选中"运行程序"单选按钮，则可以在单击按钮时运行指定的应用程序。指定应用程序的方法是单击右侧的"浏览"按钮，打开"选择一个要运行的程序"，在其中选择要运行的程序即可。

⑥设置完成后，单击"确定"按钮。

当用户从"插入"选项卡的"形状"选项组中选择"自定义"作为动作按钮时，将插入一个空动作按钮，这时需要向按钮中添加文本。方法是右击该按钮，从弹出的快捷菜单中选择"编辑文本"命令，此时插入点位于按钮所在框中，在其中输入文本即可。

动作按钮设置完成后还可以修改按钮的形状，设置单击按钮时的声音效果等，这里就不详细介绍了。

5.4.2 幻灯片的打印

用户可以打印彩色或黑白的演示文稿、幻灯片、大纲、演讲者备注及观众讲义。打印的一般过程是：先打开要打印的演示文稿，并选择打印幻灯片、讲义、普通或大纲。然后指定要打印的幻灯片及打印份数。另外用户可以将幻灯片打印成投影片，也可在讲义的每一页上打印最多九个幻灯片缩略图。

单击"文件"按钮，选择"打印"操作项，系统会显示如图 5-26 所示的界面。

在此对话框中，可以设定或修改默认打印机，打印份数等信息，还可以选择打印幻灯片的范围。

单击"整页幻灯片"下拉按钮，可以对每张纸上的打印内容进行选择，如图 5-27 所示。

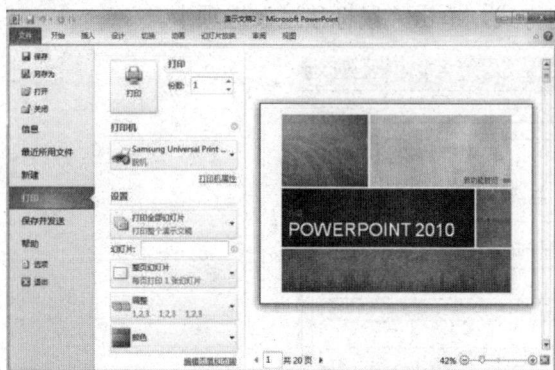

图 5-26 "打印"设置对话框   图 5-27 "打印内容"选项

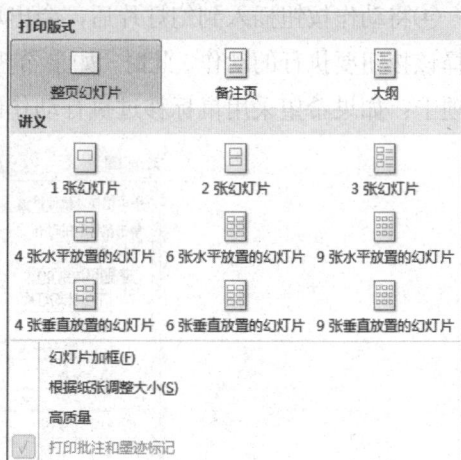

5.4.3 文稿的打包

一份演示文稿制作完成后，可以将演示文稿文件复制到另一台计算机上。如果那台计算机没有安装 PowerPoint 程序或 PowerPoint 播放器，或者那台计算机虽然安装了 PowerPoint

程序或 PowerPoint 播放器，但演示文稿中所链接的文件以及所使用的 True Type 字体在那台计算机上不存在，则不能保证该演示文稿能在那台计算机上正常播放。解决这个问题的办法是先将演示文稿与该演示文稿所涉及的有关文件一起打包，存放在指定的文件夹或 CD 中，只要将这个文件夹复制到其他计算机中，然后启动其中的播放程序，就可以正常播放演示文稿了。

1.将演示文稿打包到文件夹或 CD 中

将演示文稿打包并存到文件中的操作过程如下：

（1）打开需要打包的演示文稿。

（2）单击"文件"选项卡，在弹出的菜单中单击"保存并发送"命令，然后选择"将演示文稿打包成 CD"命令，再单击"打包成 CD"按钮，此时出现如图 5-28 所示的"打包成 CD"对话框，在对话框中输入打包后演示文稿的名称。

（3）单击"添加"按钮，可以添加多个演示文稿。

（4）单击"选项"按钮，出现如图 5-29 所示的"选项"对话框。可以在其中设置是否包含链接的文件，是否包含嵌入的 True Type 字体，还可以设置打开文件的密码等。

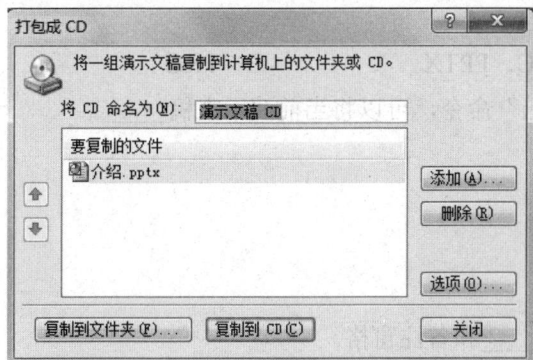

图 5-28　"打包成 CD"对话框　　　　　　图 5-29　"选项"对话框

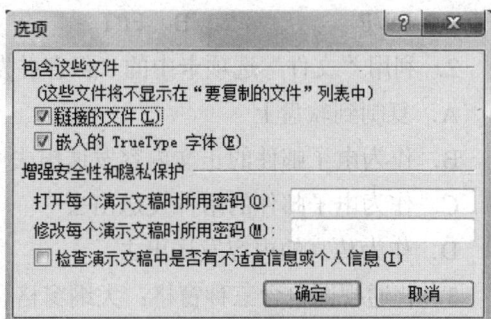

（5）单击"确定"按钮，保存设置，并关闭"选项"对话框，返回到"打包成 CD"对话框。

（6）单击"复制到文件夹"按钮，打开"复制到文件夹"对话框，可以将当前文件复制到指定的位置。

（7）单击"复制到 CD"按钮，弹出 Microsoft Powerpoint 对话框，提示程序会将链接的媒体文件复制到计算机，单击"是"按钮。此时会弹出"正在将文件复制到 CD"对话框并复制文件，复制完成后，关闭"打包成 CD"对话框，完成打包操作。

2. 将演示文稿转变成视频文件

在 PowerPoint 2010 中新增了将演示文稿转变成视频文件的功能。该功能可以将当前演示文稿创建为一个全保真的视频，此视频可以通过光盘、Web 或电子邮件分发。将演示文稿转变成视频文件的步骤如下：

（1）打开演示文稿，在"文件"菜单中单击"保存并发送"命令，然后在中间列表中选择"创建视频"选项，在右侧的窗格中单击"计算机和 HD 显示"按钮，根据用途在打开的列表中选择视频将要使用的显示分辨率。

（2）设置视频中"放映每张幻灯片的秒数"，同时选择是否"录制计时和旁白"，然后单击"创建视频"按钮，指定创建路径和文件名后确认即可产生一个 WMV 格式的视频文件。

另外一种便捷的转换方法是：在文件菜单中打开"另存为"对话框，在对话框中选择文件保存的位置，输入文件名并选择保存类型为"WindowsMedia 视频（*.wmv）"，单击"保存"按钮。演示文稿将以视频文件的格式保存在指定的文件中，使用这种方法不能自定义幻灯片切换时长，也不能单独录制旁白。

【本章习题】

一、单项选择题

1．PowerPoint 演示文稿的默认扩展名是_____。

A．PWP   B．FPT   C．PPTX   D．PRG

2．利用"文件"选项卡中的"保存并发送"命令，可以将当前演示文稿_____。

A．复制到软盘上

B．作为电子邮件的正文内容发送出去

C．作为电子邮件的附件发送出去

D．作为传真的内容发送出去

3．普通视图包含三种窗格：大纲窗格、_____和备注窗格。

A．标题窗格   B．幻灯片窗格   C．讲义窗格   D．组织结构窗格

4．演示文稿中的每一张演示的单页称为_____，它是演示文稿的核心。

A．版式   B．模板   C．母版   D．幻灯片

5．以下不属于 PowerPoint 视图方式的是_____。

A．幻灯片浏览   B．大纲   C．普通   D．讲义

6．在演示文稿中新增幻灯片的正确方法是_____。

A．选择"文件"选项卡中的"新建"命令

B．选择"开始"选项卡中的"新建幻灯片"命令

C．在幻灯片编辑区单击鼠标右键，选择"插入幻灯片"命令

D．选择"编辑"选项卡中的"新建幻灯片"命令

7．选择全部演示文稿，可按_____组合键。

A．Shift+A   B．Ctrl+Shift   C．Ctrl+A   D．Ctrl+Shift+A

8．可删除幻灯片的操作是_____。

A．在幻灯片放映视图中选择幻灯片，再按【Del】键

B．在幻灯片放映视图中选择幻灯片，再按【Esc】键

C．在幻灯片浏览视图中选中幻灯片，再按【Del】键

D．在幻灯片浏览视图中选中幻灯片，再按【Esc】键

9．PowerPoint 中的图片不可以来自_____。

　　A．剪辑库　　　　　B．自选图形　　　C．指定文件　　　　D．应用程序

10．在_____视图方式下，显示的是幻灯片的缩略图，适用于对幻灯片进行组织和排序、添加切换功能和设置放映时间。

　　A．幻灯片　　　　　B．大纲　　　　　C．幻灯片浏览　　　D．备注页

11．有关幻灯片中文本框的描述正确的是_____。

　　A．"横排文本框"的含义是文本框高的尺寸比宽的尺寸小

　　B．选定一个版式后，其内的文本框的位置不可以改变

　　C．复制文本框时，内部添加的文本一同被复制

　　D．文本框的大小只可以通过鼠标非精确调整

12．添加与编辑幻灯片"页眉与页脚"操作的命令位于_____选项卡中。

　　A．开始　　　　　　B．视图　　　　　C．插入　　　　　　D．设计

13．在 PowerPoint 中，幻灯片_____是一张特殊的幻灯片，包含已设定格式的占位符，这些占位符是为标题、主要文本和所有幻灯片中出现的背景项目而设置的。

　　A．模板　　　　　　B．母版　　　　　C．版式　　　　　　D．样式

14．为幻灯片中文本设置项目符号，可使用_____。

　　A．"文件"选项卡　　　　　　　　　B．"插入"选项卡

　　C．"开始"选项卡　　　　　　　　　D．"审阅"选项卡

15．幻灯片的"背景"不可以是_____。

　　A．单一颜色　　　　B．双色渐变　　　C．纹理填充　　　　D．动画

16．设置幻灯片背景的填充效果应使用_____选项卡。

　　A．视图　　　　　　B．开始　　　　　C．设计　　　　　　D．插入

17．如果要想使某个幻灯片与其母版的格式不同，可以_____。

　　A．更改幻灯片版面设置　　　　　　　B．设置该幻灯片不使用母版

　　C．直接修改该幻灯片　　　　　　　　D．修改母版

18．为幻灯片添加编号，应使用_____选项卡。

　　A．设计　　　　　　B．审阅　　　　　C．开始　　　　　　D．插入

19．幻灯片中的对象在动画播放后，不可以_____。

　　A．不变暗　　　　　　　　　　　　　B．变为其他颜色

　　C．被隐藏　　　　　　　　　　　　　D．被删除

20．PowerPoint 2010 中自带很多的图片文件，若将它们加入演示文稿中，应使用插入

_____操作。

A．自选图形　　　　B．剪贴画　　　　C．对象　　　　D．符号

21．在幻灯片放映时，从一张幻灯片过渡到下一张幻灯片，称为_____。

A．动作设置　　　　B．预设动画　　　C．幻灯片切换　　　D．自定义动画

22．如果要从最后一张幻灯片返回第一张幻灯片，应使用菜单"幻灯片放映"中的_____。

A．动作设置　　　　B．预设动画　　　C．幻灯片切换　　　D．自定义动画

23．若将幻灯片中的对象设置动画，可选取_____。

A．"格式"选项卡中的"自定义动画"命令

B．"工具"选项卡中的"预设动画"命令

C．"幻灯片放映"选项卡中的"添加动画"命令

D．"动画"选项卡中的"添加动画"命令

24．若在计算机屏幕上放映演示文稿，正确的操作是执行_____。

A．"开始"选项卡中的"观看放映"命令

B．按【F5】键

C．"编辑"选项卡中的"幻灯片放映"命令

D．"视图"选项卡中的"幻灯片浏览"命令

25．为了使所有幻灯片有统一的外观风格，可以通过设置_____实现。

A．配色方案　　　　　　　　　　　　B．母版

C．幻灯片版式　　　　　　　　　　　D．幻灯片切换

二、问答题

1．PowerPoint 2010 有几种母版，各有何用途？

2．PowerPoint 2010 的视图有哪些，如何切换？

3．什么是 PowerPoint 2010 母版？

第 6 章　计算机网络与信息安全

【本章概览】

　　计算机网络是计算机技术和通信技术相结合的产物，其基本功能是实现资源共享。常见的网络设备一般由网络服务器、用户工作站、网络适配器（网卡）、传输介质及网络软件等五个部分组成。Internet 是全球性的计算机网络。Internet 上的资源丰富多彩，为了使大家能够快速高效地使用这些资源，Internet 为用户提供了多种服务软件，这些服务软件基本上可以分为两类：一类提供通信服务，如 FTP、Telnet、E-mail；另一类提供信息查询服务，常用的有 WAIS、Gopher、WWW 等。其中 E-mail 和 WWW 是目前 Internet 上使用频率最高的服务。

　　信息安全直接关系到国家安全、经济发展、社会稳定和人们的日常生活，如何构筑信息与网络安全体系已成为信息化建设所要解决的一个迫切问题。

【知识要点】

- ➢ 计算机网络基础知识
- ➢ 计算机网络设备
- ➢ 双绞线网线制作
- ➢ 计算机病毒及防御
- ➢ 网络道德规范与知识产权

6.1　计算机网络基础知识

6.1.1　计算机网络的形成与发展

　　20 世纪 50 年代中期，美国的半自动地面防空系统（SAGE）是计算机技术和通信技术相结合的最初尝试。当时 SAGE 系统将远距离的雷达和测控设备的信息经过通信线路汇集到一台 IBM 计算机上进行处理和控制。而世界上公认的第一个最成功的远程计算机网络是在 1969 年，由美国高级研究计划局（ARPA，Advanced Research Project Agency）组织和成功研制的 ARPAnet 网络。美国高级研究计划局的 ARPAnet 网在 1969 年建成了具有四个节点的试验网络，1971 年 2 月建成了具有 15 个节点、23 台主机的网络并投入使用，这就是世界上最早出现的计算机网络之一，现代计算机网络的许多概念和方法都来源于它。目前，人们通常认为它就是网络的起源，同时也是 Internet 的起源。如图 6-1 所示，ARPAnet 网络将一个计算机网络划分为"通信子网"和"资源子网"两大部分，当今的计算机网络仍沿用这种组合方式。

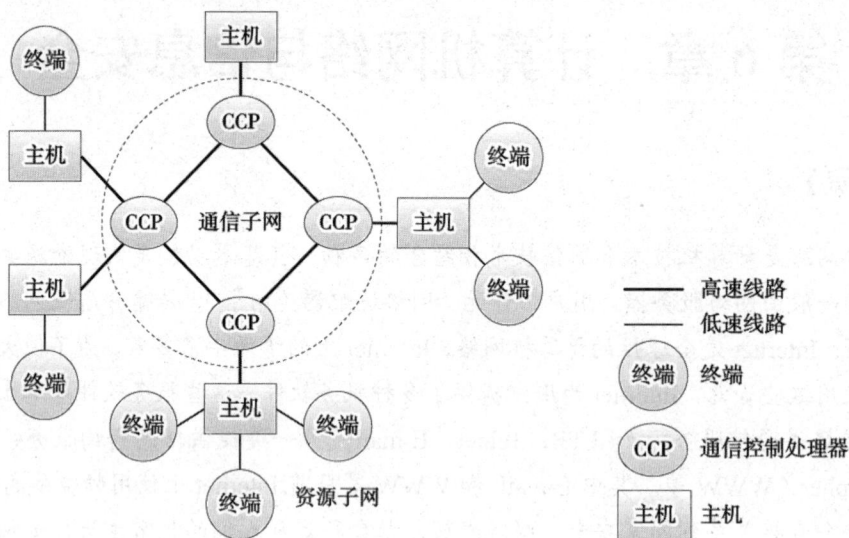

图 6-1　计算机网络由通信子网和资源子网组成

6.1.2　计算机网络的定义

人们通常对计算机网络的定义是：为了实现计算机之间的通信交往、资源共享和协同工作，采用通信手段，将地理位置分散的、各自具备自主功能的一组计算机有机地联系起来，并且由网络操作系统进行管理的计算机复合系统就是计算机网络。

从这个简单的定义可以看出，计算机网络涉及以下三个要点。

（1）一个计算机网络可以包含多台具有"自主"功能的计算机。所谓的"自主"是指这些计算机离开计算机网络之后，也能独立地工作和运行。因此，通常将这些计算机称为主机（host），在网络中又叫做节点或站点。在网络中的共享资源（即硬件资源、软件资源和数据资源）均分布在这些计算机中。

（2）人们构建计算机网络时需要使用通信的手段，把有关的计算机（节点）"有机"地连接起来。所谓的"有机"连接是指连接时彼此必须遵循所规定的约定和规则，这些约定和规则就是通信协议。每一个厂商生产的计算机网络产品都有自己的许多协议，这些协议的总体就构成了协议集。

（3）建立计算机网络的主要目的是为了实现通信的交往、信息资源的交流、计算机分布资源的共享，或者是协同工作。一般将计算机资源共享作为网络的最基本特征，例如，联网之后，为了提高工作效率用户可以联合开发大型程序。

6.1.3　计算机网络的基本组成

计算机网络由网络软件和网络硬件两大部分组成。

1. 网络软件

在网络系统中，网络上的每个用户都可共享系统中的各种资源，所以系统必须对每个用户进行控制，否则就会造成系统混乱、数据破坏和丢失等。为了协调系统资源，系统需要通过软件工具对网络资源进行全面的管理，进行合理的调度和分配，并采取一系列的安全保密措施，防止用户对数据和信息的非法访问，防止数据和信息的破坏与丢失。

网络软件是实现网络功能所不可缺少的软环境。网络软件通常包括以下几个。

（1）网络协议和协议软件。通过协议程序实现网络协议功能。

（2）网络通信软件。通过网络通信软件实现网络工作站之间的通信。

（3）网络操作系统。用以实现系统资源共享，管理用户的应用程序对不同资源的访问，是最主要的网络软件。

（4）网络管理及网络应用软件。网络管理软件是用来对网络资源进行管理和对网络进行维护的软件；网络应用软件是为网络用户提供服务，以使网络用户能在网络上解决实际问题。

网络软件最重要的特征是：网络软件所研究的重点不是网络中所互联的每台独立的计算机本身的功能，而是研究如何实现网络特有的功能。

2. 网络硬件

网络硬件是计算机网络系统的物质基础。要构成一个计算机网络系统，首先要将计算机及其附属硬件设备与网络中其他计算机系统连接起来，实现物理连接。不同的计算机网络系统在硬件方面是有差别的。随着计算机技术和网络技术的发展，网络硬件日趋多样化，且功能更强、更复杂。

6.1.4　计算机网络的功能和应用

1. 计算机网络的功能

计算机网络的功能主要表现在以下几个方面。

（1）资源共享。充分利用计算机的软硬件资源是计算机网络开发的主要目的之一，计算机网络的出现使用户可以方便地共享和访问分散在不同地域的各种信息资源、计算机和外围设备。

（2）数据通信。分布在各地的多个计算机系统之间可以通过网络进行数据通信是网络的基本功能，资源之间的访问就是通过数据之间的传输实现的。

（3）信息的集中和综合处理。通过计算机网络可以将分散在各地的计算机系统中的数据信息进行集中或分级管理，并经过综合处理形成各种图表、情报，提供给网络用户。例如，随着计算机网络的不断普及，通过公用计算机网络向社会提供的各种信息服务、咨询越来越多，这都是信息集中综合处理的结果。

（4）资源调剂。对于超大负荷的高性能计算和信息处理任务，可以采用适当的算法，通过计算机网络将任务分散，由不同的计算机协作完成，以对计算机资源进行调剂，均衡负荷，提高效率。

（5）提高系统可靠性和性价比。通过计算机网络，可以将网络中重要的数据在多台计算机中备份，这样在一台计算机出现故障时，可实现快速恢复，从而不会影响到整个网络的使用，提高了系统的可靠性。性价比是衡量一个系统实用性的重要指标，即性能与价格的比值。性价比越大则实用性越强，越经济实惠。计算机网络可以通过调剂资源、优选算法等手段提高整体的性能，以降低造价成本，提高性价比。

2. 计算机网络的应用

由于计算机网络具有资源共享、数据通信和协同工作等基本功能，因而成为信息产业的基础，并得到了日益广泛的应用。下面将列举一些常用的计算机网络应用系统。

（1）管理信息系统（MIS，Management Information System）。MIS 是基于数据库的应用系统。人们建立计算机网络，并在网络的基础上建立管理信息系统，这是现代化企业管理的基本前提和特征。因此，现在 MIS 被广泛地应用于企事业单位的人事、财会和物资等的科学管理。例如：使用 MIS 系统，企业可以实现市场经营管理、生产制造管理、物资仓库管理、财务与审计管理和人事档案管理等，并能实现各部门动态信息的管理、查询和部门间的报表传递。因此，可以大幅度改进、提高企业的生产管理水平和工作效率，同时为企业的决策与规划部门及时提供决策依据。

（2）办公自动化系统（OA，Office Automation）。办公自动化系统可以将一个机构办公用的计算机、其他办公设备（如传真机和打印机等）连接成网络，这样可以为办公室工作人员和企事业负责干部提供各种现代化手段，从而改进办公条件，提高办公业务的效率与质量，及时向有关部门和领导提供相应的信息。办公自动化系统通常包含文字处理、电子报表、文档管理、小型数据库、会议演示材料的制作、会议与日程安排、电子函件和电子传真、文件的传阅与审批等。

（3）信息检索系统（IRS，Information Retrieval System）。随着全球性网络的不断发展，人们可以方便地将自己的计算机联入网络中，并使用 IRS 检索向公众开放的信息资源。因此，IRS 是一类具有广泛应用的系统。例如：各类图书目录的检索、专业情报资料的检索与查询、生活与工作服务的信息查询（如气象、交通、金融、保险、股票、商贸、产品等），以及公安部门的罪犯信息和人口信息查询等。IRS 不仅可以进行网络上的查询，还可以实现网络购物、股票交易等网上贸易活动。

（4）电子收款机系统（POS，Point of Sells）。POS 被广泛地应用于商业系统，它以电子自动收款机为基础，并与财务、计划、仓储等业务部门相连接。POS 是现代化大型商场和超级市场的标志。

（5）分布式控制系统（DCS，Distributed Control System）。DCS 广泛地应用于工业生产过程和自动控制系统。使用 DCS 可以提高生产效率和质量、节省人力和物力、实现安全监控等目标。常见的 DCS 如：电厂和电网的监控调度系统，冶金、钢铁和化工生产过程的自动控制系统，交通调度与监控系统。这些系统联网之后，一般可以形成具有反馈的闭环控制系统，从而实现全方位的控制。

（6）计算机集成制造系统（CIMS，Computer Integrated Manufacturing System）。CIMS 实际上是企业中的多个分系统在网络上的综合与集成。它根据本单位的业务需求，将企业中各个环节通过网络有机地联系在一起。例如：CIMS 可以实现市场分析、产品营销、产品设计、制造加工、物料管理、财务分析、售后服务以及决策支持等一个整体系统。

（7）电子数据交换系统（EDI，Electronic Data Interchange）和电子商务系统（EB，Electronic Business 或者 EC，Electronic Commerce）。EDI 的主要目标是实现无纸贸易，目前已开始在国内的贸易活动中流行。在电子数据交换系统中，涉及海关、运输、商业代理等相关的许多部门。所有的贸易单据都以电子数据的形式在网络上传输。因此，要求系统具有很高的可靠性与安全性。电子商务系统是 EDI 的进一步发展，例如：EDI 可以实现网络购物和电子拍卖等商务活动。

（8）信息服务系统。随着 Internet 的发展和使用，信息服务业也随之诞生并迅速发展，而信息服务业是以信息服务系统为基础和前提的。广大网络用户希望从网上获得各类信息服务，例如：信息服务系统可以实现在浏览器上采集各种信息、收发电子邮件、从网络上查找与下载各类软件资源、欣赏音乐与电影、进行联网娱乐游戏等。

6.1.5　计算机网络的分类

对计算机网络进行分类的标准很多，例如，按拓扑结构分类，按网络协议分类，按信道访问方式分类，按数据传输方式分类等等。但是，这些标准都只能给出网络某一方面的特征。本书将按照一种能反映网络技术本质特征的分类标准，即按计算机网络的分布距离来分类。

按照分布距离的长短，可以将计算机网络分为：局域网 LAN（Local Area Network）、城域网 MAN（Metropolitan Area Network）、广域网 WAN（Wide Area Network）和因特网（Internet）。它们所具有的特征参数如表 6-1 所示。在该表中，大致给出了各类网络的传输速率范围。总的规律是距离越长，速率越低。

表 6-1　各类计算机网络的特征参数

网络分类	缩写	分布距离大约	处理机位于同一	传输速率范围
局域网	LAN	10 m	房间	4 Mbps～2 Gbps
		100 m	建筑物	
		几千米	校园	
城域网	MAN	10 km	城市	50 Kbps～100 Mbps
广域网	WAN	100 km	国家	9.6 Kbps～45 Mbps
因特网	Internet	1 000 km	洲或洲际	

6.2　计算机网络的拓扑结构

6.2.1　计算机网络拓扑的定义

为了进行复杂的计算机网络结构设计，人们引用了拓扑学中拓扑结构的概念。在网络设计中，网络拓扑的设计选型是计算机网络设计的第一步。因为，拓扑结构是影响网络性能的主要因素之一，也是实现各种协议的基础。所以，网络拓扑结构直接关系到网络的性能、系统可靠性、通信和投资费用等因素。

通常，将通信子网中的通信处理机和其他通信设备称为节点，通信线路称为链路，而将节点和链路连接而成的几何图形称为该网络的拓扑结构。因此，计算机网络拓扑结构是指它的通信子网的拓扑构型。它反映出通信网络中各实体之间的结构关系。

6.2.2　计算机网络拓扑结构的分类

计算机网络拓扑结构根据其通信子网的通信信道类型，通常分为两类：广播信道通信子网和点一点线路通信子网。常见的基本拓扑结构有总线型、星型、环型、树形和网状型等，如图 6-2 所示。

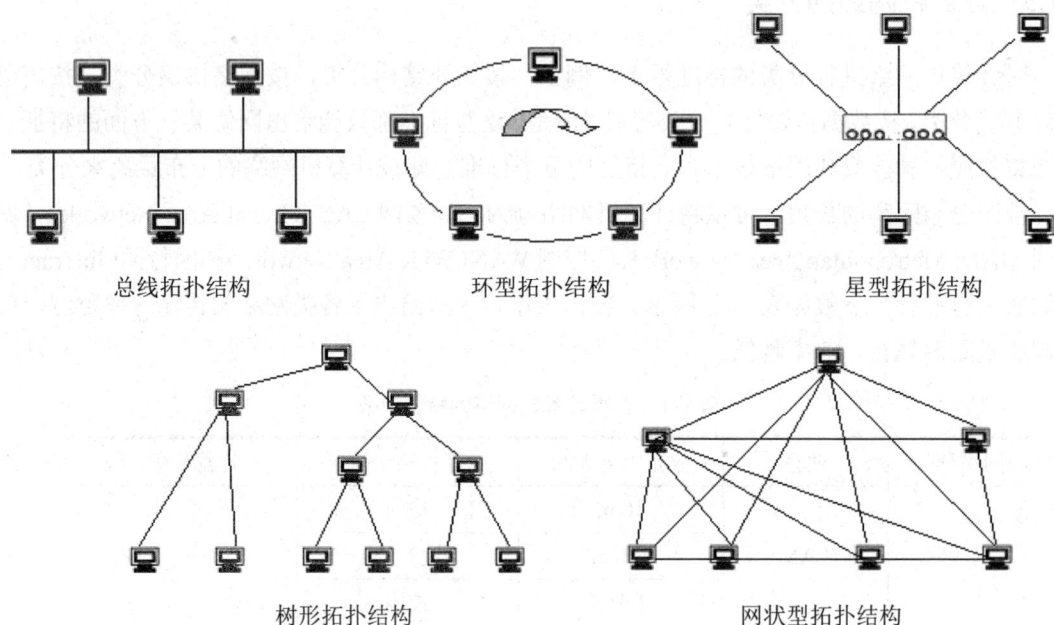

总线拓扑结构　　　　环型拓扑结构　　　　星型拓扑结构

树形拓扑结构　　　　　网状型拓扑结构

图 6-2　常见的计算机网络拓扑结构

1. 广播信道通信子网

在采用广播信道的通信子网中，一个公共通信信道被多个节点使用。在任一时间内只允许一个节点使用公共通信信道,当一个节点利用公共通信信道"发送"数据时,其他节点只能"收听"正在发送的数据。其中最典型的代表就是"总线型"拓扑结构。

利用广播通信信道完成网络通信任务时,必须解决以下两个基本问题。

(1)确定谁是通信对象。

(2)解决多节点争用公用通信信道的问题。

采用广播信道通信子网的基本拓扑构型有总线型、树形、无线通信型和卫星通信型四种。

2. 点—点线路通信子网

在点—点线路通信子网中,每条物理线路连接一对节点。如果两个节点之间没有直接连接的物理线路,则它们之间的通信只能通过其他节点转接。采用点—点线路通信子网的基本拓扑构型有星型、环型、树形和网状型四种。

(1)星型拓扑结构的主要特点。在星型拓扑结构中,每个节点都由一个单独的通信线路连接到中心节点上。中心节点控制全网的通信,任何两个节点的相互通信都须经过中心节点。

星型拓扑结构的主要优点是:结构简单、容易实现、管理方便;缺点是:中心节点控制着全网的通信,它的负荷较重,是网络的瓶颈,一旦中心节点发生故障,将导致全网瘫痪。

(2)环型拓扑结构的主要特点。在环型拓扑结构中,各个节点通过通信线路,首尾相接,形成闭合的环型,环中的数据沿一个方向传递。

环型拓扑结构的主要优点是:结构简单、容易实现、传输延迟时间固定;缺点是:各个节点都可能成为网络的瓶颈,环中的任何一个节点发生故障,都会导致全网瘫痪。

(3)树形拓扑结构的主要特点。树形拓扑结构可以看成是星型拓扑结构的扩展。它的各个节点按层次进行连接,信息的交换主要在上下节点间进行,相邻的节点之间一般不进行数据交换或者数据交换量很小。这种拓扑结构适用于分级管理的场合,或者是控制型网络。

(4)网状型拓扑结构的主要特点。在网状拓扑结构中节点之间的连接是任意的、无规律的。每两个节点之间的通信链路可能有多条,因此必须使用"路由选择"算法进行路径选择。

网状拓扑结构的主要优点是:系统可靠性高、易于故障诊断;缺点是:结构和配置复杂、投资费用高、必须采用"路由选择"算法与"流量控制"算法。目前,远程计算机网络大都采用网状拓扑结构将若干个局域网连接在一起。

6.3　网络的体系结构及相应的协议

为了研究方便,人们把网络通信的复杂过程抽象成一种层次结构模式,如图 6-3 所示。假定用户从实体 1 的终端上操作,需要用实体 2 的应用程序进行算题或控制。为了达到这个目的,除了通过公用载波线路将这两个实体连接起来之外,还要考虑在工作过程中两个实体内部相互通信的过程,这个过程比较复杂。图 6-3 将这个复杂的过程划分为四个层次,下面将说明这四个层次的大致工作过程。

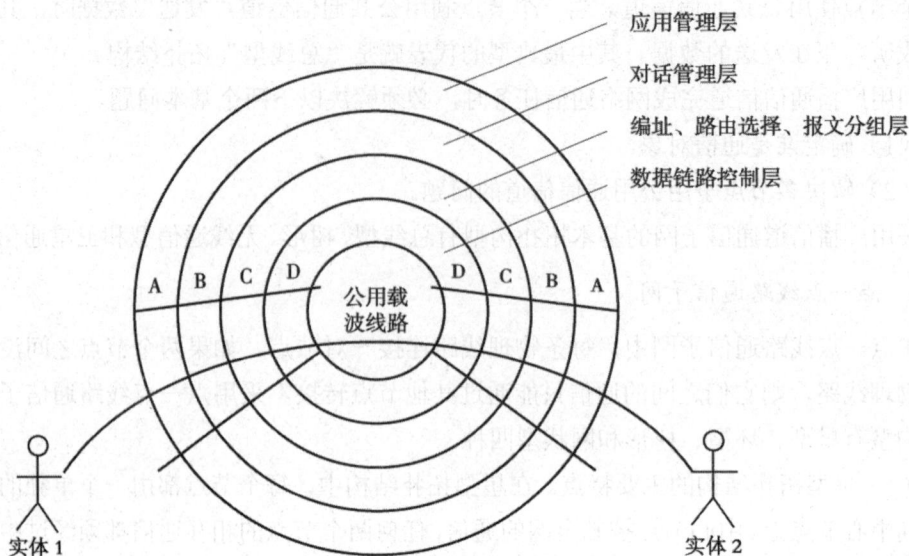

图 6-3 层次模式表示图

用户从实体 1 的终端上输入各种命令，这些命令在应用管理层中得到解释和处理，然后把结果提交给对话管理层，要求建立与实体 2 的相互联系；对话建立以后转入下一层，要求对要传送的内容进行编址，并进行路由选择和报文分组等工作；分组传送的报文经数据链路控制层，变成二进制的脉冲信号，沿公用传媒介质（信道）发送出去。这就是说，用户从实体 1 输入的命令，要经过 A、B、C、D 四个层次的处理才发送到物理信道中去。

实体 2 从信道中接收信号时，首先要经过数据链路控制层将二进制的脉冲信号接收下来，然后根据编址情况，将分组的报文重新组合在一起，再送到对话管理层去建立相互联系，最后送到应用管理层去执行应用程序。也就是说，接收方的实体 2 也要经过 D、C、B、A 四个层次才能完成接收任务。

网络的分层体系结构层次模型，包含以下两个方面的内容：

（1）将网络功能分解为许多层次，在每一个功能层次中，通信双方共同遵守许多约定和规程，这些约定和规程称为同层协议（简称为协议）。

（2）层次之间逐层过渡，上一层向下一层提出服务要求，下一层完成上一层提出的要求。上一层次必须做好进入下一层次的准备工作，这种两个相邻层次之间要完成的过渡条件，叫做接口协议（简称接口）。接口可以是硬件，当然也可以采用软件实现，例如数据格式的变换、地址的映射等。

网络分层体系结构模型的概念为计算机网络协议的设计和实现提供了很大方便。各个厂商都有自己产品的体系结构。不同的体系结构有不同的分层与协议，这就给网络的互联造成困难。为此，国际上出现了一些团体和组织为计算机网络制定了各种参考标准，而这些团体和组织有的可能是一些专业团体，有的则可能是某个国家政府部门或国际性的大公司。下面将介绍三个为网络制定标准的组织及其相应的标准。

6.3.1　网络的三个著名标准化组织

1. ISO（International Organization for Standardization）国际标准化组织

（1）组成。美国国家标准学会 ANSI（American National Standards Institute）及其他各国的国家标准组织的代表组成。

（2）主要贡献。开放系统互联 OSI（Open System Interconnection）参考模型，也就是七层网络通信模型的格式，通常称为"七层模型"。

2. IEEE（Institute of Electrical and Electronics Engineers）电气和电子工程师协会

（1）组成。电气和电子工程师协会是世界上最大的专业组织之一。

（2）主要贡献。对于网络而言，IEEE 一项最了不起的贡献就是对 IEEE 802 协议进行了定义。802 协议主要用于局域网，其中比较著名的有：

- 802.3：CSMA/CD
- 802.5：Token Ring

3. DARPA（Defense Advanced Research Projects Agency）美国国防部高级研究计划局（其中，"D：defense"表示国防部）

（1）组成。美国国防部高级研究计划局。

（2）主要贡献。TCP/IP 通信标准。ARPA 从 20 世纪 60 年代开始致力于研究不同类型计算机网络之间的互相连接问题，成功地开发出著名的 TCP/IP 协议（Transmission Control Protocol/Internet Protoco1）。它是 ARPAnet 网络结构的一部分，提供了连接不同厂家计算机主机的通信协议。

6.3.2　ISO 的七层参考模型——OSI

国际标准化组织 ISO 是世界上最著名的国际标准组织之一，它主要由美国国家标准组织 ANSI 及其他各国的国家标准组织的代表组成。ISO 对网络最主要的贡献是建立并于 1981 年颁布了开放系统互联 OSI 参考模型，也就是七层网络通信模型的格式，通常称为"七层模型"。它的颁布促使所有的计算机网络走向标准化，从而具备了互联的条件。OSI 参考模型最终被开发成全球性的网络结构。

ISO 正是通过上述准则制定了著名的开放系统参考模型 OSI/RM，如图 6-4 所示。

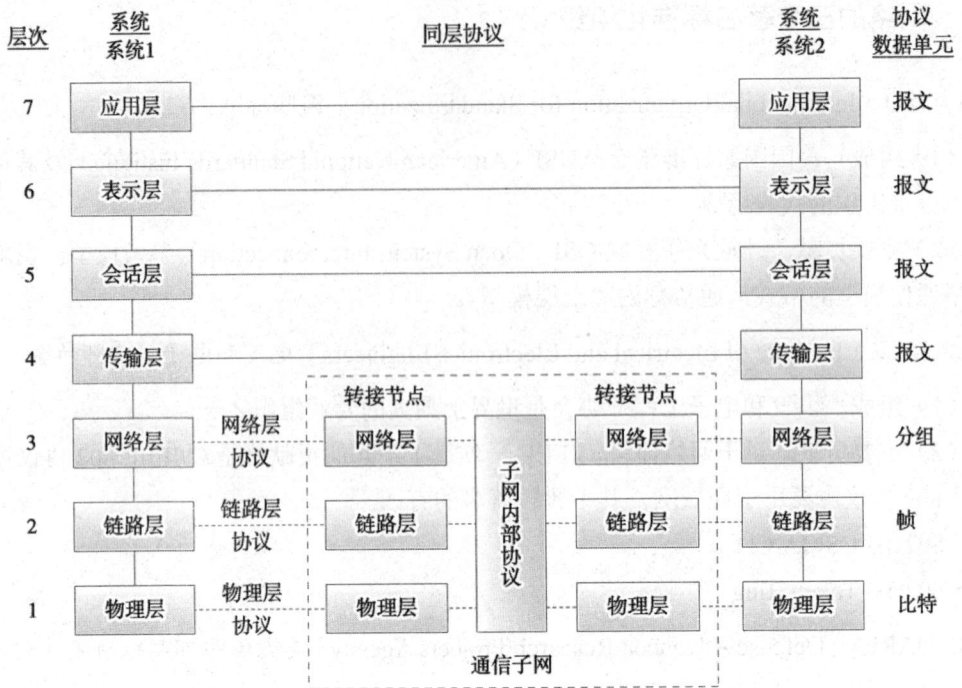

图 6-4 OSI 网络系统结构模型及协议

6.3.3 TCP/IP 通信标准

TCP/IP 通信标准是由一组通信协议所组成的协议集。其中，两个主要协议是：网际协议（IP）和传输控制协议（TCP）。

1. 网际协议（IP）

对应于 OSI 七层模型中的网络层，制定了所有在网络上流通的包标准，提供了跨越多个网络的单一包传送服务。IP 协议规定了计算机在 Internet 上通信时所必须遵守的一些基本规则，以确保路由的正确选择和报文的正确传输。

2. 传输控制协议（TCP）

对应于 OSI 七层模型中的传输层，它在 IP 协议的上面，提供面向连接的可靠数据传输服务，以便确保所有传送到某个系统的数据正确无误地到达该系统。

作为高层协议来说，TCP/IP 协议是世界上应用最广的异种网互联的标准协议，已成为事实上的国际标准。利用它，异种机型和异种操作系统的网络系统就可以方便地构成单一协议的 TCP/IP 互联网络。

6.4　常见的网络设备

本节主要以局域网为例来介绍常见的网络设备，它一般由网络服务器、网络适配器（网卡）、传输介质及网络软件等四个部分组成。

6.4.1　网络服务器

目前，微机局域网操作系统主要流行的是主从式结构的（服务器/客户机）计算机局域网络。它们的访问控制方式属于集中管理和分散处理型，这也是 20 世纪 90 年代以来局域网发展的趋势，如 Windows NT 4.X 和 5.X，以及 NetwareV4.X 和 V5.X 等。本书采用的示例，均为主从式结构的计算机局域网络。

通常，无论采用哪种结构的局域网，在一个局域网内至少需要一个服务器，它的性能直接影响着整个局域网的效率，选择和配置好网络服务器是组建局域网的关键环节。

网络服务器从应用角度可以分为：文件服务器、应用程序服务器、通信服务器、Web 服务器、打印服务器等；从设计思想角度可以分为：专用服务器和通用服务器；从硬件结构角度可以分为：单处理机网络服务器和多处理机网络服务器。

6.4.2　网卡

网卡从功能来说相当于广域网的通信控制处理机，通过它将工作站或服务器连接到网络上，实现网络资源共享和相互通信。网卡的基本功能如下：

（1）网卡实现工作站与局域网传输介质之间的物理连接和电信号匹配，接收和执行工作站与服务器送来的各种控制命令，完成物理层的功能。

（2）网卡实现局域网数据链路层的一部分功能，包括网络存取控制，信息帧的发送与接收，差错校验，串并代码转换等。

（3）网卡实现无盘工作站的复位及引导。

（4）网卡提供数据缓存能力。

（5）网卡还能实现某些接口功能。

正确选用、连接和设置网卡，往往是能否正确连通网络的前提和必要条件。

6.4.3　传输介质

传输介质是网络中连接各个通信处理设备的物理媒体，是网络通信的物质基础之一。传输介质可以是有线的，也可以是无线的。前者被称为约束介质，而后者被称为自由介质。

传输介质的性能特点对传输速率、成本、抗干扰能力、通信的距离、可连接的网络节点数目和数据传输的可靠性等均有很大的影响。因此，必须根据不同的通信要求，合理地选择传输介质。选择传输介质时应考虑以下几个主要因素：

（1）成本：是决定传输介质的一个最重要的因素。

（2）安装的难易程度：这也是决定使用某种传输介质的一个主要因素。

（3）容量：指传输介质的信息传输能力，一般与传输介质的带宽和传输速率有关。因此，通常也用带宽和传输速率来表示传输介质的容量。它是描述传输介质的一个重要特性。带宽：传输介质的带宽即传输介质允许使用的频带宽度。传输速率：指在传输介质的有效带宽上，单位时间内可靠传输的二进制的位数，一般使用 bit/s 为单位。通常，bit 表示比特；Byte 表示字节，即 8 个比特；M 表示兆。

（4）衰减及最大距离：衰减是指信号在传递过程中被衰减或失真的程度；而最大网线距离是指在允许的衰减或失真程度上，可用的最大距离。因此，实际网络设计中这也是需要考虑的重要因素。在实际中，所谓的"高衰减"就是指允许的传输距离短；反之，"低衰减"就是指允许的传输距离长。

（5）抗干扰能力：是传输介质的另一个主要特性，这里的干扰主要指电磁干扰（EMl）。

1. 有线（约束）传输介质

目前，在网络中常用的有线传输介质主要有双绞线、同轴电缆和光导纤维三类。

（1）双绞线（Twisted Pair）。双绞线（又称双扭线）是当前最普通的传输介质，它由两根绝缘的金属导线扭在一起而成，如图 6-5 所示。通常还把若干对双绞线对（两对或四对），捆成一条电缆并以坚韧的护套包裹着，每对双绞线合并作一根通信线使用，以减小各对导线之间的电磁干扰。双绞线分为非屏蔽双绞线（UTP）和屏蔽双绞线（STP）两种。非屏蔽双绞线（UTP）没有金属保护膜，对电磁干扰的敏感性较大，电气特性较差。它的最大优点是价格便宜，易于安装，所以被广泛地应用在传输模拟信号的电话系统和局域网的数据传输中。它的最大缺点是绝缘性能不好，分布电容参数较大，信号衰减比较厉害，所以一般主要应用在传输速率不高，传输距离有限的场合。屏蔽双绞线（STP）和非屏蔽双绞线（UTP）的不同之处是，在双绞线和外层保护套中间增加了一层金属屏蔽保护膜，用以减少信号传送时所产生的电磁干扰。屏蔽双绞线（STP）电缆较粗，也很硬，因此安装时需要使用专门的连接器；屏蔽双绞线（STP）相对来讲价格较贵。

图 6-5 双绞线

双绞线网线制作过程如下。

①利用压线钳的剪线刀口剪裁出计划需要使用到的双绞线长度，如图 6-6 所示。

②将双绞线一端线头放入压线钳的剥线专用刀口，稍微用力握紧压线钳慢慢旋转，让刀口划开双绞线的保护胶皮，把双绞线的灰色保护层剥掉，如图 6-7 所示。

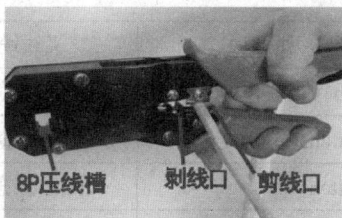

图 6-6 剪线刀口剪裁双绞线

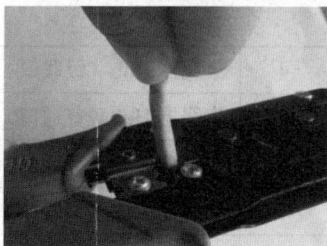

图 6-7 剥线刀口划开护套

在这个步骤中需要注意的是，压线钳挡位离剥线刀口长度通常恰好为水晶头长度，这样可以有效避免剥线过长或过短。

剥除灰色的塑料保护层之后就可以见到双绞线的四对八条芯线，并且可以看到每对的颜色都不同。每对缠绕的两条芯线由一种染有相应颜色的芯线加上一条只染有少许相应颜色的白色相间芯线组成。四条全色芯线的颜色为：棕色、橙色、绿色、蓝色。每对线都是相互缠绕在一起的，制作网线时必须将四个线对的八条细导线逐一解开、理顺、扯直，然后按照规定的线序排列整齐。

双绞线的制作方式有两种国际标准，分别为 EIA/TIA-568A 以及 EIA/TIA-568B，如图 6-8 所示。而双绞线的连接方法也主要有两种，分别为直通线缆和交叉线缆。简单地说，直通线缆就是水晶头两端都同时采用 T568A 标准或者 T568B 的接法，而交叉线缆则是水晶头一端采用 T586A 的标准制作，而另一端则采用 T568B 标准制作，即 A 水晶头的 1、2 对应 B 水晶头的 3、6，而 A 水晶头的 3、6 对应 B 水晶头的 1、2。

T568A 标准：绿白，绿，橙白，蓝，蓝白，橙，棕白，棕

T568B 标准：橙白，橙，绿白，蓝，蓝白，绿，棕白，棕

两种做法的差别就是橙色和绿色对换而已。

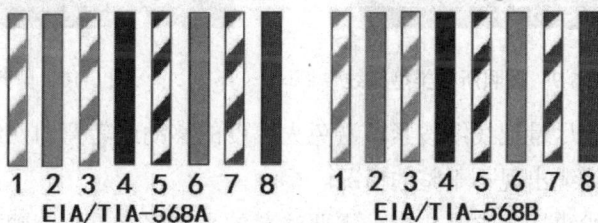

图 6-8 EIA/TIA-568A 和 EIA/TIA-568B 接线标准

各种设备连接时交叉线和直通线的选择方法如表 6-2 所示。

表 6-2 直通线缆与交叉线缆适用范围

序号	两端设备	接线类型
1	计算机 PC——计算机 PC	交叉线缆
2	计算机 PC——集线器 Hub（普通口）	直通线缆
3	集线器 Hub（普通口）——集线器 Hub（普通口）	交叉线缆

（续表）

4	集线器 Hub（级联口）——集线器 Hub（级联口）	交叉线缆
5	集线器 Hub（普通口）——集线器 Hub（级联口）	直通线缆
6	集线器 Hub（普通口）——交换机 Switch	交叉线缆
7	集线器 Hub（级联口）——交换机 Switch	直通线缆
8	交换机 Switch——交换机 Switch	交叉线缆
9	交换机 Switch——路由器 Router	直通线缆
10	路由器 Router——路由器 Router	交叉线缆

概括起来就是同种设备相连用交叉线，不同设备相连用直通线。

③把每对相互缠绕在一起的线缆逐一解开，然后根据需要接线的规则把几组线缆依次排列好并理顺，如图 6-9 所示，排列的时候应该注意尽量避免线路的缠绕和重叠。

④把线缆依次排列好并理顺压直之后，应该细心检查一遍，之后利用压线钳的剪线刀口把线缆顶部裁剪整齐，如图 6-10 所示。需要注意的是裁剪的时候应该是水平方向插入，否则线缆长度不一样会影响到线缆与水晶头的正常接触。若之前把保护层剥下过多的话，可以在这里将过长的细线剪短。刨去外保护层的部分约为 15mm 左右，这个长度正好能将各细导线插入到各自的线槽中。

图 6-9　按照所需类型排线　　　　图 6-10　剪齐线缆

裁剪之后，应该尽量把线缆按紧，避免大幅度的移动或者弯曲网线，否则会导致几组已经排列且裁剪好的线缆出现不平整的情况。

⑤把整理好的线缆插入水晶头内。需要注意的是要将水晶头有塑料弹簧片的一面向下，有针脚的一方向上，使有针脚的一端指向远离自己的方向，有方型孔的一端对着自己。此时，最左边的是第一脚，最右边的是第八脚，其余依次顺序排列。插入的时候需要注意缓缓地用力把 8 条线缆同时沿 RJ-45 头内的八个线槽插入，一直插到线槽的顶端。

⑥确认布线顺序无误之后就可以把水晶头插入压线钳的 8P 槽内压线了，如图 6-11 所示。把水晶头插入后，用力压合线钳手柄，使水晶头凸出在外面的针脚全部压入水晶头内，使八个铜针分别咬合到八根细线上，如图 6-12 所示。

双绞线的最大传输距离为 100 m。如果要加大传输距离，在两段双绞线之间可安装中继器，最多可安装四个中继器。如安装四个中继器连接五个网段，则最大传输距离可达 500 m。

⑦如图 6-13 所示，水晶头两端插在测试仪上，打开测试开关，两边指示灯开始同步亮起，如果一到八顺序亮起则接线正确，如果跳过某一个数字说明对应的接线有误或线没有压好。

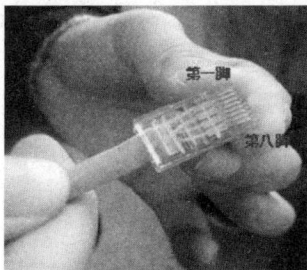

图 6-11　水晶头引脚顺序　　　　图 6-12　压线图　　　　6-13　通断测试

（2）同轴电缆（Coaxial Cable）。同轴电缆是网络中最常用的传输介质，因其内部包含两条相互平行的导线而得名。一般的同轴电缆共有四层，最内层是中心导体通常是铜质的，该铜线可以是实心的，也可以是绞合线。在中央导体的外面依次为绝缘层、外部导体和保护套，如图 6-14 所示。绝缘层一般为类似塑料的白色绝缘材料，用于将中心导体和外部导体分隔开。而外部导体为铜质的精细的网状物，用来将电磁干扰（EMI）屏蔽在电缆之外。

实际使用中，网络的数据通过中心导体进行传输；电磁干扰被外部导体屏蔽。因此，为了消除电磁干扰，同轴电缆的外部导体应当接地。

（3）光导纤维电缆（Optical Fiber）。光导纤维电缆简称光纤或光缆，它使用光信号而不是电信号来传输数据。随着对数据传输速度要求的不断提高，光缆的使用日益普遍。对于计算机网络来说，光缆具有无可比拟的优势，是目前和未来发展的方向。

光缆由纤芯、包层和保护套组成。其中纤芯由玻璃或塑料制成，包层由玻璃制成，保护套由塑料制成，其结构如图 6-15 所示。

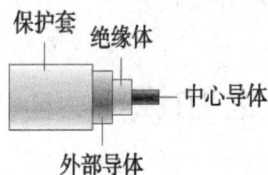

图 6-14　同轴电缆　　　　　　　　　图 6-15　光缆

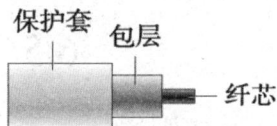

光缆的中心是玻璃束或纤芯，由激光器产生的光通过玻璃束传送到另一台设备。在纤芯的周围是一层反光材料，称为包层。由于包层的存在，没有光可以从玻璃束中逃逸。在光缆中，光只能沿一个方向移动，两个设备若要实现双向通信，必须建立两束光缆。每路光纤上的激光器发送光脉冲，并通过该路光缆到达另一台设备上，这些光脉冲在另一端的设备上被转换成 0 和 1。

光纤有两种：单模式（single mode）和多模式（multimode）。单模式光纤仅允许一束光通过，而多模式光纤则允许多路光束通过。单模式光纤比多模式光纤具有更快的传输速度和更长的传输距离，自然费用也就更高。

一般用户使用的光纤指的是光纤跳线，又称光纤连接器，是指两端都装上连接器插头，用来实现光路活动连接的光纤。只有一端装有插头的光纤称为尾纤。

光纤跳线在安装和使用中应注意以下事项。

（1）光纤跳线两端的光模块的收发波长必须一致，也就是说光纤跳线的两端必须是相同波长的光模块，简单的区分方法是光模块的颜色要一致。一般的情况下，短波光模块使用多模光纤（橙色的光纤），长波光模块使用单模光纤（黄色的光纤），以保证数据传输的准确性。

（2）光纤跳线使用前必须将其陶瓷插芯和插芯端面用酒精和脱脂棉擦拭干净。

（3）光纤跳线安装时应轻插轻拔，用力过猛易造成光纤插芯发生偏移，从而影响光通信质量。

（4）光纤跳线在使用中不要过度弯曲，否则会折断光纤。

（5）熔接光纤和其他缆线的链接不一样，它需要专用熔纤机才能将光纤熔接起来。

（5）光纤跳线使用后一定要用保护套将光纤接头保护起来，以避免灰尘和油污会损害光纤的耦合。

（6）光纤跳线中激光信号传送之时请勿直视光纤端面。

（7）光纤跳线接头被弄脏了的话，可以用棉签蘸酒精清洁，否则会影响通信质量

（8）保证在工作温度：-40℃～+80℃，相对湿度：5%～90%范围内使用。

2. 无线（自由）传输介质

有线传输在实现上往往受到地理特征的限制，存在着地域局限性。当通信距离很远时，铺设电缆既昂贵又费时费力，这时便可以考虑使用无线传输介质。使用无线（自由或无形）传输介质，是指在两个通信设备之间不使用任何物理的连接器，通常这种传输介质通过空气进行信号传输。常用的三种无线介质是无线电波、微波和红外线。

6.5 Internet 的基本知识

Internet，国内一般译为因特网，是一个由散布在世界各地的计算机相互连接而成的全球性的计算机网络，是世界上规模最大、用户最多、影响最大的计算机互联网络。Internet 以 TCP/IP 协议为基础，通过各种物理线路将世界范围内的计算机连接起来，共同协作，使世界各地的计算机能够利用它来相互传递信息，从而为人类生活提供了一种全新的交流方式。Internet 是一个容量巨大的信息宝库，包含有政治、经济、军事、商业、体育、娱乐、休闲、科学和文化等各种信息，可以说衣食住行、各行各业，无所不包。随着计算机技术与网络技术的发展，Internet 在人们的生活、学习和工作中的位置越来越重要。

6.5.1 Internet 的起源与发展

Internet 的发展历史可追溯到 20 世纪 60 年代末期。当时的美国国防部高级计划研究局 DARPA（Defense Advanced Research Project Agency）为了实现异构网络之间的互联，大力资助网络互联技术的研究，于 1969 年建立了著名的 ARPANET。

ARPANET 的成功极大地促进了网络互联技术的发展，在 1979 年基本上完成了 TCP/IP（Transport Control Protocol/Internet Protocol）体系结构和协议规范。1980 年开始在 ARPANET 上全面推广 TCP/IP 协议，1983 年完成并以 ARPANET 为主干网建立了早期的 Internet。

进入 20 世纪 90 年代，美国国家科学基金会 NSF（National Science Foundation）和美国其他政府机构开始认识到，Internet 必将扩大其使用范围，不应仅限于大学和科研机构。1995 年，NSF 把 NSFNET 的经营权交给美国最大的三家电信公司，即 SPRINT，MIC 和 ANS，NSFNET 也分成 SPRINTNET，MCINET 和 ANSNRT，由上述三家公司分别管理和经营，为客户提供网络服务。

现在，世界上多数国家都相继建设了自己国家级的计算机网络，并且都与 Internet 互联在一起。我国与 Internet 发生联系大约在 1986 年。1994 年 3 月以前，一些用户或单位不同程度地访问和使用着 Internet，其方法各不相同。有的使用国际电话线方式，有的把自己的计算机或局域网通过 X.25 网等方式附属在外国的一台计算机或局域网上，间接地使用 Internet，使用的服务主要是电子邮件。在此期间，Internet 的网络信息中心在统计报告中从未把中国作为一个正式加入 Internet 的国家看待，而是算作一个只能使用电子邮件的国家，这种情况直到 1994 年才结束。从 1994 年至今，国内已有若干个直接连接 Internet 国际通信专线的网络。

6.5.2 主机（host）

Internet 是由计算机组成的网络，在 Internet 网络中所有计算机均成为主机。一台计算机如果连接到了 Internet 上，称之为拥有 Internet 连接，而这台计算机就被称为一台 Internet 上的主机。需要注意的是，一台主机必须是一台拥有自己独立的 IP 地址的计算机。有些计算机虽然也可查看一些 Internet 中的内容，但这些计算机往往只是一台终端，只起着显示和接收输入的功能。在这种情况下，真正的主机是这台计算机所连接的那台有 IP 地址的计算机，而这台计算机即使功能再强大，也只能被称为一台 Internet 上主机的终端，却不是一台真正的主机。

6.5.3 IP 地址（IP Address）、子网掩码与域名系统

1. IP 地址

Internet 上有数百万台主机，当计算机希望与其中的一台主机进行联系时，必须要有一种方法来识别这台主机，这样 Internet 才能够明确信息究竟应该从什么地方传到什么地方，才能进行计算机间信息的传递。这时候，为 Internet 上的每一台主机编号就显得尤为重要了。IP

地址就是这样一种为计算机编号的方法。Internet 上的每台计算机都至少拥有一个 IP 地址，绝不可能有两台计算机的 IP 地址重复。

现行使用的 IP 地址也叫 IPV4，使用 32 位二进制数表示的一串数字。为了方便记忆，将 IP 地址分成四个部分，每 8 位二进制数为一部分，中间用点号分隔，例如：202.97.0.132 就是 Internet 上某台主机的 IP 地址。

IP 地址由网络号和主机号两部分构成，给出一台主机的地址，马上就可以确定它在哪个网络上。如何将组成 IP 地址的 32 位二进制数的信息，合理地分配给网络和主机作为编号具有非常重要的意义。因为各部分位数一旦确定，就等于确定了整个 Internet 中所能包含的网络数量以及各个网络所能容纳的主机数量。

在 Internet 中，网络数量是一个难以确定的因素，但是每个网络的规模却是比较容易确定的。从局域网到广域网，不同种类的网络规模差别很大，必须加以区分。因此，按照网络规模的大小，可以将 Internet 中的 IP 地址分为 A、B、C、D、E 五种类型，其中 A、B、C 是三种主要类型的地址。除此之外，还有两种次要类型的地址，一种是专供多目传送用的多目地址 D，另一种是扩展备用地址 E。所有的 IP 地址都由国际组织 NIC（Network Information Center，网络信息中心）负责统一分配，目前全世界共有三个这样的网络信息中心。InterNIC：负责美国及其他地区；ENIC：负责欧洲地区；APNIC：负责亚太地区。我国申请 IP 地址要通过 APNIC，APNIC 的总部设在日本东京大学。申请时要考虑申请哪一类的 IP 地址，然后向国内的代理机构提出。

三类常用的 IP：

➤ A 类 IP 段：0.0.0.0 到 127.255.255.255，可容纳主机数为 16 777 214 台。

➤ B 类 IP 段：128.0.0.0 到 191.255.255.255，可容纳主机数为 65 534 台。

➤ C 类 IP 段：192.0.0.0 到 223.255.255.255，可容纳主机数为 254 台。

固定 IP：固定 IP 地址是长期固定分配给一台计算机使用的 IP 地址，一般是特殊的服务器才拥有固定 IP 地址。

动态 IP：因为 IP 地址资源非常短缺，通过电话拨号上网或普通宽带上网用户一般不具备固定 IP 地址，而是由 ISP 动态分配暂时的一个 IP 地址。这些都是计算机系统自动完成的。

公有地址（Public address）由 Inter NIC（Internet Network Information Center 因特网信息中心）负责。这些 IP 地址分配给注册并向 Inter NIC 提出申请的组织机构。通过它直接访问因特网。私有地址（Private address）属于非注册地址，专门为组织机构内部使用。以下列出留用的内部私有地址：

➤ A 类 10.0.0.0—10.255.255.255

➤ B 类 172.16.0.0—172.31.255.255

➤ C 类 192.168.0.0—192.168.255.255

2. 子网掩码

子网掩码是一个 32 位地址，用于屏蔽 IP 地址的一部分以区别网络标识和主机标识，并说明该 IP 地址是在局域网上，还是在远程网上。掩码的功用是说明有子网和有几个子网，但子网数只能表示为一个范围，不能确切讲具体几个子网，掩码不说明具体子网号，有子网的掩码格式（对 C 类地址）:主机标识前几位为子网号，后面不写主机，全写 0。

用于子网掩码的位数决定于可能的子网数目和每个子网的主机数目。在定义子网掩码前，必须弄清楚本来使用的子网数和主机数目。定义子网掩码的步骤如下：

（1）确定哪些组地址可以使用。比如申请到的网络号为"210.73.a.b"，该网络地址为 c 类 IP 地址，网络标识为"210.73"，主机标识为"a.b"。

（2）根据所需的子网数以及将来可能扩充到的子网数，用宿主机的一些位来定义子网掩码。比如现在需要 12 个子网，将来可能需要 16 个。用第三个字节的前四位确定子网掩码。前四位都置为"1"，即第三个字节为"11110000"，这个数暂且称作新的二进制子网掩码。

（3）把对应初始网络的各个位都置为"1"，即前两个字节都置为"1"，第四个字节都置为"0"，则子网掩码的间断二进制形式为："11111111.11111111.11110000.00000000"

（4）把这个数转化为间断十进制形式为："255.255.240.0"

这个数就是该网络的子网掩码。

如图 6-16 所示，在 DOC 环境下，执行 ipconfig 命令，可查询本机 IP 地址，子网掩码等信息。

图 6-16　执行 ipconfig 命令

3. 域名系统

由于 IP 地址是数字标识，使用时难以记忆和书写，因此在 IP 地址的基础上又发展出一种符号化的地址方案，来代替数字型的 IP 地址。每一个符号化的地址都与特定的 IP 地址对应，这样网络上的资源访问起来就容易得多了。这个与网络上的数字型 IP 地址相对应的字符型地址，就被称为域名。例如："jju.edu.cn"就是一个域名。

Internet 域名采用层次型结构，反映一定的区域层次隶属关系。域名由若干个英文字母和数字组成，由"."分隔成几个层次，从右到左依次为顶级域、二级域、三级域等。例如，在域名 jju.edu.cn 中，顶级域为 cn，二级域为 edu，最后一级域为 jju。

顶级域名又分为两类：一是国家顶级域名（national top-level domainnames，简称 nTLDs），目前 200 多个国家和地区都按照 ISO3166 国家代码分配了顶级域名，例如中国是 CN，美国是 US，日本是 JP 等；二是国际顶级域名（international top-level domain names，简称 iTDs），例如表示工商企业的.con，表示网络提供商的.net，表示非盈利组织的.org 等。

二级域名是指顶级域名之下的域名，在国际顶级域名下，它是指域名注册人的网上名称，例如 ibm、yahoo、microsoft 等；在国家顶级域名下，它是表示注册企业类别的符号，例如 com、edu、gov、net 等。各种域名的含义如表 6-3 所示。

表 6-3　域名的含义

域名	域机构	域名	国家
com	商业机构	AU	澳大利亚
edu	教育机构	CA	加拿大
gov	政府机构	CN	中国
mil	军事机构	DE	德国
net	主要网络支持中心	JP	日本
org	其他组织	UK	英国
int	国际组织	US	美国

由于 Internet 主要是在美国发展起来的，所以美国机构的顶级域名不是国家代码，而直接使用机构组织类型。如果某主机的顶级域由 com、edu 等构成，一般可以判断这台主机在美国（也有美国主机顶级域名为 us 的情况）。其他国家、地区的顶级域名一般都是其国家、地区的代码。

6.5.4　Internet 接入

1. 电话线拨号接入（PSTN）

以前家庭用户普通使用窄带方式接入互联网，即利用当地运营商提供的接入号码，通过电话拨号接入互联网，速率不超过 56 Kbit/s。特点是使用方便，只需有效的电话线及自带调制解调器（MODEM）的 PC 就可完成接入。目前，这种接入方式基本停用了。

2. ISDN

ISDN 俗称"一线通"。它采用数字传输和数字交换技术，将电话、传真、数据、图像等多种业务综合在一个统一的数字网络中进行传输和处理。用户利用一条 ISDN 用户线路，可以在上网的同时拨打电话、收发传真，就像两条电话线一样，这种接入方式主要适合于普通家庭用户使用。因其速率仍然较低，无法实现一些高速率要求的网络服务，所以现在基本停用了。

3. ADSL 接入

在通过本地环路提供数字服务的技术中，最有效的类型之一是数字用户线（Digital Subscriber Line，DSL）技术，是目前运用最广泛的铜线接入方式。如图 6-17 所示，ADSL 可直接利用现有的电话线路，通过 ADSLMODEM 后进行数字信息传输。理论速率可达到 8 Mbit/s 的下行和 1 Mbit/s 的上行，传输距离可达 4～5 km。ADSL2+速率可达 24 Mbit/s 下行和 1 Mbit/s 上行。另外，最新的 VDSL2 技术可以达到上下行各 100 Mbit/s 的速率。具有速率稳定、带宽独享、语音数据不干扰等特点。适用于家庭、个人等用户的大多数网络应用需求，满足一些宽带业务包括 IPTV、视频点播（VOD）、远程教学、可视电话、多媒体检索、LAN 互联、Internet 接入等。

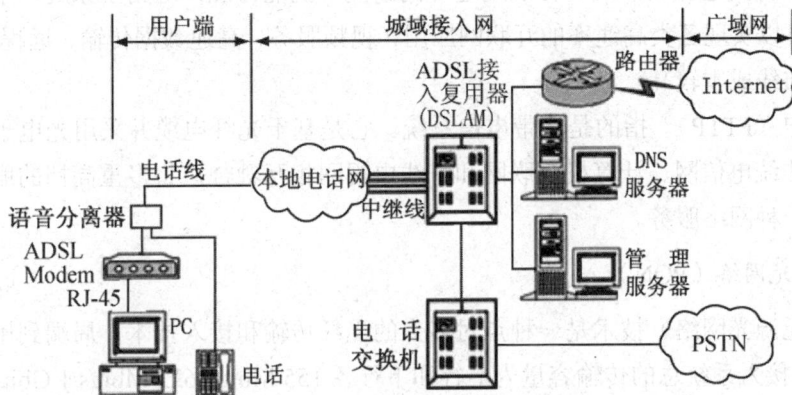

图 6-17 ADSL 接入示意图

ADSL 技术具有以下一些主要特点：可以充分利用现有的电话线网络，通过在线路两端加装 ADSL 设备便可为用户提供宽带服务；它可以与普通电话线共存于一条电话线上，在接听、拨打电话的同时能进行 ADSL 传输，而又互不影响；进行数据传输时不通过电话交换机，这样上网时就不需要缴付额外的电话费，可节省费用；ADSL 的数据传输速率可根据线路的情况进行自动调整，它以"尽力而为"的方式进行数据传输。

IPTV 即交互式网络电视，是一种利用宽带有线电视网，集互联网、多媒体、通信等多种技术于一体，向家庭用户提供包括数字电视在内的多种交互式服务的崭新技术。其系统结构主要包括流媒体服务、节目采编、存储及认证计费等子系统，主要存储及传送的内容是以 MPEG-2/4 标准为编码核心的流媒体文件。它基于 IP 网络传输，通常要设置内容分配服务节点，配置流媒体服务及存储设备，用户终端可以是 IP 机顶盒+电视机，也可以是 PC 机。IPTV 用户端可以采用多种接入方式，最常使用的方法是 ADSL 接入方式，也可以采用光纤网络的接入方式。用户在家中只要安装了宽带，通过电视机和 IPTV 机顶盒就可享受到 IPTV 的全部精彩内容。

4. HFC（CABLE MODEM）

HFC 是一种基于有线电视网络铜线资源的接入方式。具有专线上网的连接特点，允许用户通过有线电视网实现高速接入互联网。适用于拥有有线电视网的家庭、个人或中小团体。特点是速率较高，接入方式方便（通过有线电缆传输数据，不需要布线），可实现各类视频服务、高速下载等。缺点在于基于有线电视网络的架构是属于网络资源分享型的，当用户激增时，速率就会下降且不稳定，扩展性不够。

5. 光纤宽带接入

通过光纤接入到小区节点或楼道，再由网线连接到各个共享点上（一般不超过 100 m），提供一定区域的高速互联接入。特点是速率高，抗干扰能力强，适用于家庭，个人或各类企事业团体，可以实现各类高速率的互联网应用（视频服务、高速数据传输、远程交互等），缺点是一次性布线成本较高。

光纤入户（FTTP） 指的是宽带电信系统。它是基于光纤电缆并采用光电子将原来独立设计运营的传统电信网、计算机互联网和有线电视网相互融合，将多重高档的服务传送给家庭或企业的一种网络服务。

6. 无源光网络（PON）

PON（无源光网络）技术是一种点对多点的光纤传输和接入技术，局端到用户端最大距离为 20 km，接入系统总的传输容量为上行和下行各 155 Mbit/s/622 Mbit/s/1 Gbit/s，由各用户共享，每个用户使用的带宽可以以 64 kbit/s 步进划分。特点是接入速率高，可以实现各类高速率的互联网应用（视频服务、高速数据传输、远程交互等），缺点是一次性投入较大。

7. 无线连接

Wi-Fi 是一种允许电子设备连接到一个无线局域网（WLAN）的技术，通常使用 2.4G UHF 或 5G SHF ISM 射频频段。连接到无线局域网通常是有密码保护的；但也可是开放的，这样就允许任何在 WLAN 范围内的设备可以连接上。Wi-Fi 是一个无线网络通信技术的品牌，由 Wi-Fi 联盟所持有。目的是改善基于 IEEE 802.11 标准的无线网路产品之间的互通性。有人把使用 IEEE 802.11 系列协议的局域网就称为无线保真。甚至把 Wi-Fi 等同于无线网际网路（Wi-Fi 是 WLAN 的重要组成部分）。

目前，第五代移动通信系统 5G 已经成为通信业和学术界探讨的热点。5G 移动网络与早期的 2G、3G 和 4G 移动网络一样，5G 网络是数字蜂窝网络，在这种网络中，供应商覆盖的服务区域被划分为许多称为蜂窝的小地理区域。表示声音和图像的模拟信号在手机中被数字化，由模数转换器转换并作为比特流传输。蜂窝中的所有 5G 无线设备通过无线电波与蜂窝中的本地天线阵和低功率自动收发器（发射机和接收机）进行通信。其最大特点就是速率高，延时小，容量大，覆盖广。现多用于自动驾驶、远程外科手术、智能电网、新闻媒体等领域。

8. 电力网接入（PLC）

电力线通信 （Power Line Communication） 技术，是指利用电力线传输数据和媒体信号的一种通信方式，也称电力线载波（Power Line Carrier）。把载有信息的高频加载于电流，然后用电线传输到接受信息的适配器，再把高频从电流中分离出来并传送到计算机或电话。PLC属于电力通信网，包括 PLC 和利用电缆管道和电杆铺设的光纤通信网等。电力通信网的内部应用，包括电网监控与调度、远程抄表等。面向家庭上网的 PLC，俗称电力宽带，属于低压配电网通信。

6.6　Internet 服务

Internet 是世界上最大的分布式计算机网络的集合。它通过通信线路将来自世界的几万个大大小小的计算机网络连接在一起，按照 TCP/IP 协议互联互通、共享资源，每个计算机网络又相对独立、分散管理。为了使全世界所有用户都能够高效、便捷地使用 Internet 资源，必须利用 Internet 上的各种网络工具，或者说充分地利用 Internet 上提供的各种网络服务。

Internet 的网络服务基本上可以归为两类：一类是提供通信服务的工具，如电子邮件（E-mail）、远程登录（Telnet）等；另一类是提供网络检索服务的工具，如 FTP、Gopher、WAIS、WWW 等。

6.6.1　WWW

WWW 是 World Wide Web 的简称，常见的称呼有"环球网""万维网"等，还有人直接称之为3W。WWW 采用网型搜索，正如它名字 Web 所表达的那样，WWW 的信息结构像蜘蛛网一样纵横交错。其信息搜索能从一个地方到达网络的任何地方，且不必返回根处。网型结构能提供比树形结构更紧密、更复杂的连接，因此建立和保持其连接会更困难，但其搜索信息的效率会更高，这就是 Web 的思路。

1. 超文本（Hyper text）和超媒体（Hyper media）

一个真正的超文本系统应该保证用户自由地搜索和浏览信息，类似人的联想思维方式。超文本的基本思想是按联想跳跃式结构组织、搜索和浏览信息，以提高人们获取知识的效率。在 WWW 中，超文本是通过将可选菜单项嵌入文本中来实现的，即每份文档都包括文本信息和用以指向其他文档的嵌入式菜单项。这样用户既可以阅读一份完整的文档，也可以随时停下来选择一个可导向其他文档的关键词，进入别的文档。

超媒体由超文本演变而来，即在超文本中嵌入除了文本外的视频和音频等信息。可以说，超媒体是多媒体的超文本。

2. 超文本标记语言（HTML）和统一资源定位器（URL）

超文本标识语言 HTML（Hyper Text Markup Language）是一门专门用于 WWW 的编程语言，用于描述超文本各部分的构造，告诉浏览器如何显示文本，怎么生成与别的文本或图像链接的链等。HTML 文档由文本、格式化代码和导向其他文档的超链接组成。具体格式这里就不再描述，使用时可参考相应文献。实际上，这种语言非常简单易学。

统一资源定位符 URL（Uniform Resource Locator）是 WWW 上的一种编址机制，用于对 WWW 的众多资源进行标识，以便于检索和浏览。每一个文件，不论它以何种方式存储在哪一个服务器上，都有一个 URL 地址，从这个意义上讲，可以把 URL 看作一个文件在 Internet 网上的标准通用地址。只要用户正确地给出了某个文件的 URL，WWW 服务器就能正确无误地找到它，并传给用户。Internet 上的其他服务器都可以通过 URL 地址从 WWW 中进入。

URL 的一般格式如下：

<通信协议>://<主机>/<路径>/<文件名>

其中：

通信协议：是指提供该文件的服务器所使用的通信协议。

主机：是指上述服务器所在主机的域名。

路径：是指该文件在所述主机上的路径。

文件名：是指文件的名称。

3. 客户机（Client）和服务器（Server）

WWW 的客户机是指在 Internet 上请求 WWW 文档的用户计算机。WWW 服务器则是指 Internet 上保存并管理运行 WWW 信息的较大型计算机，它接收用户在客户机上发出的请求，访问超文本和超媒体，然后将相关信息传回给用户。客户机和服务器之间遵循超文本传输协议 HTTP。

4. 浏览器（Browser）

客户机上的用户通过客户浏览程序查询 WWW 信息和浏览超文本，因此客户浏览程序又称为浏览器（Browser）。浏览器是目前 Internet 世界发展最快的工具，又是计算机厂家竞争的焦点。

WWW 客户浏览器的分类方法有两种。其一是按照它提供的使用界面分类，目前浏览器的使用界面可分为基于字符的和基于图形的两种。第二种是按照运行它的软件平台来分类，目前最流行的三种软件平台：UNIX、Microsoft Windows 和 Apple Macintosh 上都有各种 WWW 浏览器可供用户选择。软件平台又称为"系统平台"，通常指计算机的操作系统，它提供给用户一个使用 WWW 的方便而友好的环境。每一种浏览器都有其优点和缺点，可以满足众多用户不同层次的需要。同时，各种浏览器在竞争过程中互相学习、完善、更新，使得更好、更多的浏览器不断涌现。

5. 主页（Home Page）

用户使用 WWW 首先看到的页面文本称为主页（Home Page）。使用 WWW 的每一个用户都可以用超文本标记语言建立自己的主页，并可以在文本中加入用户特点的图形图像，列出一些常见的链接。另外，用户还可以对自己的主页进行更新。

主页是 WWW 服务器上的重要服务界面部分，目前，主页主要有以下几个功能。

（1）针对网上资源的剧增而提供分门别类的各种信息指南和网络地址，协助用户高效、快速地查找 WWW 信息。

（2）利用主页传递题材广泛的各种专题论坛、学术讨论、知识讲座等。

（3）利用主页介绍各个公司、机构和个人的一般情况和最新资料。

（4）利用主页提供电影、电视、商业和娱乐等服务的简要指南。

通常一个主页可以反映出以上所述的一种或几种功能。主页的开发和利用目前已成为 WWW 网上使用者和开发者的共同课题。

6.6.2　E-mail

电子邮件 E-mail(Electronic Mail)是用户或用户组之间通过计算机网络收发信息的服务。目前电子邮件已成为网络用户之间快速、简便、可靠且成本低廉的现代通信手段，也是 Internet 上使用最广泛、最受欢迎的服务之一。

电子邮件使网络用户能够发送或接收文字、图像和语音等多种形式的信息。目前 Internet 网上 60%以上的活动都与电子邮件有关。使用 Internet 提供的电子邮件服务，实际上并不一定需要直接与 Internet 联网，只要通过已与 Internet 联网并提供 Internet 邮件服务的机构收发电子邮件即可。

使用电子邮件服务的前提是用户拥有自己的电子信箱，一般又称为电子邮件地址（E-mail Address）。电子信箱是提供电子邮件服务的机构为用户建立的帐号，实际上是该机构在与 Internet 联网的计算机上为用户分配的一个专门用于存放往来邮件的磁盘存储区域，这个区域是由电子邮件系统管理的。

6.6.3　FTP

FTP 曾经是 Internet 中的一种重要的交流形式。目前，常常用它来从远程主机中复制所需的各类软件。与大多数 Internet 服务一样，FTP 也是一个客户机/服务器系统。用户通过一个支持 FTP 协议的客户机程序，连接到在远程主机上的 FTP 服务器程序。用户通过客户机程序向服务器程序发出命令，服务器程序执行用户所发出的命令，并将执行的结果返回到客户机。

使用 FTP 时必须首先登录，在远程主机上获得相应的权限以后，方可上传或下载文件。也就是说，要想同哪一台计算机传送文件，就必须具有哪一台计算机的适当授权。换言之，除非有用户 ID 和口令，否则便无法传送文件。有些服务器提供匿名 FTP 服务，用户可通过匿名 FTP 连接到远程主机上，并从其下载文件，而无需成为其注册用户。在该服务器上，系统管理员建立了一个特殊的用户 ID，名为 anonymous，Internet 上的任何人在任何地方都可使用该用户 ID。

6.6.4　远程登录（Telnet）

Telnet 是让用户坐在自己的计算机前通过 Internet 网络登录到另一台远程计算机上，这台计算机可以在隔壁的房间里，也可以在地球的另一端。当登录上远程计算机后，电脑就仿佛是远程计算机的一个终端，此时，用户就可以用自己的计算机直接操纵远程计算机，享受远程计算机本地终端同样的权力。可在远程计算机启动一个交互式程序，可以检索远程计算机的某个数据库，可以利用远程计算机强大的运算能力对某个方程式求解。

运行 telnet 程序的方法有以下两个。

1. 录入命令后加上远程机的地址

当用户进行远程连接时，应使用 telnet 程序。运行 telnet 程序，首先要录入命令名及想连接的远程机的地址。例如，假设要连接一台叫 JJTUSVR 的计算机，它的全地址为 JJTUSVR.EDU.CN，则录入：

telnet　JJTUSVR.EDU.CN<Enter>

若是与本地网络的一台计算机连接，通常可以只录入该机的名字而不用录入全地址。

例如：telnet　JJTUSVR<Enter>

所有 Internet 主机都有一个正式的 IP 地址，一些系统在处理某些标准地址时会有困难。若遇到此类问题，可换用 IP 地址试一试。例如，以下两个命令都可达到同一目的，即能连上同一台主机。

运行 telnet 程序后，它将开始连接用户指定的远程机。当 telnet 等待响应时，屏幕将显示：

Trying...

或类似的信息。

一旦连接确定，将读到此信息：Connected to JJTUSVR.EDU.CN。

2. 只录入命令名

如 telnet<Enter>后在"telnet>"提示符后录入一条 open 命令：

open　JJTUSVR.EDU.CN<Enter>

退出 telnet 程序的方法有两种：若用户已与远程机连接，用常规方法退出，telnet 程序自动退出；或者在"telnet>"提示符下，录入中止命令：quit　<Enter>。

6.6.5　网上聊天

网上聊天是目前相当受欢迎的一项网络服务。人们可以安装聊天工具软件，并通过网络以一定的协议连接到一台或多台专用服务器上进行聊天。在网上，人们利用网上聊天室发送文字等消息与别人进行实时的"对话"。目前，网上聊天除了能传送文本消息外，而且还能传送语音、视频等信息，即语音聊天室等。正是由于聊天室具有相当好的消息实时传送功能，用户甚至可以在几秒钟内就能看到对方发送过来的消息，同时还可以选择许多个性化的图像和语言动作。另外，在聊天时，每个人都可以在网上用匿名的方式进行聊天，谈话的自由度更大。目前较为流行的聊天软件有 QQ、微信、IRC 等。

6.6.6　其他服务

1. 搜索引擎

搜索引擎（Search Engine）是指根据一定的策略、运用特定的计算机程序从互联网上搜集信息，在对信息进行组织和处理后，为用户提供检索服务，将用户检索相关的信息展示给用户的系统。

从使用者的角度看，搜索引擎提供一个包含搜索框的页面，在搜索框输入词语，通过浏览器提交给搜索引擎后，搜索引擎就会返回与用户输入的内容相关的信息列表。互联网发展早期，以雅虎为代表的网站分类目录查询非常流行。网站分类目录由人工整理维护，精选互联网上的优秀网站，并简要描述，分类放置到不同目录下。用户查询时，通过一层层的点击来查找自己想要的网站。也有人把这种基于目录的检索服务网站称为搜索引擎，但从严格意义上讲，它并不是搜索引擎。著名的搜索引擎网址有以下几个。

（1）百度：http://www.baidu.com/。

（2）谷歌：http://www.google.cn/。

（3）新浪：http://cha.iask.com/。

（4）北京大学网中文搜索引擎：http://e.pku.edu.cn/。

（5）雅虎：http://search.cn.yahoo.com/。

（6）中国知网：http://www.cnki.net/。

2. 新闻组

新闻组是因特网上的电子新闻传播工具。在网络上用来存放电子邮件等各种信息（即电子新闻）的一台计算机，称为新闻服务器（NNTP Server）。而新闻组（Newsgroup）就是存放在服务器这台特殊的计算机上的"文件夹"，在每个新闻组内存放有主题、内容各不相同的邮件。当然，一个服务器上有许多主题不同的新闻组，每个新闻组都可以有若干个子新闻组。

用户可以通过运行新闻阅读程序来阅读电子新闻，这样新闻组的文章信息就会显示出来，包括文章的作者、主题、第一页以及续信息。当然用户也可以在新闻组上发送自己的信息。如果某个新闻组参加讨论的人多，则这个新闻组就会继续创建或存在下去，否则就会被自动删除。

3. 云存储

云存储（Cloud storage）是在云计算（Cloud Computing）概念上延伸和发展出来的一个新的概念。它是指通过集群应用、网格技术或分布式文件系统等功能，将网络中大量的各种不同类型的存储设备通过应用软件集合起来协同工作，共同对外提供数据存储和业务访问功能的一个系统。

云存储是一种网上在线存储的模式，数据存放在由第三方托管的多台虚拟服务器上。托管公司运营大型的数据中心，需要数据存储托管的客户通过向托管公司购买或租赁存储空间的方式，来满足数据存储的需求。数据中心营运商根据客户的需求，在后端准备存储虚拟化的资源，并将其以存储资源池（Storage Pool）的方式提供，客户可自行使用此存储资源池来存放文件或对象。实际上，这些资源可能被分布在众多的服务器主机上。目前，比较成熟的云端有百度云、腾讯云、阿里云、华为云等等。

4. 大数据

大数据（Big Data），IT 行业术语，是指无法在一定时间范围内用常规软件工具进行捕捉、管理和处理的数据集合，是需要新处理模式才能具有更强的决策力、洞察发现力和流程优化能力的海量、高增长率和多样化的信息资产。具有数据体量巨大（Volume）、处理速度快（Velocity）、数据类型繁多（Variety）和价值密度低（Value）四个特征，简称为"4V"。大数据包括结构化、半结构化和非结构化数据。

大数据处理技术在具体的应用方面，可以为国家支柱企业的数据分析和处理提供技术和平台支持，也能为企业进行数据分析、处理、挖掘。大数据分析常和云计算联系到一起，适用于大数据的技术，包括大规模并行处理（MPP）数据库、数据挖掘、分布式文件系统、分布式数据库、云计算平台、互联网和可扩展的存储系统。

6.7 计算机安全

一般来说，安全的系统会利用一些专门的安全特性来控制对信息的访问，只有经过适当授权的人，或者以这些人的名义进行的进程可以读、写、创建和删除这些信息。我国公安部公共信息网络监察司对计算机安全的定义是"计算机安全是指计算机资产安全，即计算机信息系统资源和信息资源不受自然和人为有害因素的威胁和危害"。

随着计算机硬件的发展，计算机中存储的程序和数据的量越来越大，如何保障存储在计算机中的数据不被丢失，是任何计算机应用部门要首先考虑的问题，计算机的硬、软件生产厂家也在努力研究和不断解决这个问题。

6.7.1　信息系统中存在的安全问题

信息安全的威胁来自方方面面，根据其性质基本上可以归结为以下几个方面：

（1）信息泄露：保护的信息被泄露或透露给某个非授权的实体。

（2）破坏信息的完整性：数据被非授权地进行增删、修改或破坏而受到损失。

（3）拒绝服务：信息使用者对信息或其他资源的合法访问被无条件地阻止。

（4）非法使用（非授权访问）：某一资源被某个非授权的人，或以非授权的方式使用。

（5）窃听：用各种可能的合法或非法的手段窃取系统中的信息资源和敏感信息。例如，对通信线路中传输的信号搭线监听，或者利用通信设备在工作过程中产生的电磁泄露截取有用信息等。

（6）业务流分析：通过对系统进行长期监听，利用统计分析方法对诸如通信频度、通信的信息流向、通信总量的变化等参数进行研究，从中发现有价值的信息和规律。

（7）假冒：通过欺骗通信系统（或用户）达到非法用户冒充成为合法用户，或者特权小的用户冒充成为特权大的用户的目的。平常所说的黑客大多采用的就是假冒攻击。

（8）旁路控制：攻击者利用系统的安全缺陷或安全性上的脆弱之处获得非授权的权利或特权。例如，攻击者通过各种攻击手段发现原本应保密，但是却又暴露出来的一些系统"特性"，利用这些"特性"，攻击者可以绕过防线守卫者侵入系统的内部。

（9）授权侵犯：被授权以某一目的使用某一系统或资源的某个人，却将此权限用于其他非授权的目的，也称作"内部攻击"。

（10）抵赖：这是一种来自用户的攻击，涵盖范围比较广泛。比如：否认自己曾经发布过的某条消息、伪造一份对方来信等。

（11）计算机病毒：这是一种在计算机系统运行过程中能够实现传染和侵害功能的程序。

（12）信息安全法律法规不完善：由于当前约束操作信息行为的法律法规还不完善，存在很多漏洞，这就给信息窃取、信息破坏者以可趁之机。

6.7.2　计算机病毒

计算机病毒（Computer Virus）在《中华人民共和国计算机信息系统安全保护条例》中被明确定义，病毒指"编制者在计算机程序中插入的破坏计算机功能或者破坏数据，影响计算机使用并且能自我复制的一组计算机指令或者程序代码"。而在一般教科书及通用资料中被定义为：利用计算机软件与硬件的缺陷，由被感染机内部发出的破坏计算机数据并影响计算机正常工作的一组指令集或程序代码。

1. 计算机病毒的产生与特点

病毒不是来源于突发或偶然的原因。一次突发的停电和偶然的错误，会在计算机的磁盘和内存中产生一些乱码和随机指令，但这些代码是无序和混乱的，病毒则是一种比较完美的，精巧严谨的代码，按照严格的秩序组织起来，与所在的系统网络环境相适应和配合起来，病毒不会通过偶然形成，并且需要有一定的长度，这个基本的长度从概率上来讲是不可能通过随机代码产生的。现在流行的病毒是由人为故意编写的，多数病毒可以找到作者和产地信息，从大量的统计分析来看，病毒作者主要情况和目的是：一些天才的程序员为了表现自己和证明自己的能力，为了宣泄个人情感等目的编写的，当然也有因政治、军事、宗教、民族、专利等方面的需求而专门编写的，其中也包括一些病毒研究机构和黑客的测试病毒。

病毒的特点主要表现在以下几个方面。

（1）寄生性。计算机病毒寄生在其他程序之中，当执行这个程序时，病毒就起破坏作用，而在未启动这个程序之前，它是不易被人发觉的。

（2）破坏性。计算机病毒的主要目的是破坏计算机系统，使系统的资源和数据文件遭到干扰甚至被摧毁。根据其破坏程度的不同，可以分为良性病毒和恶性病毒。前者侵占计算机系统资源，使机器运行速度减慢，带来无谓的消耗；后者破坏系统文件，造成死机，使系统无法启动。

（3）传染性。计算机病毒不但本身具有破坏性，更有害的是具有传染性，一旦病毒被复制或产生变种，其速度之快令人难以预防。计算机病毒是一段人为编制的计算机程序代码，这段程序代码一旦进入计算机并得以执行，它就会搜寻其他符合其传染条件的程序或存储介质，确定目标后再将自身代码插入其中，达到自我繁殖的目的。只要一台计算机染毒，如不及时处理，那么病毒会迅速扩散，其中的大量文件（一般是可执行文件）会被感染。而被感染的文件又成了新的传染源，再与其他机器进行数据交换或通过网络接触，病毒会继续进行传染。计算机病毒可通过各种可能的渠道，如软盘、计算机网络去传染其他的计算机。

（4）潜伏性。有些病毒像定时炸弹一样，让它什么时间发作是预先设计好的。比如黑色星期五病毒，不到预定时间一点都觉察不出来，等到条件具备的时候一下子就"爆炸"开来，对系统进行破坏。一个编制精巧的计算机病毒程序，进入系统之后一般不会马上发作，可以在几周或者几个月内甚至几年内隐藏在合法文件中，对其他系统进行传染，而不被人发现，潜伏性愈好，其在系统中的存在时间就会愈长，病毒的传染范围就会愈大。 潜伏性的第一种表现是指，病毒程序不用专用检测程序是检查不出来的，因此病毒可以静静地躲在磁盘或磁带里呆上几天，甚至几年，一旦时机成熟，得到运行机会，就又要四处繁殖、扩散，继续为害。潜伏性的第二种表现是指，计算机病毒的内部往往有一种触发机制，不满足触发条件时，计算机病毒除了传染外不做什么破坏。触发条件一旦得到满足，有的在屏幕上显示信息、图形或特殊标识，有的则执行破坏系统的操作，如格式化磁盘、删除磁盘文件、对数据文件做加密、封锁键盘以及使系统锁死等。

（5）隐蔽性。计算机病毒具有很强的隐蔽性，有的可以通过病毒软件检查出来，有的根本就查不出来，有的时隐时现、变化无常，这类病毒处理起来通常很困难。

（6）可触发性。病毒因某个事件或数值的出现，诱使病毒实施感染或进行攻击的特性称为可触发性。为了隐蔽自己，病毒必须潜伏，少做动作。如果完全不动，一直潜伏的话，病毒既不能感染也不能进行破坏，便失去了杀伤力。病毒既要隐蔽又要维持杀伤力，它必须具有可触发性。病毒的触发机制就是用来控制感染和破坏动作的频率的。病毒具有预定的触发条件，这些条件可能是时间、日期、文件类型或某些特定数据等。病毒运行时，触发机制检查预定条件是否满足，如果满足，启动感染或破坏动作，使病毒进行感染或攻击；如果不满足，使病毒继续潜伏。

2. 病毒的分类

按照计算机病毒属性的方法进行分类，计算机病毒可以根据下面的属性进行分类。

（1）按病毒存在的媒体。根据病毒存在的媒体，病毒可以划分为网络病毒、文件病毒和引导型病毒。网络病毒通过计算机网络传播感染网络中的可执行文件，文件病毒感染计算机中的文件（如 COM、EXE、DOC 等），引导型病毒感染启动扇区（Boot）和硬盘的系统引导扇区（MBR），还有这三种情况的混合型，例如：多型病毒（文件和引导型）感染文件和引导扇区两种目标，这样的病毒通常都具有复杂的算法，它们使用非常规的办法侵入系统，同时使用了加密和变形算法。

（2）按病毒传染的方法。根据病毒传染的方法可分为驻留型病毒和非驻留型病毒，驻留型病毒感染计算机后，把自身的内存驻留部分放在内存（RAM）中，这一部分程序挂接系统调用并合并到操作系统中去，就处于激活状态，一直到关机或重新启动；非驻留型病毒在得到机会激活时并不感染计算机内存，一些病毒在内存中留有小部分，但是并不通过这一部分进行传染，这类病毒也被划分为非驻留型病毒。

（3）按病毒破坏的能力。根据病毒的破坏能力可以分为无害型、无危险型、危险型和非常危险型。

①无害型：除了传染时减少磁盘的可用空间外，对系统没有其他影响。

②无危险型：这类病毒仅仅是减少内存、显示图像、发出声音及同类音响。

③危险型：这类病毒在计算机系统操作中造成严重的错误。

④非常危险型：这类病毒删除程序、破坏数据、清除系统内存区和操作系统中重要的信息。这些病毒对系统造成的危害，并不是本身的算法中存在危险的调用，而是当它们传染时会引起无法预料的和灾难性的破坏

（4）按病毒的算法。根据病毒的算法可分为伴随型病毒、"蠕虫"型病毒、寄生型病毒、诡秘型病毒和变型病毒等。

①伴随型病毒：这类病毒并不改变文件本身，它们根据算法产生 EXE 文件的伴随体，具有同样的名字和不同的扩展名（COM），例如：XCOPY.EXE 的伴随体是 XCOPY-COM。病毒把自身写入 COM 文件并不改变 EXE 文件，当 DOS 加载文件时，伴随体优先被执行到，再由伴随体加载执行原来的 EXE 文件。

②"蠕虫"型病毒：这类病毒通过计算机网络传播，不改变文件和资料信息，利用网络从一台机器的内存传播到其他机器的内存，计算网络地址，将自身的病毒通过网络发送。有时它们存在于系统中，一般除了内存不占用其他资源。

③寄生型病毒：除了伴随和"蠕虫"型，其他病毒均可称为寄生型病毒，它们依附在系统的引导扇区或文件中，通过系统的功能进行传播，按其算法不同可分为：练习型病毒，病毒自身包含错误，不能进行很好的传播，例如一些病毒在调试阶段。

④诡秘型病毒：这类病毒一般不直接修改 DOS 中断和扇区数据，而是通过设备技术和文件缓冲区等 DOS 内部修改，不易看到资源，使用比较高级的技术。利用 DOS 空闲的数据区进行工作。

⑤变型病毒（又称幽灵病毒）：这一类病毒使用一个复杂的算法，使自己每传播一份都具有不同的内容和长度。它们一般由一段混有无关指令的解码算法和被变化过的病毒体组成。

3. 计算机病毒的危害与感染症状

计算机资源的损失和破坏，不但会造成资源和财富的巨大浪费，而且有可能造成社会性的灾难，随着信息化社会的发展，计算机病毒的威胁日益严重，反病毒的任务也更加艰巨了。1988 年 11 月 2 日下午 5 时 1 分 59 秒，美国康奈尔大学的计算机科学系研究生，23 岁的莫里斯（Morris）将其编写的蠕虫程序输入计算机网络，致使这个拥有数万台计算机的网络被堵塞。这件事就像是计算机界的一次大地震，引起了巨大反响，震惊全世界，引起了人们对计算机病毒的恐慌，也使更多的计算机专家重视和致力于计算机病毒研究。1988 年下半年，我国在统计局系统首次发现了"小球"病毒，它对统计系统影响极大。此后由计算机病毒发作而引起的"病毒事件"接连不断，CIH、美丽莎等病毒更是给社会造成了很大损失。

计算机感染病毒后的具体症状主要表现在以下方面。

（1）计算机系统运行速度减慢。

（2）计算机系统经常无故发生死机或系统异常重新启动。

（3）计算机系统中的文件长度发生变化。

（4）计算机存储的容量异常减少。

（5）丢失文件或文件损坏。

（6）计算机屏幕上出现异常显示。

（7）计算机系统的蜂鸣器出现异常声响。

（8）对存储系统异常访问。

（9）键盘输入异常。

（10）文件无法正确读取、复制或打开。

（11）Windows 操作系统无故频繁出现错误。

（12）一些外部设备工作异常。

4. 计算机病毒的防治

（1）计算机病毒的预防。因为计算机病毒的传染是通过上述途径来实现的，所以采取一定方法，堵塞这些传染途径是阻止病毒入侵的最好方法。

对于计算机病毒应以预防为主，杜绝计算机病毒的传染途径，主要有以下方法：

①不要随便使用外来软件，对外来软盘一定要先检查和杀毒后再使用。

②把不需要再写入数据的软盘、给别人复制软件和文件的软盘进行写保护。

③对系统和文件进行保护，用软盘启动是必须保证启动软盘无病毒。

④把系统文件与应用软件和用户程序分别存放，一旦遭到病毒袭击，容易恢复。

⑤在微机上安装防火墙或使用防病毒卡。

⑥定期制作系统备份。

⑦制定相应的微机使用管理和防病毒规章制度，并严格执行。

（2）计算机病毒的清除。一旦发现系统感染了病毒，就应及时清除。处理之前先检测和诊断病毒软件，确定病毒的类型和种类以及所在的文件和磁盘，然后清除病毒。清除计算机病毒一般有三种方式：

①人工检测和杀毒。人工检测和杀毒是利用计算机提供的检测病毒工具软件如 360 安全卫士、SCANDISK、NORTON、金山毒霸、KV3000 和 DEBUG 等的特有功能进行检测和杀毒。这种方法适用病毒侵入范围较小的情况，而且要求用户有较高的计算机硬件和软件技术。

②软件检测和杀毒。软件检测和杀毒是使用一些专用病毒检测和杀毒软件，这种方法适用病毒传播范围较大的情况。目前推广使用的有 360 安全卫士、KV3000、金山毒霸、PC-Cillin、东方卫士、VRV、SCANDISK、KILL、熊猫卫士、NORTON 和 CPAV 等。它们可以对 U 盘、硬盘上的计算机病毒进行诊断和消除。软件检测和杀毒的方法操作简单，使用方便，适合于普通计算机用户。

③病毒防火墙技术。它可以对病毒进行实时检测和过滤。所谓"病毒防火墙"技术是随着网络的安全技术引入的，它能够保护网络的安全，保护计算机系统不受来自"本地"或"远程"病毒的危害，也能防止"本地"系统内的病毒向网络其他介质扩散。病毒防火墙本身是一个安全的系统，它能够抵御任何病毒对其进行的攻击。当计算机的文件、程序或邮件进行各种操作如打开、关闭、保存、执行和发送时，病毒防火墙会先自动清除文件中的病毒后再进行操作，以达到防患于未然。

6.8　网络道德规范与知识产权

6.8.1　网络道德规范

在使用计算机软件或数据时，用户应遵照国家有关法律规定，尊重原创作品的版权，这是使用计算机的基本道德规范，用户应该养成良好的道德规范，具体表现为如下方面：

（1）使用正版软件，坚决抵制盗版，尊重软件原创作者的知识产权。

（2）不对软件进行非法复制。

（3）不要为了保护自己的软件资源而制造病毒保护程序。

（4）不要擅自篡改他人计算机内的系统信息资源。

6.8.2　网络知识产权

网络知识产权就是由数字网络发展引起的或与其相关的各种知识产权。网络知识产权除了包含著作权所包括的版权和邻接权，工业产权包括的专利、发明、实用新型、外观设计、商标、商号等以外，它还包括数据库、计算机软件、多媒体、络域名、数字化作品以及电子版权等内容。因此网络环境下的知识产权的概念的外延已经扩大了很多。在网络上经常接触的电子邮件、在电子布告栏和新闻论坛上看到的信件，网上新闻资料库，资料传输站上的电脑软件、照片、图片、音乐、动画等，都可能作为作品受到著作权的保护。

1990 年 9 月我国颁布了《中华人民共和国著作权法》，把计算机软件列为享有著作权保护的作品；1991 年 6 月，颁布了《计算机软件保护条例》，规定计算机软件是个人或者团体的智力产品，同专利、著作一样受法律的保护，任何未经授权的使用、复制都是非法的。《国务院关于修改〈信息网络传播权保护条例〉的决定》已经于 2013 年 1 月 16 日由国务院第 231 次常务会议通过，自 2013 年 3 月 1 日起施行，条例对网络上传播和使用电子文档、图片、音频、视频、软件等资料做了明确的使用规范。

6.8.3　计算机安全

计算机安全是指计算机信息系统的安全。计算机信息系统是由计算机及其相关的配套设备、设施（包括网络）构成的，为维护计算机系统的安全，防止病毒的入侵，应该注意以下几方面问题。

（1）不要蓄意破坏和损伤他人的计算机系统设备及资源。

（2）不要制造病毒程序，不要使用带病毒的软件，更不要有意传播病毒。

（3）要采取预防措施，在计算机内安装防病毒软件。

（4）要定期检查计算机系统内文件是否有病毒，如发现病毒，应及时用杀毒软件清除。

（5）维护计算机的正常运行，保护计算机系统数据的安全。

（6）被授权者对自己享用的资源负有保护责任，口令、密码不得泄露给外人。

6.8.4　网络行为规范

计算机网络正在改变着人们的行为方式、思维方式以及社会结构。它对信息资源的共享起到了无法替代的作用。但是网络的作用不是单一的，在它广泛的积极作用背后，也有使人堕落的陷阱，这些陷阱产生着巨大的反作用。这些反作用主要表现在以下几个方面：

（1）网络文化的误导，传播暴力、色情内容。

（2）网络诱发的不道德和犯罪行为。

（3）网络的神秘性"培养"了计算机"黑客"等等。

各个国家都制定了相应的法律法规，以约束用户在计算机网络上的行为。我国公安部公布的《计算机信息网络国际联网安全保护管理办法》中规定任何单位和个人不得利用国际互联网制作、复制、查阅和传播下列信息：

(1) 煽动抗拒、破坏宪法和法律、行政法规实施的。

(2) 煽动颠覆国家政权，推翻社会主义制度的。

(3) 煽动分裂国家、破坏国家统一的。

(4) 煽动民族仇恨、破坏国家统一的。

(5) 捏造或者歪曲事实、散布谣言、扰乱社会秩序的。

(6) 宣言封建迷信、淫秽、色情、赌博、暴力、凶杀、恐怖、教唆犯罪的。

(7) 公然侮辱他人或者捏造事实诽谤他人的。

(8) 损害国家机关信誉的。

(9) 其他违反宪法和法律、行政法规的。

【本章习题】

一、单项选择题

1. 关于计算机软件的使用，正确的认识应该是＿＿＿＿。

A. 计算机软件不需要维护　　　　　　　　B. 计算机软件只要复制得到就不必购买

C. 受法律保护的计算机软件不能随意复制　　D. 计算机软件不必备份

2. 域名 www.tsinghua.edu.cn 一般来说，它是在＿＿＿＿。

A. 中国教育界　　　　B. 中国工商界　　　　C. 工商界　　　　D. 网络机构

3. 计算机网络的构成可分为＿＿＿＿、网络软件、网络拓扑结构和传输控制协议。

A. 体系结构　　　　B. 传输介质　　　　C. 通信设备　　　　D. 网络硬件

4. 计算机网络技术包含的两个主要技术是计算机技术和＿＿＿＿。

A. 微电子技术　　　　B. 通信技术　　　　C. 数据处理技术　　　　D. 自动化技术

5. 收发电子邮件，首先必须拥有＿＿＿＿。

A. 电子邮箱　　　　B. 上网账号　　　　C. 中文菜单　　　　D. 个人主页

6. IP 地址由一组＿＿＿＿位的二进制数组成。

A. 8　　　　B. 16　　　　C. 32　　　　D. 128

7. 计算机网络的突出优点是＿＿＿＿。

A. 资源共享　　　　B. 存储容量大　　　　C. 运算速度快　　　　D. 运算精度高

8. 开放系统互联参考（OSI）模型的基本结构分为＿＿＿＿层。

A. 五　　　　B. 六　　　　C. 七　　　　D. 八

9. 下列不属于网络拓扑结构形式的是＿＿＿＿。

A. 分支　　　　B. 环型　　　　C. 总线型　　　　D. 星型

10. 统一资源定位符的英文缩写是＿＿＿＿。

A．HTTP　　　　　　B．FTP　　　　　　C．TELNET　　　　D．URL

11．下列传输介质中，抗干扰能力最强的是＿＿＿＿。

A．微波　　　　　　B．光纤　　　　　　C．双绞线　　　　　D．同轴电缆

12．每台联网的计算机都必须遵守一些事先约定的规则，这些规则称为＿＿＿＿。

A．标准　　　　　　B．协议　　　　　　C．公约　　　　　　D．地址

13．局域网的网络硬件主要包括服务器、工作站、网卡和＿＿＿＿。

A．网络拓扑结构　　B．微型机　　　　　C．传输介质　　　　D．网络协议

14．＿＿＿＿多用于同类局域网之间的互联。

A．中继器　　　　　B．网桥　　　　　　C．路由器　　　　　D．网关

15．Internet 上各种网络和各种不同类型的计算机相互通信的基础是＿＿＿＿协议。

A．TCP/IP　　　　　B．SPX/IPX　　　　C．CSM/CD　　　　D．CGBENT

16．中国教育和科研计算机网络是＿＿＿＿。

A．CHINANET　　　B．CSTENT　　　C．CERNET　　　　D．CGBNET

17．下列关于 IP 的说法错误的是＿＿＿＿。

A．IP 地址在 Internet 上是唯一的

B．IP 地址由 32 位十进制数组成

C．IP 地址是 Internet 上主机的数字标识

D．IP 地址指出了该计算机连接到哪个网络上

18．＿＿＿＿是一个局域网与另一个局域网之间建立连接的桥梁。

A．中继器　　　　　B．网关　　　　　　C．集成器　　　　　D．网桥

19．通常一台计算机要接入互联网应安装的设备是＿＿＿＿。

A．网络操作系统　　　　　　　　　B．调制解调器或网卡

C．网络查询工具　　　　　　　　　D．游戏卡

20．根据＿＿＿＿，病毒可以划分为网络病毒、文件病毒和引导型病毒。

A．病毒存在的媒体　　　　　　　　B．病毒传染的方法

C．病毒破坏的能力　　　　　　　　D．病毒的算法

21．超文本的含义是＿＿＿＿。

A．该文本有链接到其他文本的链接点　　B．该文本包含有图像

C．该文本包含有声音　　　　　　　　　D．该文本包含有二进制字符

22．IP 的中文含义是＿＿＿＿。

A．程序资源　　　　B．信息协议　　　C．软件资源　　　　D．文件资源

23．Internet 采用域名地址是因为＿＿＿＿。

A．一台主机必须用域名地址标识　　　B．IP 地址不便记忆

C．IP 地址不能唯一标识一台主机　　　D．一台主机须用 IP 地址和域名地址共同标识

24．WWW 的超链接中定位信息的位置使用的是＿＿＿＿。

A．超文本（hypertext）技术　　　　　　B．统一资源定位符（URL）

C．超媒体（hypermedia）技术　　　　　D．超文本标识语言 HTML

25．一般情况下，校园网属于_____。

A．LAN　　　　　　B．WAN　　　　　　C．MAN　　　　　　D．GAN

26．IE 是目前流行的浏览器软件，其主要功能之一是浏览_____。

A．文本文件　　　　B．图像文件　　　　C．多媒体文件　　　　D．网页文件

27．电子邮件地址格式为：username@hostname，其中 hostname 为_____。

A．用户地址名　　　　　　　　　　　　B．ISP 某台主机的域名

C．某公司名　　　　　　　　　　　　　D．某国家名

28．以下不属于计算机病毒的特点的是_____。

A．破坏性　　　　　　B．传染性　　　　　　C．周期性　　　　　　D．潜伏性

29．计算机网络按其覆盖的范围，可划分为_____。

A．以太网和移动通信网　　　　　　　　B．电路交换网和分组交换网

C．局域网、城域网和广域网　　　　　　D．星型结构、环型结构和总线型结构

30．统一资源定位符 URL 的格式是_____。

A．协议://IP 地址或域名/路径/文件名　　B．协议://路径/文件名

C．TCP/IP 协议　　　　　　　　　　　　D．http 协议

31．下列各项中，非法的 IP 地址是_____。

A．126.96.2.6　　　　　　　　　　　　B．190.256.38.8

C．203.113.7.15　　　　　　　　　　　D．203.226.1.68

32．电子邮件是 Internet 应用最广泛的服务项目，通常采用的传输协议是_____。

A．SMTP　　　　　B．TCP/IP　　　　　C．CSMA/CD　　　　D．IPX/SPX

33．目前网络传输介质中传输速率最高的是_____。

A．双绞线　　　　　B．同轴电缆　　　　C．光缆　　　　　　D．电话线

34．在下列四项中，不属于 OSI（开放系统互连）参考模型七个层次的是_____。

A．会话层　　　　　B．数据链路层　　　　C．应用层　　　　　D．用户层

35．传输速率的单位是 bit/s，表示_____。

A．帧/秒　　　　　　B．文件/秒　　　　　C．位/秒　　　　　　D．米/秒

36．与 Internet 相连的计算机，不管是大型的还是小型的，都称为_____。

A．工作站　　　　　B．主机　　　　　　C．服务器　　　　　D．客户机

37．在计算机网络中，通常把提供并管理共享资源的计算机称为_____。

A．服务器　　　　　B．工作站　　　　　C．网关　　　　　　D．网桥

38．_____将网络划分为广域网（WAN）、城域网（MAN）和局域网（LAN）。

A．接入的计算机多少　　　　　　　　　B．接入的计算机类型

C．拓扑类型　　　　　　　　　　　　　D．地理范围

39. 局域网常用的基本拓扑结构有＿＿＿、环型和星型。

A．层次型　　　　B．总线型　　　　C．交换型　　　　D．分组型

40. 网上"黑客"是指＿＿＿的人。

A．总在晚上上网　　　　　　　　B．匿名上网

C．不花钱上网　　　　　　　　　D．在网上私闯他人计算机系统

41. 因特网中的 IP 地址由四个字节组成，每个字节之间用＿＿＿符号分开。

A．、　　　　　　B．，　　　　　　C．；　　　　　　D．．

42. 计算机病毒是指＿＿＿。

A．带细菌的磁盘　　　　　　　　B．已损坏的磁盘

C．具有破坏性的特制程序　　　　D．被破坏了的程序

43. 以下关于病毒的描述中，不正确的说法是＿＿＿。

A．对于病毒，最好的方法是采取"预防为主"的方针

B．杀毒软件可以抵御或清除所有病毒

C．恶意传播计算机病毒可能会是犯罪

D．计算机病毒都是人为制造的

44. 下列属于计算机病毒特征的是＿＿＿。

A．模糊性　　　　B．高速性　　　　C．传染性　　　　D．危急性

45. 目前使用的杀毒软件，能够＿＿＿。

A．检查计算机是否感染了某些病毒，如有感染，可以清除其中一些病毒

B．检查计算机是否感染了任何病毒，如有感染，可以清除其中一些病毒

C．检查计算机是否感染了病毒，如有感染，可以清除所有的病毒

D．防止任何病毒再对计算机进行侵害

二、问答题

1. 计算机网络按功能分类，分为哪些子网？各个子网都包括哪些设备，各有什么特点？

2. 计算机网络的拓扑结构有哪些？它们各有什么优缺点？

3. 什么是超文本、超链接？HTML 有什么特点？

4. 通过比较说明双绞线、同轴电缆与光纤等三种常用传输介质的特点。

5. 什么是 Internet？Internet 在我国发展状况如何？

6. 计算机网络安全所面临的威胁主要分为哪几类？从人的角度，威胁网络安全的因素有哪些？

7. 网络攻击和防御分别包括哪些内容？

第 7 章　多媒体技术基础

【本章概览】

多媒体技术是利用计算机对文字、图像、图形、动画、音频、视频等多种信息进行综合处理的计算机应用技术。多媒体技术的应用领域十分广泛，如教育与训练、演示系统、咨询服务、信息管理、宣传广告、电子出版物、游戏与娱乐、广播电视、通信、可视电话、视频会议系统等。本章主要介绍了多媒体技术的基本概念、多媒体系统的组成及应用、多媒体信息的数字化、多媒体应用开发及常用多媒体处理软件的操作。

【知识要点】

➢ 多媒体技术概述
➢ 多媒体信息的表示
➢ 多媒体应用开发
➢ Photoshop 等多媒体软件介绍

7.1　多媒体技术概述

现在的计算机可以说是一个媒体中心。可以用计算机录下自己的声音进行回放；可以播放各种格式的音乐文件；可以从数码相机、扫描仪等设备获取图片进行浏览、编辑；可以观看 VCD、DVD 影碟；也可以进行设计或艺术创作，如设计产品模型、设计建筑图、电气图或绘制自己的图片；利用计算机上网，还可以在精美的网页中欣赏各种丰富的网页元素，如色彩艳丽的图片，有趣的 Flash 动画，甚至在线音乐。

媒体在计算机领域中有两种含义：一是指用于存储信息的实体，例如磁盘、光盘和磁带等；二是指信息的载体，例如文字、图形、图像、声音和动画等。多媒体计算机技术中的媒体指的是后者，它是应用计算机技术将各种媒体以数字化的方式集成在一起，从而使计算机具有表现、处理、存储各种媒体信息的综合能力和交互能力。

7.1.1　多媒体技术的类型

国际电报电话咨询委员会（CCITT，目前已被 ITU 所取代）曾对多媒体作过如下分类。

（1）感觉媒体（Perception Medium）：指的是能直接作用于人们的感觉器官，从而能使人产生直接感觉的媒体，如人类的各种语言、音乐，自然界中的各种声音、图像、动画，计算机中的文字、数据和文件等。

（2）表示媒体（Representation Medium）：指的是为了传送感觉媒体而人为研究、构造出来的一种媒体，如声音编码、图像编码、ASC 编码、电报码、条形码等。借助于此种媒体，便能更有效地存储感觉媒体或将感觉媒体从一个地方传送到遥远的另一个地方。

（3）呈现媒体（Presentation Medium）：指的是用于通信中使电信号和感觉媒体之间产生转换用媒体，它又分为两种：一种是输入呈现媒体，如键盘、鼠标器、摄像机、光笔、话筒等；另一种是输出呈现媒体，如显示器、打印机、喇叭等。

（4）存储媒体（Storage Medium）：指的是用于存放、表示某些媒体的物理媒体，如纸张、磁带、磁盘、光盘等。

（5）传输媒体（Transmission Medium）：指的是用于传输某些媒体的物理媒体。传输媒体是通信的信息载体，如电话线、双绞线、通信电缆、光纤、微波等。

7.1.2 多媒体技术的特点

多媒体技术就是计算机综合处理多种媒体信息（文本、图形、图像、动画、视频和音频），使多种信息建立逻辑连接，集成为一个系统并具有交互性。

多媒体技术具有多样性、交互性、集成性、实时性、数字化和压缩性等特点。

（1）多样性。多样性是指能够综合处理多种媒体信息，包括文字、声音、图形、图像、动画、视频等。

（2）交互性。交互性是指人和计算机之间能够进行对话，以便进行人工干预控制。交互性是多媒体技术的关键特征。现在的视频播放软件，除了能播放视频外，还提供了人工控制播放进程的菜单或命令按钮，如快进、快退、拖动进程条等。

（3）集成性。多媒体技术是综合的高新技术，它是微电子、计算机、通信等多个相关学科综合发展的产物。应用多媒体技术可以把多种媒体信息和多种媒体设备集成到一个系统中。

（4）实时性。所谓实时性，是指当用户给出操作命令时，相应的多媒体信息都能够得到实时控制。

（5）数字化。与传统的媒体不同，多媒体中各种媒体信息都以数字形式存放在计算机中。

（6）压缩性。计算机在处理多媒体信号，特别是图像和音频视频信号时，要占用大量的空间，如果不将信息进行压缩的话，现在的计算机很难满足这样大的存储量，所以对多媒体信息进行实时的压缩和解压缩是十分必要的。

7.1.3 多媒体技术的形成和发展

1. 启蒙发展阶段

20 世纪 80 年代初，人们致力于研究将声音、图形和图像作为新的信息媒体输入、输出计算机，这使得计算机的应用更为直观、容易。1984 年苹果公司的 Macintosh 个人计算机，首先引进了位映射的图形机理，用户接口开始使用鼠标驱动的窗口技术和图标（Windows and Icon），这使得文化水平较低的公众都能使用计算机。由于苹果公司采取发展多媒体技术、扩大用户层的方针，使得它在个人计算机市场上成为唯一能同 IBM 公司相抗衡的力量。1985 年美国 Commodore 公司的 Amiga 计算机问世，成为多媒体技术先驱产品之一。同年，激光只读存储器 CD-ROM 问世，为大容量多媒体数据的存储和处理提供了条件。1986 年 3 月 Philips 和 Sony 两家公司推出了交互式光盘系统 CD-I，这是集文字、图像和声音于一体的多媒体系统。1987 年 3 月，美国 RCA 公司的萨诺夫研究实验室展示了交互式数字影像系统（DVI），用标准光盘来存储和检索活动影像、静止图像、声音和其他数据。

2. 标准化阶段

多媒体技术的发展促进了对标准化问题的重视。1990 年，美国 Microsoft 公司和其他公司一起成立了多媒体个人计算机市场协会，负责多媒体计算机的规范化管理和多媒体计算机标准的制订。1991 年提出了 MPC1 标准，1993 年发布了 MPC2 标准，1995 年又推出了 MPC3 标准，1996 年以后，新的个人机均支持基本多媒体功能。1988 年，ISO 和 CCITT 联合成立专家组，先后提出了静止图像的数字压缩标准 JPEG 和动态图像压缩标准 MPEG，推动了多媒体应用的迅速增长。

3. 普及应用阶段

多媒体本身是一种高技术，并且具有强烈的渗透性特点，它可以扩展到各个应用领域。尤其在教育训练、信息服务、数据通信、娱乐、大众媒体传播、广告等方面已显示出强劲的势头。多媒体走入家庭，用于家庭教育、信息查询、娱乐；多媒体进入学校，用于交互式学习、进行模拟实验和演示（虚拟实验室）、信息查询和检索（虚拟图书馆）；多媒体用于商业和企事业单位，主要应用有分布式多媒体系统，包括分布式多媒体会议系统、多媒体视频点播系统、多媒体监控和监测系统、远程医疗和远程教学系统等。此外，多媒体在工业、医学领域、出版业、通信业中都有广泛的应用。

目前，多媒体技术的发展逐渐把计算机技术、通信技术和大众传媒技术融合在一起，建立起了更广泛意义上的多媒体平台。

7.1.4 多媒体计算机系统

多媒体个人计算机系统是指具有支持多媒体处理能力的个人计算机系统，主要由多媒体硬件系统和多媒体软件系统组成。要建立一套完整的多媒体计算机，除了一般常用配置外，还必须增加一些输入、输出和存储等硬件设备和相应的软件，以便综合处理多媒体信息。

1. 多媒体计算机的硬件系统

多媒体个人计算机（Multimedia PC，MPC）的硬件系统，除 CPU、内存、显示器、硬盘等构成计算机系统所必备的硬件设备外，通常还包括一些多媒体附属硬件，主要分为两类适配卡类和外围设备类。

（1）多媒体适配卡。多媒体附属设备基本上都是以适配卡的形式添加到计算机上的。适配卡的种类和型号很多，主要有视频采集卡、声卡、电话语音卡、传真卡、图形图像加速卡、电视卡等。

①声卡。声音卡，简称声卡，有集成声卡和独立声卡两种，它是计算机发声的关键。原来的计算机一般都是使用的独立声卡，而现在的计算机主板基本上都把声卡作为一种标准接口卡集成在主板上，无需另外购买。在软件的配合下，声卡完成的主要功能有：录制和播放音频信号，音乐合成，提供 MIDI 接口（也是游戏杆的接口）等。

声卡的主要输入输出接口有 LINE IN（线路输入）、LINE OUT（线路输出）、MIC IN（麦克风输入）、SPK OUT（声音输出）、JOYSTICK/MIDI（游戏杆/MIDI）等。

②视频卡。由于视频信号带宽、格式的特殊要求，所以在 MPC 上需要专门的硬件设备来处理，由此产生具有不同功能特性的视频卡，一般安装在电脑主板的 PCI 插槽上。视频卡分为视频采集卡和视频转换卡。

视频采集卡的主要功能是从摄像机、录像机等视频信息源中捕捉模拟视频信息并转存到计算机硬盘中，以便进行后期编辑处理。视频采集卡主要有两种：静态视频采集卡和动态视频采集卡，分别用于从视频信息中捕捉静态图像和连续的动态图像。

视频转换卡主要用于将计算机的 VGA 信号与模拟电视信号相互转换。视频转换卡分为两种：VGA-TV 卡，一般集成在中高端显卡中，利用此卡可将计算机与电视相连，通过电视显示计算机中的图像；TV-VGA 卡，也叫电视卡，利用此卡可以在计算机中观看电视节目，好一点的电视卡还配有遥控器。

（2）多媒体外围设备。以外围设备形式连接到计算机上的多媒体硬件设备有 CD-ROM、DVD、扫描仪、打印机、数码相机、触摸屏、摄像机、录像机、传真机、可视电话、Modem、麦克风、多媒体音箱等。

2. 多媒体计算机的软件系统

多媒体计算机的软件系统按功能划分为三个层次：多媒体核心软件、多媒体工具软件和多媒体应用软件。在这三个层次中，多媒体操作系统是整个多媒体计算机系统中用于沟通硬件系统和软件系统的接口，是应用的基础。

多媒体核心软件通常包括多媒体操作系统、音/视频支持系统，或媒体设备驱动程序等，如声音卡、CD-ROM 驱动器、视频卡驱动程序等。

多媒体工具软件为开发工具，包括多媒体数据处理软件、多媒体软件工作平台、多媒体软件开发工具和多媒体数据库系统等。如 Photoshop、3ds Max、Flash 等软件，以及图像处理软件、图形生成软件、声音编辑软件、动画生成软件、视频处理软件和合成软件等。

多媒体应用软件是供最终用户使用的产品，如超级解霸等多媒体播放器。

7.1.5　多媒体技术的应用领域

多媒体技术的应用领域十分广泛，不仅覆盖了计算机的绝大部分应用领域，还拓宽了新的应用领域。目前多媒体技术的主要领域有以下几类。

1. 游戏和娱乐

游戏与娱乐是多媒体技术应用的极为成功的一个领域。目前每年都有大量的游戏产品和其他娱乐产品问世，人们用计算机既能听音乐、看影视节目，又能参与游戏，与其中的角色联合或者对抗，从而使家庭文化生活进入到一个更加美妙的境地。

2. 教育与培训

多媒体技术为丰富多彩的教学方式又添了一种新的手段，它可以将课文、图表、声音、动画和视频等组合在一起构成辅助教学产品。这种图、文、声、像并茂的产品将大大提高学生的学习兴趣和接受能力，并且可以方便地进行交互式的指导和因材施教。

用于军事、体育、医学和驾驶等各方面培训的多媒体计算机，不仅可以使受训者在生动直观、逼真的场景中完成训练过程，而且能够设置各种复杂环境，提高受训人员对困难和突发事件的应付能力，还能极大地节约成本。

3. 商业

多媒体技术在商业领域的应用十分广泛，例如利用多媒体技术的商品广告、产品展示和商业演讲等会使人有一种身临其境的感觉。

4. 信息

利用 CD-ROM 和 DVD 等大容量的存储空间，与多媒体声像功能结合，可以提供大量的信息产品。例如百科全书、地理系统、旅游指南等电子工具，还有电子出版物、多媒体电子邮件、多媒体会议等都是多媒体在信息领域中的应用。

5. 工程模拟

利用多媒体技术可以模拟机构的装配过程、建筑物的室内外效果等，这样借助于多媒体技术，人们就可以在计算机上观察到不存在或者不容易观察到的工程效果。

6. 服务

多媒体计算机可以为家庭提供全方位的服务，例如家庭教师、家庭医生和家庭商场等。

多媒体正在迅速地以意想不到的方式进入生活的各个方面，正朝着智能化、网络化、立体化方向发展。

7.2 多媒体信息的表示

数字化处理的优点是能充分利用计算机的功能进行信息处理，但随之带来的一个显著问题是数字化后的音频、视频数据量很大，需要数据压缩技术来压缩数据以及大容量的存储器来存储数据。另一方面，音频、视频信号的输入和输出都需要实时效果，这也要求计算机提供高速处理能力来处理如此巨量的多媒体数据，以满足多媒体处理的实时性要求。

7.2.1 文字

1. 英文字符编码

英文字符采用 ASCII 码。标准的 ASCII 码由 7 位二进制数编码，可以表示 128 个字符，扩展的 ASCII 码用 8 位二进制数编码，可以表示 256 个字符。

2. 汉字编码

汉字字符编码采用 GB2312-80 国标码。规定用两个字节：16 位二进制表示一个汉字，每个字节都只使用低 7 位，共编有常用汉字 3 755 个，次常用汉字 3 008 个，以及数字、字母、符号等 682 个，共 7 445 个。

汉字输入编码很多，主要有四类：数字编码、字音编码、字形编码和音形编码。区位码、电报码属于数字编码，以汉字拼音为基础的属于字音编码，五笔字型输入法是一种字形编码，二笔字型输入法是一种音形编码。

7.2.2 音频

音频（Audio）也叫音频信号或声音，其频率范围在 20～20 kHz。声音主要包括波形声音、语音和音乐三种类型。从声音是振动波的角度来说，波形声音实际上已经包含了所有的声音形式，是声音的最一般形态；人的说话声（语音）不仅是一种波形声音，更重要的是它还包含丰富的语言内涵，是一种特殊的媒体；音乐与语音相比，形式更为规范一些，音乐是符号化的声音，也就是乐曲，乐谱是乐曲的规范表达形式。三类声音有共同的特性，也有它们各自的特性，使用计算机处理这些声音，既要考虑它们的共性，也要利用它们各自的特性。

1. 声音信号

声音是人耳所感知的空气振动。声音信号通常用连续的随时间变化的波形来表示，是模拟信号。

（1）声音信号的基本参数频率和带宽。信号每秒钟变化的次数，单位是 Hz。频率高，则音调高，频率低，则音调低。人耳可感受的声音信号频率范围为 20～20kHz。一般来说，频率范围（带宽）越宽，声音质量越高。

①CD 质量（Super Hi Fi）音频带宽为 10～20 000 Hz。

②FM 无线电广播的带宽为 20～15 000 Hz。

③AM 无线电广播的带宽为 50～7 000 Hz。

④数字电话话音带宽为 200～3 000 Hz。

（2）周期：相邻声波波峰间的时间间隔。

（3）幅度：表示信号强弱的程度，幅度决定信号的音量。

（4）复合信号：音频信号由许多不同频率和幅度的信号组成。在声音中，最低频率为基音，其他频率为谐音，基音和谐音组合起来，决定了声音的音色。

2. 声音信息的数字化

音频数字化就是将模拟的声音波形数字化，以便计算机处理，包括采样、量化、编码三个步骤。

（1）采样：以固定的时间间隔（采样周期）抽取模拟信号的幅度值。采样后得到的是离散的声音振幅样本序列，仍是模拟量。采样频率越高，声音的保真度越好，但采样获得的数据量也越大。在 MPC 中，采样频率标准定为 11.025 kHz、22.05 kHz 和 44.1 kHz 三种。

（2）量化：把采样得到的信号幅度的样本值从模拟量转换成数字量。数字量的二进制位数是量化精度。在 MPC 中，量化精度标准定为 8 位和 16 位两种。采样和量化过程称为模/数（A/D）转换。

（3）编码：把数字化声音信息按一定数据格式表示，它的实现方法是靠各种不同的压缩方法将数据编码压缩。

3. 影响数字声音质量的主要因素

（1）采样频率：采样频率是指单位时间内的采样次数。采样频率越大，采样点之间的间隔就越小，数字化后得到的声音就越逼真，但相应的数据量就越大。

（2）量化位数（采样位数）：量化位数是模拟量转换成数字量之后的数据位数。量化位数表示的是声音的振幅，位数越多，音质越细腻，相应的数据量就越大。

（3）声道数：声道数是指处理的声音是单声道还是立体声。单声道在声音处理过程中只有单数据流，而立体声则需要左、右声道的两个数据流。显然，立体声的效果要好，但相应的数据量要比单声道的数据量加倍。声音数据量一般都被称为海量数据，这是因为对音质要求越高，数据量就越大。

7.2.3　图形与图像

1. 图形

图形是指由点、线、面以及三维空间所表示的几何图，分为标量图形和矢量图形两种。标量图形又称位图图形，实为图像的一种。矢量图形是以一组指令集合来表示的，这些命令用来描述构成一幅图所包含的直线、矩形、圆、圆弧、曲线等的形状、位置、颜色等各种属性和参数。在显示图形时，需要相应的软件读取和解释这些指令，将其转换为屏幕上所显示的颜色。因此，矢量图形易于对各个成分进行移动、缩放、旋转和变形等转换，且放大后不会失真。通常所说的图形一般是指矢量图形。

2. 图像

图像是一个矩阵，其元素代表空间的一个点，称之为像素（Pixel），每个像素的颜色和亮度用二进制数来表示，这种图像也称为位图。对于黑白图用 1 位表示，对于灰度图常用 4 位（16 种灰度等级）或 8 位（256 种灰度等级）来表示某一个点的亮度，而彩色图像则有多种描述方法。位图图像适合于表现比较细致、层次和色彩比较丰富、包含大量细节的图像。

和声音一样，图像的生成也有一个采样、量化、编码的数字化过程。图像主要有分辨率、颜色模型和颜色深度三个技术指标。

①分辨率是衡量图像细节表现力的技术参数，是指图像采样矩阵的大小。分为显示分辨率、图像分辨率和输出分辨率三种。通常所说的图片大小即指其显示分辨率。

②在不同的应用场合，可能需要不同的颜色表示方法，因此有多种颜色模型。图像在显示器上的显示一般采用 RGB 颜色模型，由红（R）、绿（G）、蓝（B）组合而成。

③颜色深度是指用来存储像素的颜色和亮度所用的二进制位数。颜色深度反映了构成图像的颜色的丰富性。

一幅没有经过压缩的数字图像的数据量大小可以按照下面的公式进行计算：

图像数据量大小=图像分辨率×颜色深度/8（字节）

例如，一幅 800×640 的真彩色图像，它保存在计算机中占用的存储空间大小为：

$$800×640×24/8B=153\ 600B≈1.46\ MB$$

7.2.4 视频

视频是多媒体的重要组成部分。动态视频处理技术实现了图像/图形从静态到动态的过渡。视频和动画具有直观和生动的特点，其效果不是通过语言和文字的描述所能达到的。动态视频信息复杂、信息量大，对计算机要求高，其处理技术还在不断发展中。

若干有联系的图像按一定的频率连续播放，便形成了动态的视频图像，一般称为视频（Video）。动态视频是由多幅图像画面序列构成的，每幅画面称为一帧（Frame）。播放时每幅画面保持一个极短的时间，利用人眼的视觉暂留效应快速更换另一幅画面，连续不断，就产生了连续运动的感觉，电影、电视的动态效果也是利用这一原理实现的。例如我国的电视制式是每秒钟播放 25 帧画面。如果把音频信号加进去，就可实现视频、音频信号的同时播放。

视频图像信号的录入、传输和播放等许多方面继承于电视技术。当计算机对视频信号进行数字化时，就必须在规定的时间内（如 1/25 s 或 1/30 s）完成量化、压缩和存储等工作。

图像信号的特点是数据量大，而动态图像信号就更加突出。因此，对于动态图像，必须采用必要的数据压缩手段，否则，无论是存储还是传输，都将是不现实的。

MPEG-1 的压缩比高达 200∶1，但重建图像的质量充其量与 VHS（家用录像机）相当。目前，国内市场上流行的 DVD 光盘是 MPEG-2 的一个代表产品，它是使图像能恢复到广播级质量的编码方法，目前发展十分迅速，已成为这一领域的主流趋势。

1. 常见视频文件格式

（1）流媒体传输。在网络上传输音/视频（A/V）等多媒体信息，目前主要有下载和流式传输两种方式。如果采用下载方式下载一个 A/V 文件，常常要花数分钟甚至数小时时间。这主要是由于 A/V 文件一般都比较大，所需的存储容量也比较大，再加上网络带宽的限制，所以这种方法延迟很大。流式传输则把声音、影像或动画等媒体通过音/视频服务器向用户终端连续、实时地传送。采用这种方法时，用户不必等到整个文件全部下载完毕，而只需经几秒或几十秒的启动延时即可进行播放和观看，此时多媒体文件的剩余部分将在后台从服务器继续下载，实现了边观看/收听、边下载。与下载方式相比，流式传输大大地缩短了启动延时。

（2）ASF 格式。ASF（Advanced Streaming Format）文件是 Microsoft 为了和现在的 RealPlayer 竞争而发展起来的一种可以直接在网上观看视频节目的文件压缩格式。文件扩展名是 ASF。由于它是用 MPEG-4 的压缩算法，所以它的压缩质量如果不考虑文件大小的话，完全可以和 VCD 媲美，且比 RM 视频格式的文件播放效果好很多。用户可以直接使用 Windows 自带的 Windows Media Player 对其进行播放。

（3）RM 格式。RM 格式是 Real Networks 公司所制定的音频视频压缩规范，称为 Real Media，文件扩展名是 RM。用户可以使用 Real Player 或 Real One Player 对符合 Real Media 技术规范的网络音频/视频资源进行在线播放。Real Media 可以根据不同的网络传输速度制定出不同的压缩比率，从而实现在低速网络上进行影像数据的实时传送和播放。

（4）RMVB 格式。RMVB 格式是一种由 RM 视频格式升级延伸出的新视频格式，它的文件扩展名是 RMVB。它可以在图像质量和文件大小之间达到微妙的平衡。另外，相对于 DVDrip 格式，RMVB 有着明显的优势，一部大小为 700 MB 左右的 DVD 影片，如果将其转换成同样视听品质的 RMVB 格式，其大小最多也就 400 MB 左右。网上绝大多数视频点播都是采用这种格式。要想播放这种视频格式，可以使用 Real One Player10.0 或 Real One Player 8.0 加 Real Video 9.0 以上版本的解码器进行播放。

（5）MPG 格式。PC 机上的全屏幕活动视频的标准文件为 MPG 格式文件，MPG 文件是使用 MPEG 方法进行压缩的全运动视频图像，在适当条件下，可在 1 024×768 的分辨率下以 24、25 或 30 帧的速率播放。文件扩展名一般是 MPG。

（6）DAT 格式。DAT 是 VCD 数据文件的扩展名，也是基于 MPEG 压缩方法的一种文件格式。

2. 视频信号的获取

在计算机中，使用视频采集卡配合视频处理软件，把从摄像机、录像机和电视机这些模拟信号源输入的模拟信号转换成数字视频信号。有的视频采集设备还能对转换后的数字视频信息直接进行压缩处理并转存起来，以便于对其做进一步的编辑和处理。另外，也可以利用超级解霸等软件来截取 VCD 上的视频片段，获取视频素材。

3. 视频文件的播放

由于视频信息数据量庞大，因此，几乎所有的视频信息都以压缩格式存放在磁盘或 CD-ROM 光盘上，这就要求播放视频信息时，计算机有足够的处理能力进行动态实时解压缩播放。以前，计算机使用专门的硬件设备如解压缩卡等配合软件播放，随着计算机综合处理能力的提高，计算机已经实现了软件实时解压缩播放视频文件。

目前，常用的视频播放软件有很多，其中常用的有豪杰公司的超级解霸、微软的 Media Player 和 Real Networks 公司的 RealOne Player。这些视频播放软件界面操作简单、易用，功能强大，支持大多数音/视频文件格式。

5. 动画

动画和视频一样，也是利用人眼的视觉暂留现象，在单位时间内连续播放静态图形，从而产生动的感觉。与视频信息不同的是，动画是人为创作的，而视频往往是真实世界的再现。

从动画的表现形式上，动画分为二维动画、三维动画和变形动画。二维动画是指平面的动画表现形式，它运用传统动画的概念，通过平面上物体的运动或变形，来实现动画的过程，具有强烈的表现力和灵活的表现手段。平面动画创作软件常用的是 Flash。

三维动画是指模拟三维立体场景中的动画效果，虽然它也是由一帧帧的画面组成，但它表现了一个完整的立体世界。通过计算机可以塑造一个三维的模型和场景，不需要为了表现立体效果而单独设置每一帧画面。创作三维动画的软件有 3ds Max、Maya 等。

另外，还有一种 GIF 图像格式，可以同时存储若干幅图像并进而形成连续的动画，称为 GIF 动画。目前，Internet 上大量采用的彩色动画图标多为这种格式的 GIF 动画。

7.2.5 多媒体数据的压缩

1. 多媒体数据压缩的重要性

数字化处理后的多媒体数据量是非常大的，如果不进行数据压缩处理，计算机系统就无法对它进行存储和交换。特别是当多媒体信息需要在网络上传输时，巨大的数据量会占用宝贵的网络带宽，导致网络速度的骤降，极大地影响网络的应用。因此，在多媒体系统中必须采用数据压缩技术，它是多媒体技术中一项十分关键的技术。

选用合适的数据压缩技术，可以将原始文字数据量压缩到原来的 1/2 左右，语音数据量压缩到原来的 1/2~1/10，图像数据量压缩到原来的 1/2~1/60。

数据压缩，通俗地说，就是用最少的数码来表示信源所发出的信号，减少容纳给定消息集合或数据采样集合的信号空间。

2. 多媒体数据压缩的可行性

（1）数据冗余。在多媒体信息中，存在着大量数据冗余，它们为数据压缩技术的应用提供了可能的条件。例如，在一份文本文件中，某些符号会重复出现，某些符号比其他符号出现得更频繁，某些字符总是在各数据块中可预见的位置上出现等，这些冗余部分便可通过数据的压缩在数据编码中除去或减少；如果在一个 60 秒的视频作品中每帧图像中都有位于同一位置的同一把椅子，就没必要在每帧图像中都保存这把椅子的数据。

（2）信息相关性冗余。数据中间尤其是相邻的数据之间，常存在着信息的相关性。如图片中常常有色彩均匀的背景，电视信号的相邻两帧之间可能只有少量的变化景物是不同的，声音信号有时具有一定的规律性和周期性等等。因此，有可能利用某些变换来尽可能地去掉这些相关性冗余。但这种变换有时会带来不可恢复的损失和误差。

（3）视觉冗余。人们在欣赏音像节目时，由于耳、目对信号的时间变化和幅度变化的感受能力都有一定的极限，如人眼对影视节目有视觉暂留效应，人眼或人耳对低于某一极限的幅度变化已无法感知等，故可将信号中这部分感觉不出的分量压缩掉或"掩蔽掉"。只要作为最终用户的人觉察不出或能够容忍这些失真，就允许对数字音像信号进一步压缩以换取更高的编码效率。例如，世界上有数 10 亿种颜色，但是人类只能辨别大约 1 024 种，因为觉察不到一种颜色与其邻近颜色的细微差别，所以也就没必要将每一种颜色都保留下来。

3. 多媒体数据压缩的原则

（1）以人的视觉和听觉的生理特性为基础，经过压缩编码的视听信号在复现时仍具有较为满意的主观质量。

（2）去掉原始数据中的冗余不会减少信息量，仍可原样恢复数据。但实际上，数据压缩是以一定质量的损失为前提的。一般来说，数据压缩分为有损压缩和无损压缩两种。对于有损压缩，压缩量越大，则质量越低，质量越高，则压缩量不可避免会减少。

4. 常用多媒体数据压缩标准

在多媒体技术的发展过程中，制定和存在了多种多媒体数据压缩标准。随着多媒体技术的不断发展，有些标准已经不用了，有些标准正在广泛使用，而有些标准则还在不断完善之中。常用的压缩标准有以下几种。

（1）静止图像压缩编码标准 JPEG（The Joint Photographic Experts Group）。静止图像压缩编码标准是由 CCITT（国际电报咨询委员会）和 ISO（国际标准化组织）联合组成的专家组共同制定。尽管 JPEG 的目标主要针对静止图像，但其应用并不局限于静止图像。JPEG 定义了两种基本压缩算法：基于 DCT（离散余弦变换）的有损压缩算法与基于 DPCM（空间预测编码）的无损压缩算法。扩展名为.jpg 的图片文件采用的就是 JPEG 压缩标准。

（2）运动图像压缩编码标准 MPEG（Moving Pictures Experts Group）。数字视频技术广泛应用于通信、计算机、广播电视等领域，带来了会议电视、可视电话及数字电视、媒体存储等一系列应用，促使许多视频编码标准的产生。MPEG 是 1988 年 ISO 和 IEC（国际电工委员会）共同组建的一个工作组，它的任务是开发运动图像及其声音的数字编码标准。MPEG 公布的标准解决了以往硬盘容量有限及计算机总线瓶颈效应，因而扩大了多媒体应用空间的自由度及灵活度，开拓了很多不同的数字影像应用，VCD 节目制作就是运用了 MPEG 压缩技术。到现在为止，MPEG 公布的标准有 MPEG1、MPEG2、MPEG4、MPEG7。

（3）H.261 标准。由 CCITT（国际电报电话咨询委员会）通过的用于音频视频服务的视频编码解码器（也称 P×64kbit/s 标准），它使用两种类型的压缩：帧中的有损压缩（基于 DCT）和帧间无损压缩，并在此基础上使编码器采用带有运动估计的 DCT 和 DPCM 的混合方式。这种标准与 JPEG 及 MPEG 标准有明显的相似性，但关键区别在于它是为动态使用设计的，并提供高水平的交互控制。主要应用于实时视频通信领域，如电视会议。

（4）数字音频压缩标准 MP3。MP3 的全称是 Moving Picture Experts Group Audio Layer III，是一种音频压缩的国际技术标准，所使用的技术是在 VCD（MPEG-1）的音频压缩技术上发展出的第三代。MP3 的突出优点是：压缩比高，音质较好，制作简单，交流方便。

7.2.6 常见的多媒体文件格式

常见的多媒体文件格式如表 7-1 所示。

表 7-1 常见的多媒体文件格式

媒体信息	常见文件格式
文本	.TXT，.DOC，.RTF，.WPS
音频	.WAV，.MID，.MP3，.RA
图形	.DXF，.CDR，.EPS
图像	.BMP，.JPG，.GIF，.TIFF
视频	.MPG，.VOB，.RM，.DAT，.MOV，.AVI，.ASF，.RMVB
动画	.SWF，.GIF

7.3　多媒体应用开发

随着计算机网络技术和计算机多媒体技术的发展，语音聊天、视频聊天、可视电话、视频会议系统等将为人类提供更全面的信息服务。多媒体的应用已进入了社会生活与工作的方方面面，正改变着人们的生活和工作方式，给人们带来一个绚丽多彩的多媒体世界。

7.3.1 多媒体作品创作的过程与环境

多媒体作品是由专家或开发人员利用计算机语言或多媒体创作工具制作的最终产品。目前，多媒体作品创作所涉及的应用领域主要有文化教育、电子出版、音像制作、影视制作、影视特技、通信和信息咨询服务等。

1. 多媒体作品创作过程

多媒体作品的创作与应用软件的开发截然不同，它已经不再是以程序设计为主，而是以作品创作为主，一个优秀的程序员未必是一个称职的多媒体作品创作设计人员。多媒体作品的创作通常是把各种多媒体素材，通过相关的创作工具软件进行处理，将它们糅合在一起，以生动、多彩的形式展现出来，表达一个确定的主题。多媒体作品的创作一般可分为五个阶段：多媒体作品创作策划、系统分析与脚本设计、素材采集与编辑、创作合成、测试与发行。各个阶段所要解决的问题不同，采用的技术手段也不相同。

2. 多媒体作品创作环境

（1）系统环境：支持创作的整套硬件、驱动程序及系统软件。

（2）创作工具：环境中专用于创作的软件程序，它可完成一项或多项创作任务。

（3）集成工具：用于安排多媒体对象、处理时空关系使之集成为一个应用软件的工具。

7.3.2　多媒体素材的获取

1. 文字

文字可以在文本编辑软件中编辑得到，如 WPS、Word 等，也可用扫描仪快速获得批量文字，一般的多媒体编辑软件也提供了编辑制作少量多媒体文字信息的功能。文字形态的多样化是由文字的基本变化及一些特殊效果来表现的，包括风格（Style）、对齐方式（Align）、字体（Font）、字号（Size）、阴影、变形等。但为了获得具有动态、立体效果的文字，需要采用一些专门的制作软件来制作，如 Ulead 3D、Photoshop、3ds Max 等，实际上，这时候它们已不是单纯的文字了，而是图像或动画。

2. 音频

音频数据来源主要有话筒、线路输入、CD 音频和 MIDI 等。

（1）获取方法。

①将话筒与计算机中声卡的"MIC"端口相连，录制声音。

②线路输入是指录制录音机等有源设备的声音，需用一根音频信号线把有源设备的输出端与声卡上的"Line in"端口相连。

③使用专门的软件抓取 CD 或 VCD 光盘中的音乐，生成声源素材。再利用声音编辑软件进行剪辑、合成，生成所需的声音文件。

④通过声卡的 MIDI 接口，从带 MIDI 输出的乐器中采集音乐，形成 MIDI 文件。

（2）采集软件。Windows 所带的"录音机"小巧易用，但是录音的最长时间只有 60 s，并且对声音的编辑功能也很有限，因此在声音的制作过程中不能发挥太大的作用。有不少专门用于音频的录制和编辑软件，如 Cool Edit、Sound Forge、Wave Edit、Gold Wave 等。

3. 图像

图形图像的采集主要有五种途径：软件创作、扫描仪扫描、数码相机拍摄、数字化仪输入、从屏幕捕捉。图像输入后可以用图像处理软件（如 Photoshop）进行编辑、处理。

其中，从屏幕捕捉图像的方式主要有以下几个。

（1）利用 Windows 操作系统提供的【PrintScreen】键抓取全屏，或用【Alt】+【PrintScreen】快捷键抓取活动窗口。

（2）使用屏幕抓图软件能抓取屏幕上任意位置的图像。常用的屏幕抓图软件有 HyperSnap-DX，SnagIt，CaptureProfession，PrintKey 等。

（3）使用某些视频播放软件提供的抓取功能，如超级解霸、暴风影音，抓取视频截图。

4. 视频

视频数据的获取方法有以下三种。

（1）使用视频捕捉卡提供的视频输入功能录制摄像机、录像机、影碟机等的视频输出。

（2）使用某些视频播放软件提供的转录功能，如超级解霸，截取视频段，或使用某些视频编辑软件，如 Adobe Premiere，截取视频段。

（3）用屏幕录制软件，如 HyperCam、SnagIt 等，来录制屏幕的动态显示及鼠标操作。

5. 动画

动画素材一般使用计算机动画制作软件来创作。使用这种工具不需要编程，只要有一定的计算机操作技能和一定的动画及美术知识，通过相对简单的交互式操作，就可以根据动画构思制作出计算机动画。根据创作的对象不同，动画制作软件分成二维和三维动画软件两种。

（1）二维动画是平面动画，制作软件有 Flash、ImageReady、Ulead Gif Animator 等。后两款软件主要用来制作 gif 图像，而 gif 实际上就是平面动画。

（2）三维动画属于造型动画，可以模拟真实的三维空间，通过计算机构造三维几何造型，并给表面赋予颜色、纹理，然后设计三维形体的运动、变形，调整灯光的强度、位置及移动，最后生成一系列可供动态实时播放的连续图像，因此可以实现某些形体操作，如：平移、旋转、模拟摄像机的变焦、平转等。三维动画软件有 Cool3D、3ds Max、Maya 等。

7.3.3 多媒体创作工具

1. 图像处理软件 Photoshop

随着计算机在社会各个领域中的应用，在工作和生活中经常需要对图形图像进行制作和处理，这就需要一个功能强大的图形图像处理软件。Photoshop 是 Adobe 公司在 1990 年推出的图像处理软件，是 Adobe 公司的图像处理软件之一。Photoshop 集图像扫描、图像编辑修改、图像制作、广告创意，图像输入与输出于一体，其强大的功能受到了广大用户的青睐，目前，Photoshop 已经广泛应用于包装设计、企业形象设计、产品设计、海报设计、网页设计等平面设计领域。

　　启动 Photoshop 后，将看到 Photoshop 的工作界面，如图 7-1 所示。

图 7-1　Photoshop 工作界面

　　下面对 Photoshop CC 工作界面中的各个组成部分进行简单介绍。

　　（1）菜单栏：包含 11 个菜单命令，利用这些菜单命令可以完成对图像的编辑、调整色彩和添加滤镜特效等操作。

　　（2）工具属性栏：工具属性栏位于菜单栏的下方，主要用于修改各种工具的参数属性。在工具箱中选取要使用的工具，然后根据需要在工具属性栏中进行参数设置，最后使用该工具对图像进行编辑和修改。当然，也可以使用系统默认的参数设置。

　　（3）工具箱：包含多个工具，利用这些工具可以完成对图像的各种编辑操作。

　　工具箱是 Photoshop 中盛放工具的容器，其中包含各种选择工具、绘图工具、颜色工具，以及更改屏幕显示模式工具等，用于对图像进行各种编辑操作。默认状态下，Photoshop CC 的工具箱位于程序窗口的左侧，如图 7-2 所示。

图 7-2　工具箱

　　①选择工具。如果要选择工具箱中的工具对图像进行编辑，只需单击工具箱中该工具的图标即可。一般来说，可以根据工具的图标判断选择的是什么工具。例如，画笔工具的图标是一个画笔形状，钢笔工具的图标是一个钢笔形状。当将鼠标指针放置于工具图标上时，系统将显示该工具的名称及操作快捷键，按工具名称后面提供的快捷键也可以选择该工具，如图 7-3 所示。

　　②显示隐藏工具。在工具箱中，许多工具的右下角都带有一个图标，表示该工具为一个工具组，其中还有被隐藏的工具。按住该工具图标不放或在其上右击，即可显示该工具组中的所有工具，如图 7-4 所示。显示出隐藏的工具后，再将鼠标指针移到要选择的工具图标上，

单击即可将其选中。

图 7-3　选择工具

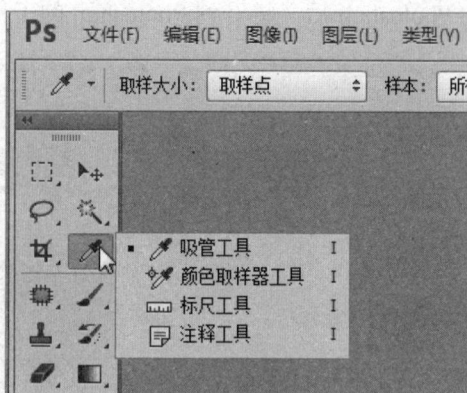

图 7-4　显示隐藏工具

（4）图像窗口：显示当前打开的图像。

（5）状态栏：可以提供当前文件的显示比例、文档大小和当前工具等信息。

（6）面板：面板是 Photoshop 中一种非常重要的辅助工具，其主要功能是帮助用户查看和编辑图像，默认位于工作界面的右侧。面板是 Photoshop 中一种非常重要的辅助工具，可以帮助用户快捷地完成大量的操作任务。

启动 Photoshop 后，在程序窗口右侧会显示一些默认面板，如图 7-5 所示。如果要打开其他面板，可以单击"窗口"命令，在弹出的子菜单中选择相应的面板命令即可，如图 7-6 所示。如果面板在 Photoshop 程序窗口中已经打开，则在"窗口"菜单中对应的菜单项前面会显示一个☑图标。单击带☑图标的菜单命令，就会关闭该面板。

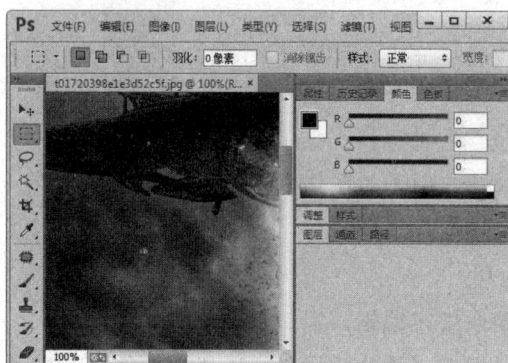

图 7-5　默认面板

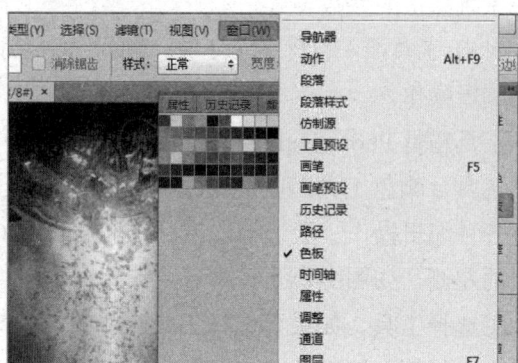

图 7-6　单击"窗口"命令

2．Flash 动画制作软件

Flash 是 Macromedia 公司开发的基于矢量图形的动画创作软件，Flash 已成为交互式矢量动画的标准。Flash 是一个工具软件以及一些相关插件的组合，主要用于制作和播放在 Internet或其他多媒体程序中使用的矢量图形和动画素材，是 Web 设计人员、开发多媒体内容的专业人员的理想工具。Flash CS6 的工作界面如图 7-7 所示。

图 7-7 Flash CS6 工作界面

各区域的名称及其功能如下：

（1）应用程序栏：单击应用程序栏右侧的"基本功能"下拉按钮，弹出如图 7-8 所示的下拉列表，其中提供了多种默认的工作区预设，选择不同的选项，即可应用不同的工作区布局。在该列表最后提供了"重置基本功能""新建工作区""管理工作区"三个选项。其中，"重置基本功能"用于恢复工作区默认状态，"新建工作区"用于根据个人喜好对工作区进行配置，"管理工作区"用于管理个人创建的工作区配置，可以进行重命名和删除等操作，如图 7-9 所示。

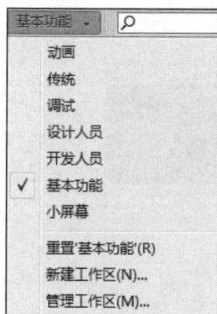

图 7-8 切换工作区

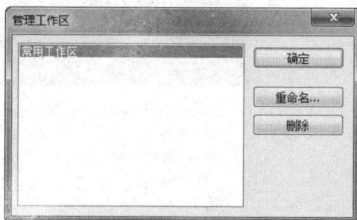

图 7-9 "管理工作区"对话框

（2）菜单栏：菜单栏提供了 Flash 的命令集合，几乎所有的可单击命令，都可以在菜单栏中直接或间接找到相应的操作选项。

（3）窗口选项卡：窗口选项卡显示文档名称，提示有无保存文档。用户修改文档但没有保存，则显示"*"。如果不需要保存，则可以关闭文档。

（4）编辑栏：在编辑栏左侧显示当前场景或元件，单击右侧的"编辑场景"按钮，在弹出的菜单中可以选择需要编辑的场景；单击"编辑元件"按钮，在弹出的菜单中可以选择需要切换编辑的元件。单击右侧的 100% 下拉按钮，在下拉列表中可以选择所需要的舞台大小。

（5）舞台工作区：舞台是放置、显示动画内容的区域，内容包括矢量插图、文本框、按钮、导入的位图图形或视频剪辑等，用于修改和编辑动画。

（6）时间轴面板：用于组织和控制文档内容在一定时间内播放的图层数和帧数。

（7）面板：用于配合场景、元件的编辑和 Flash 的功能设置。

（8）工具箱：在工具箱中选择各种工具，即可进行相应的操作。

3．Premiere 视频处理软件

Premiere 是 Adobe 公司推出的视、音频非线性编辑软件，能对视频、声音、动画、图片、文本进行编辑加工，在编辑过程中完成添加场景切换效果、数字特技，实现字幕叠加、配音配乐等任务。Premiere 提供了多种过渡样式，如溶解、翻页、涂抹、旋转等，实现片段之间的平滑过渡。可对静止图片或视频进行运动控制，使其按特定轨迹运动，并具有扭曲、旋转、变焦、变形等效果。在 Premiere 中编辑视频非常方便，可以按符合国际电影标准的每秒 24，25，29.97 和 30 帧编辑，支持单帧和循环播放，可以用多种方式对编辑结果进行预览，这样能节省编辑时间。

在启动 Premiere Pro 后，用户首先需要做的就是创建一个新的工作项目。为此，Premiere Pro CC 提供了多种创建项目的方法。在"欢迎使用 Adobe Premiere Pro"界面中，可以执行相应的操作进行项目创建。

启动 Premiere Pro CC 后，系统将自动弹出欢迎界面，界面中有"新建项目"和"打开项目"等拥有不同功能的按钮，此时用户可以单击"新建项目"按钮，如图 7-10 所示，即可创建一个新的项目。

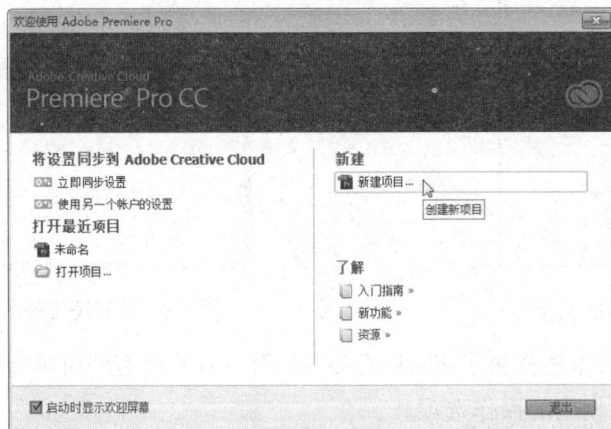

图 7-10　"欢迎使用 Adobe Premiere Pro"界面

4．Gold Wave（金波音乐编辑器）

GoldWave 是一个功能强大的数字音乐编辑器，是一个集声音编辑、播放、录制和转换的音频工具。它还可以对音频内容进行转换格式等处理。它体积小巧，功能却无比强大，支持许多格式的音频文件，包括 WAV、OGG、VOC、 IFF、AIFF、 AIFC、AU、SND、MP3、 MAT、DWD、 SMP、 VOX、SDS、AVI、MOV、APE 等音频格式。用户可从 CD、VCD 和 DVD 或其他视频文件中提取声音。Gold Wave 内含丰富的音频处理特效，从一般特效如多普勒、回声、混响、降噪到高级的公式计算一应俱全。其界面如图 7-11 所示。

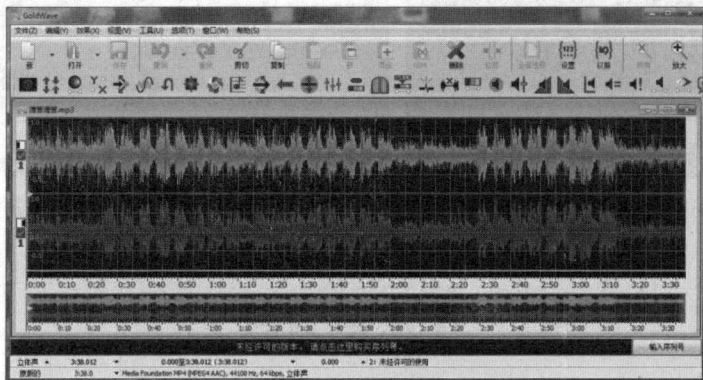

图 7-11　Gold Wave 界面

5. Format Factory（格式工厂）

格式工厂是由上海格式工厂网络有限公司创立于 2008 年 2 月，是面向全球用户的互联网软件。格式工厂支持所有类型的视频转到 MP4、3GP、AVI、MKV、WMV、MPG、VOB、FLV、SWF、MOV，新版支持 RMVB（rmvb 需要安装 Realplayer 或相关的译码器）、xv（迅雷独有的文件格式）转换成其他格式。支持所有类型音频转到 MP3、WMA、FLAC、AAC、MMF、AMR、M4A、M4R、OGG、MP2、WAV。支持所有类型图片转到 JPG、PNG、ICO、BMP、GIF、TIF、PCX、TGA。支持 DVD 转换到视频文件，音乐 CD 转换到音频文件。DVD/CD 转到 ISO/CSO，支持 ISO 与 CSO 互转。转换过程中格式工厂可修复某些损坏的视频，支持媒体文件压缩，还可提供视频的裁剪。转换图片文件支持缩放、旋转、水印等功能。其界面如图 7-12 所示。

6. 酷狗（kugoo）音乐播放器

酷狗音乐播放器主要提供在线文件交互传输服务和互联网通信，采用了 peer to peer 的先进构架设计研发，为用户设计了高传输效果的文件下载功能，通过它能实现数据分享传输，还有支持用户聊天、播放器等完备的网络娱乐服务，好友间也可以实现任何文件的传输交流，通过 kugoo，用户可以方便、快捷、安全地实现查找、即时通信、文件传输、文件共享等网络应用。如图 7-13 所示，酷狗音乐播放器的主要特点为：占用资源极少、全屏动感歌词、一站式音乐服务、搜索结果智能化、支持 HTTP 协议、迷你界面更炫丽、音乐指纹应用等。

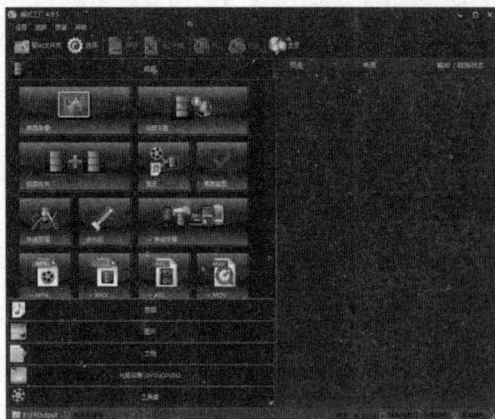

图 7-12　Format Factory 主界面

图 7-13　酷狗音乐播放器主界面

【本章习题】

一、单项选择题

1. 请根据多媒体的特性判断以下_____属于多媒体的范畴？

（1）交互式视频游戏　　（2）有声图书　　（3）彩色画报　　（4）彩色电视

A.（1）　　　　　　　　B.（1）（2）　　　　　　C.（1）（2）（3）　　　　D. 全部

2. 要把一台普通的计算机变成多媒体计算机要解决的关键技术是_____。

（1）视频音频信号的获取　　　　　　　（2）多媒体数据压编码和解码技术

（3）视频音频数据的实时处理和特技　　（4）视频音频数据的输出技术

A.（1）（2）（3）　　　　B.（1）（2）（4）　　　　C.（1）（3）（4）　　　　D. 全部

3. 国际标准 MPEG-II 采用了分层的编码体系，提供了四种技术，它们是_____。

A. 空间可扩展性、信噪比可扩充性、框架技术、等级技术

B. 时间可扩充性、空间可扩展性、硬件扩展技术、软件扩展技术

C. 数据分块技术、空间可扩展性、信噪比可扩充性、框架技术

D. 空间可扩展性、时间可扩充性、信噪比可扩充性、数据分块技术

4. 多媒体技术未来发展的方向是_____。

（1）高分辨率，提高显示质量　　　　　（2）高速度化，缩短处理时间

（3）简单化，便于操作　　　　　　　　（4）智能化，提高信息识别能力

A.（1）（2）（3）　　　　B.（1）（2）（4）　　　　C.（1）（3）（4）　　　　D. 全部

5. 数字音频采样和量化过程所用的主要硬件是_____。

A. 数字编码器　　　　　　　　　　　　B. 数字解码器

C. 模拟到数字的转换器（A/D 转换器）　　D. 数字到模拟的转换器（D/A 转换器）

6. 音频卡是按_____分类的。

A. 采样频率 　　　　B. 声道数 　　　　　C. 采样量化位数 　　D. 压缩方式

7. 目前音频卡具备以下_____功能。

（1）录制和回放数字音频文件 　　　　（2）混音

（3）语音特征识别 　　　　　　　　　（4）实时解/压缩数字单频文件

A.（1）（3）（4）　　B.（1）（2）（4）　　C.（2）（3）（4）　　D. 全部

8. 下列采集的波形声音质量最好的是_____。

A. 单声道、8 位量化、22.05 kHz 采样频率

B. 双声道、8 位量化、44.1 kHz 采样频率

C. 单声道、16 位量化、22.05 kHz 采样频率

D. 双声道、16 位量化、44.1 kHz 采样频率

9. 国际上常用的视频制式有_____。

（1）PAL 制 　　　（2）NTSC 制 　　　（3）SECAM 制 　　　（4）MPEG

A.（1）　　　　　B.（1）（2）　　　C.（1）（2）（3）　　D. 全部

10. 视频卡的种类很多，主要包括_____。

（1）视频捕获卡 　　　（2）电影卡 　　　（3）电视卡 　　　（4）视频转换卡

A.（1）　　　　　B.（1）（2）　　　C.（1）（2）（3）　　D. 全部

11. 在多媒体计算机中常用的图象输入设备是_____。

（1）数码照相机 　　（2）彩色扫描仪 　　（3）视频信号数字化仪 　　（4）彩色摄象机

A. 仅（1）　　　　B.（1）（2）　　　C.（1）（2）（3）　　D. 全部

12. 下列数字视频中_____质量最好。

A. 240×180 分辨率、24 位真彩色、15 帧/秒的帧率

B. 320×240 分辨率、30 位真彩色、25 帧/秒的帧率

C. 320×240 分辨率、30 位真彩色、30 帧/秒的帧率

D. 640×480 分辨率、16 位真彩色、15 帧/秒的帧率

13. 下列_____说法是正确的。

（1）冗余压缩法不会减少信息量，可以原样恢复原始数据

（2）冗余压缩法减少冗余，不能原样恢复原始数据

（3）冗余压缩法是有损压缩法

（4）冗余压缩的压缩比一般都比较小

A.（1）（3）　　B.（1）（4）　　　C.（1）（3）（4）　　D.（3）

14. 在 MPEG 中为了提高数据压缩比，采用了_____方法。

A. 运动补偿与运行估计 　　　　　　B. 减少时域冗余与空间冗余

C. 帧内图象数据与帧间图象数据压缩 　　D. 向前预测与向后预测

15. 在 JPEG 中使用了以下_____两种熵编码方法。

A．统计编码和算术编码　　　　　　　　　　B．PCM 编码和 DPCM 编码

C．预测编码和变换编码　　　　　　　　　　D．赫夫曼编码和自适应二进制算术编码

16．下面硬件设备中_____是多媒体硬件系统应包括的。

（1）计算机最基本的硬件设备　　　　　　　（2）CD-ROM

（3）音频输入、输出和处理设备　　　　　　（4）多媒体通信传输设备

A．（1）　　　　　B．（1）（2）　　　　C．（1）（2）（3）　　　　D．全部

17．MPC-2、MPC-3 标准制定的时间分别是_____。

（1）1992　　　　（2）1993　　　　（3）1994　　　　（4）1995

A．（1）（3）　　　B．（2）（4）　　　　C．（1）（4）　　　　D．都不是

18．下面_____是称得上的多媒体操作系统。

（1）Windows 98　　　　　　　　　　　　（2）Quick Time

（3）AVSS　　　　　　　　　　　　　　（4）Authorware

A．（1）（3）　　　B．（2）（4）　　　　C．（1）（2）（3）　　　　D．全部

19．下列对音频卡论述正确的是_____。

A．音频卡的分类主要是根据采样的频率来分，频率越高，音质越好

B．音频卡的分类主要是根据采样信息的压缩比来分，压缩比越大，音质越好

C．音频卡的分类主要是根据采样量化的位数来分，位数越高，音质越好

D．音频卡的分类主要是根据接口功能来分，接口功能越多，音质越好

20．视频会议系统中的关键技术是 _____。

A．多点控制单元 MCU　　　　　　　　　　B．视频会议系统的标准

C．视频会议终端　　　　　　　　　　　　　D．视频会议系统的安全保密

二、问答题

1．多媒体有哪些应用领域？列举一些多媒体应用的例子。

2．多媒体声音文件的主要格式有哪几种?各有什么特点?

3．列举出四种以上的静态图像文件格式和动态图像文件格式，简述其适用范围。

4．为什么要进行数据压缩？数据压缩有哪几种基本类型？

5．简述多媒体创作工具的功能种类。

6．简述 Photoshop 中选区在图像处理过程中的作用。

第8章　计算机维护与常用工具软件

【本章概览】

计算机在使用的过程中，难免会因为出现各种故障需要维修，减少维修最有效的方法是加强预防性的维护工作。掌握一定的计算机硬件组装和软件安装的知识以及如何对计算机进行合理维护的技能，可以解决计算机故障、消除安全隐患、优化系统性能、提高工作效率，从而延长计算机的使用寿命。

工具软件功能强大、针对性强、实用性好且使用方便，能帮助人们更方便、更快捷地操作计算机，使计算机发挥出更大的效能。但是工具软件种类繁多，并且能实现同一功能的软件也可能有几十种，这给用户选择和使用带来了许多不便。本章就一些常用的工具软件做一个概括性介绍，让用户对这些软件有一个整体的认识。

【知识要点】

➢ 计算机硬件组装
➢ 计算机软件安装
➢ 计算机系统日常维护
➢ 常用工具软件介绍

8.1　计算机维护知识

8.1.1　计算机硬件组装与软件安装

随着计算机的日益普及，越来越多的人在日常的生活和工作中要使用到计算机，因此需要掌握一定的计算机硬件组装和软件安装的基础知识来处理常见的一些问题。

1. 计算机硬件组装

组装一台台式计算机，需要用户在具备了基本硬件常识的基础上，按照以下步骤与方法，即可完成台式计算机硬件的组装。

（1）安装电源。如图 8-1 所示，在安装电源时，通常需要将其固定在机箱的支架上，且两侧都要使用螺丝固定，放置电源时，需将电源有风扇的一面朝向机箱上的预留孔。

图 8-1 电源的安装

（2）安装 CPU 处理器。如图 8-2 所示为英特尔 i7-8700K 处理器。如图 8-3 所示，在安装 CPU 之前，用户要先打开插座，方法是：用适当的力向下微压固定 CPU 的压杆，同时用力往外推压杆，使其脱离固定卡扣。压杆脱离卡扣后，用户便可以顺利地将压杆拉起。接下来，将固定处理器的盖子与压杆反方向提起。

图 8-2　Intel 处理器

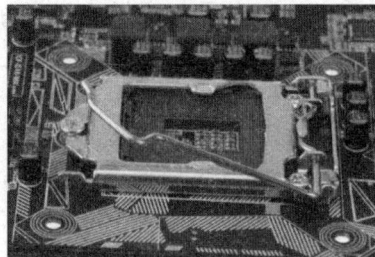

图 8-3　CPU 插座

在安装处理器时，需要注意 CPU 处理器的一角上有一个三角形的标识，而主板 CPU 的插座上，同样也有一个三角形的标识，如图 8-4 所示。在安装时，处理器上印有三角标识的那个角要与主板上印有三角标识的那个角对齐，然后慢慢地将处理器轻压到位。

如图 8-5 所示，将 CPU 安放到位以后，盖好扣盖，并反方向微用力扣下处理器的压杆。

图 8-4　CPU 插座挡板上的标记

图 8-5　安装好后的 CPU 处理器

（3）安装 CPU 散热器。由于 CPU 发热量较大，选择一款散热性能出色的散热器特别关键。如图 8-6 所示安装散热器前，用户先要在 CPU 表面均匀地涂上一层导热硅脂，如果散热器在购买时已经在底部与 CPU 接触的部分涂上了导热硅脂，这时就没有必要再在处理器上涂硅脂了。安装散热器时，将散热器的四角对准主板相应的位置，然后用力压下四角扣具即可。

有些散热器采用了螺丝设计，因此在安装时还要在主板背面相应的位置安放螺母。

如图 8-7 所示，固定好散热器后，还要将散热风扇接到主板的供电接口上。找到主板上安装风扇的接口"CPU_FAN"，将风扇插头插放即可。主板的风扇电源插头都采用了防呆式的设计，反方向无法插入。

图 8-6　安装 CPU 散热器

图 8-7　安装散热器的电源

（4）安装内存条。在内存成为影响系统整体性能的最大瓶颈时，双通道的内存设计大大解决了这一问题。英特尔 64 位处理器支持的主板目前均提供双通道功能，因此，在选购内存时尽量选择两根（或三根、四根）同规格的内存来搭建双通道、三通道或四通道。

主板上的内存插槽一般都采用两种不同的颜色来区分双通道与单通道，将两根规格相同的内存条插入到相同颜色的插槽中，即打开了双通道功能，如果要打开三通道，则需要将三根规格相同的内存条插入相同颜色的插槽，以此类推，四通道需要将四根规格相同的内存条插入相同颜色的插槽。

如图 8-8 和图 8-9 所示，安装内存时，先用手将内存插槽两端的扣具打开，然后将内存平行放入内存插槽中（内存插槽也使用了防呆式设计，反方向无法插入，用户在安装时注意对应内存与插槽上的缺口），用两拇指按住内存两端轻微向下压，听到"啪"的一声响后，即说明内存安装到位。

图 8-8　双色内存插槽

图 8-9　安装三通道内存

（5）将主板安装固定到机箱中。目前，大部分主板板型为 ATX 或 MATX 结构，因此机箱的设计一般都符合这种标准。如图 8-10 所示，在安装主板之前，先将随机箱提供的主板垫脚螺母安放到机箱主板托架的对应位置（有些机箱购买时就已经安装）。对应机箱背面各个接口孔眼，将主板平稳放置在机箱内后，拧紧螺丝，固定好主板。

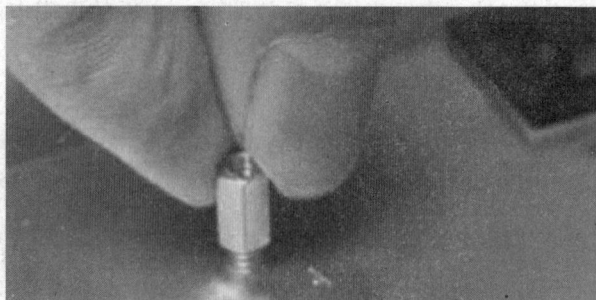

图 8-10　安装主板禁锢螺母

（6）安装硬盘。如图 8-11 所示，目前硬盘主要有 SATA 3.0 大容量机械硬盘、SATA 3.0 固态硬盘和 M.2 接口固态硬盘。

（a）SATA3.0 大容量机械硬盘　　　（b）SATA3.0 固态硬盘　　　（c）M.2 接口固态硬盘

图 8-11　硬盘

在安装好 CPU、内存之后，再将硬盘固定在机箱的 3.5 寸硬盘卡座上。对于普通的机箱，用户只需要将硬盘放入机箱的硬盘卡座上，拧紧螺丝使其固定即可。

M.2 接口固态硬盘需要安装在主板上固定位置，如图 8-12 所示。

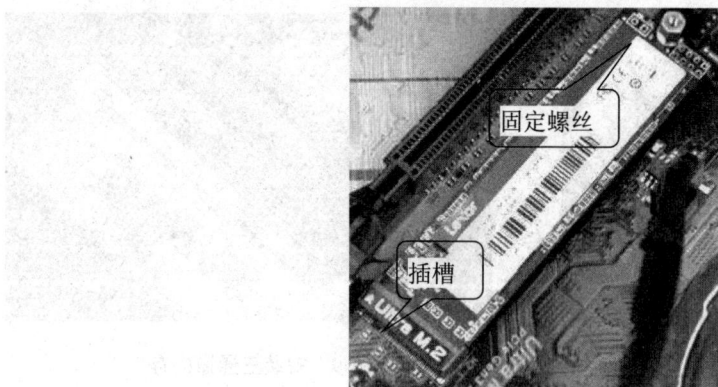

图 8-12　M.2 接口固态硬盘的安装

对于 SATA 硬盘，右边红色的为数据线，黑黄红交叉的是电源线，安装时将其按入即可。接口全部采用防呆式设计，反方向无法插入。

（7）安装显卡。很多主板都集成了显卡，但也可以根据需要安装独立的显卡。如图 8-13 所示，用手轻握显卡两端，将显卡的金手指垂直对准主板上的 PCI-Express 接口，向下轻压到位后，再用螺丝固定即完成了显卡的安装过程。

图 8-13　安装显卡

（8）网卡、声卡的安装。现在很多主板都自带了网络芯片，然后通过该芯片控制的接口连接到网络，网卡分有线和无线网卡。声卡基本上都是集成在主板上的。这种集成在主板上的网卡、声卡称为板载。

（9）安装电缆。主板供电电源接口大部分采用了 24 PIN 的供电电源设计，但仍有些主板为 20PIN，用户在购买主板时要重点关注，以便购买适合的电源。

CPU 供电接口部分采用四针的加强供电接口设计，高端的主板使用了 8PIN 设计，以提供 CPU 稳定的电压供应。

主板上 USB（USB1~3）及机箱开关（PWR_SW）、重启（RST）以及硬盘工作指示灯接口（HDDLED）对应各个接线头标示插接好即可。

电缆接口对接结束后，使用捆扎带对导线做适当的捆扎固定。

2．计算机软件的安装

（1）BIOS 设置。它是一组固化到计算机内主板上一个 ROM 芯片内的程序，它保存着计算机最重要的基本输入输出的程序、系统设置信息、开机后自检程序和系统自启动程序。其主要功能是为计算机提供最底层的、最直接的硬件设置和控制。正确设置可以大大提高系统的性能。

进入 BIOS 设置的按键，视生产厂家而定，一般在启动计算机后按【Del】键便可进入，还有一些采用【F2】、【Ctrl+Esc】等按键进入。

若要用光盘启动并安装系统，就要把启动项设置为光驱是第一启动项。以 AWARD BIOS 为例，具体设置方法如下。

①进入"Advanced Bios Features"（高级芯片组参数设置）项。

②选择"First Boot Device"（第一启动设备），按【Enter】确认，然后选择"CDROM"项，将计算机设置为光盘启动。

③设置完成后，选择"Save & Exit Setup"（保存修改并退出），选择 Y 并回车，退出 BIOS 程序。

（2）硬盘的分区和格式化。工厂生产的硬盘必须经过低级格式化、分区和高级格式化三个处理步骤后，才能使用。其中磁盘的低级格式化通常由生产厂家完成，目的是划定磁盘可供使用的扇区和磁道并标记有问题的扇区。分区和高级格式化则由用户完成。因此刚刚组装好的计算机在设置 BIOS 后，如果要安装系统和存储数据，还需要进行分区和高级格式化，以下所说的格式化都指的是高级格式化。

硬盘分区实际上是将一台物理硬盘划分成若干个逻辑硬盘。如果不进行硬盘分区，系统在默认情况下只有一个分区（C 盘），随着硬盘制造技术的不断发展，硬盘的容量也越来越大。在管理和维护系统时会有很大的不便。因此，应根据自己的实际需要，将硬盘划分多个分区。要在同一台计算机上安装多个操作系统时，也需要在不同的分区上实现。硬盘分区如图 8-14 所示。

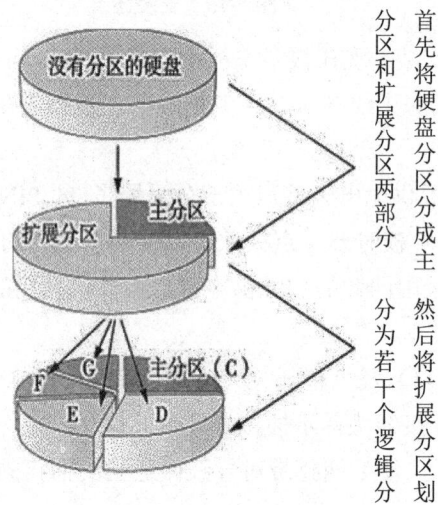

图 8-14　硬盘分区

常见的分区类型有主分区（Primary Partition）、扩展分区（Extended Partion）和逻辑分区（Logical Drive）。

主分区：包含计算机启动时所必须的文件和数据的硬盘分区。一般情况下都是把操作系统安装在主分区，因此硬盘至少得有一个主分区。同一个硬盘上最多可以设置四个主分区，用于多操作系统的共存，但如果要建立扩展分区，主分区最多只能有三个。

扩展分区：除主分区外的分区，用户可以根据需要设置扩展分区，只有设置了扩展分区后，才能在扩展分区中建立逻辑分区。扩展分区可以有 0～1 个。

逻辑分区：扩展分区不能直接使用，要划分成一个或多个逻辑区域，这些逻辑区域称之为逻辑分区。逻辑分区可以有若干个，通常 A、B 盘保留表示软驱。硬盘的盘符从 C（通常分配给主分区）开始，然后依次往下分配给逻辑盘，也就是平常在操作系统中所看到的 D、E、F 等盘。接下来是光驱、移动存储器。

　　计算机中的大部分数据都是存储在硬盘中的，包括操作系统、程序以及各种文件等。对大容量硬盘进行合理的分区，可以有效地利用磁盘空间、提高硬盘的利用率、保证数据的安全，从而提高系统的运行效率。一般可以将大容量硬盘按用途分为系统区（C 盘）、应用软件区（D 盘）、个人数据区（E 盘）、数据备份区（F 盘）等。

　　①分区与文件系统。不同的操作系统所支持的文件系统也不一样，目前 Windows 系列操作系统所支持的文件系统格式主要有 FAT16、FAT32、NTFS 等。

　　FAT16 分区格式的硬盘实际利用效率低，而且单个分区的最大容量只能为 2GB，现在该分区格式已经很少用了，目前只有一些 U 盘在使用这种格式。

　　FAT32 采用了 32 位的文件分配表，其磁盘管理能力大大增强了，突破了 FAT16 对每一个分区的容量只有 2GB 的限制。

　　NTFS 具有很强的安全性和稳定性。它对 FAT 作了若干改进，如支持元数据，使用高级数据结构以便于改善存储的可靠性和磁盘空间的利用率，同时还提供了若干附加扩展功能。但是，目前除了 Windows 2000/XP/2003 及后续的 Windows 操作系统以外，其他操作系统都不能识别该分区格式。

　　在分区格式的选择上，用户应根据所选用操作系统的类型来进行选择，一般可选 FAT32 或 NTFS。

　　②硬盘分区操作。通常的分区操作首先建立主分区，然后再建立扩展分区，最后再从扩展分区中划分出逻辑分区，设置活动分区。

　　硬盘分区工具有很多，首选的是 Windows7 系统自带的磁盘管理工具，在桌面上"计算机"右键菜单中，选择"管理"命令即可。还可以使用其他专业的工具软件分区：如 Partition Magic、DM、Disk Genius、F32 MAGIC 等。

　　③硬盘的格式化。硬盘分区后，仍不能直接使用，必须对其进行格式化。硬盘的格式化作用是在基本分区上建立引导区，在各个逻辑盘上建立文件分配表（FAT），建立根目录相应的文件目录表及数据区。通俗地说就是把一张空白的盘划分成一个个小的区域，并编号，供计算机储存，读取数据用。在操作系统安装完后，使用操作系统自带的工具进行格式化即可。

　　（3）安装操作系统。对硬盘进行分区和格式化后，即可在分区中安装操作系统了，Windows 系列操作系统是目前使用最为广泛的操作系统，它的安装方法在前面的章节中已经涉及，这里就不再累述。

　　（4）驱动程序的安装。驱动程序是一种可以使计算机和硬件设备进行通话的程序，通过它操作系统才能控制硬件设备的工作，如果硬件的驱动程序未能正确安装，便不能正常工作。

　　从理论上讲，所有的硬件设备都需要安装相应的驱动程序才能正常工作。但像 CPU、内存、主板、软驱、键盘、显示器等设备却并不需要安装驱动程序也可以正常工作，这主要是由于这些硬件都是 BIOS 能直接支持的硬件。换句话说，上述硬件安装后就可以被 BIOS 和操作系统直接支持，不再需要安装驱动程序。而显卡、声卡、网卡等却一定要安装驱动程序，否则便无法正常工作。

①驱动程序的获取途径。驱动程序的获取途径主要有以下三种：购买的硬件配套安装盘中附带有驱动程序；Windows 系统自带有大量驱动程序；从 Internet 下载驱动程序。

②驱动程序的安装。自动安装。有些硬件厂商提供的驱动程序光盘中加入了 Autorun 自启动文件，只要将光盘放入到计算机的光驱中，然后在启动界面中单击相应的驱动程序名称就可以自动开始安装过程，这种安装驱动程序的方法非常方便。很多驱动程序里都带有一个"Setup.exe"可执行文件，只要双击使它运行，也可以完成驱动程序的安装。

设备管理器里手动安装。这个方法适用于更新新版本的驱动程序。首先从控制面板进入"系统属性"，然后依次点击"硬件"——"设备管理器"。右键点击要安装驱动程序的设备，然后选择"更新驱动程序"；接着就会弹出一个"硬件更新向导"，选择"从列表或指定位置安装"。如果驱动程序在光盘或 U 盘里，那么在弹出的窗口里把"搜索可移动媒体"选中即可；如果驱动程序在硬盘里，那么把"在搜索中包括这个位置"前面的复选框选中，然后单击"浏览"，接着找到事先准备好的驱动程序文件夹，单击"确定"之后，再单击"下一步"就可以了。

Windows 自动搜索驱动程序。高版本的操作系统支持即插即用，安装了新设备后启动计算机，在计算机进入操作系统时，若用户安装的硬件设备支持即插即用功能，则在计算机启动的过程中，系统会自动检测新设备，当 Windows 检测到新硬件设备时，会弹出"找到新硬件向导"对话框。首先可尝试让其自动安装驱动程序，选择"自动安装软件"，然后单击"下一步"，如果操作系统里包含了该设备的驱动程序，操作系统就会自动给其装上。

（5）其他应用软件的安装。硬件驱动安装完毕以后，为了方便使用计算机，同时最大限度地发挥计算机的作用，还需要安装一些常用软件。应用软件有的是通过光盘发布的，有的通过网络以压缩包方式发布，虽然发布方式不同，但安装方法基本相同。

①光盘发布的软件一般都是自动运行的，只要把它插入光驱，就会进入安装界面。如果光驱禁止了自动运行功能，可以打开光盘根目录上的"Autorun.inf"文件，看里面指定了哪个自动运行的程序，手动启动它即可。

②压缩包方式发布的软件要先把它解压到磁盘的某一个目录中，一般情况下是执行其中的 Setup.exe 程序，按照有关提示进行即可。

8.1.2　计算机日常维护

1.　保持良好的工作环境

为保证计算机能够正常地运行，发挥其功效，就必须使它工作在一个适当的外部环境下，这些环境条件包括温度、湿度、清洁度、电磁干扰和电源等方面。

（1）温度和湿度。计算机工作的理想温度是 10～35 ℃，温度太高或太低都会缩短配件的寿命；相对湿度在 30%～80%，湿度太高会影响配件的性能发挥，甚至引起短路，湿度太低则容易产生静电，同样对配件不利。

（2）清洁度。计算机在使用一段时间后，灰尘侵入内部，经过长期的积累，会污染硬件设备，容易引起短路，且容易在读写磁盘时产生错误，造成磁盘上的数据损坏和丢失。

（3）电磁干扰。如果将计算机经常放置在较强的磁场环境下，就会对各部件产生损害，造成硬盘上数据的损失、显示器可能会产生花斑抖动等，因此应尽量使计算机远离干扰源。

（4）电源。计算机的工作离不开电源，同时电源也是计算机产生故障的主要因素之一。如果电压不够稳定，最好考虑配备一个稳压电源和不间断电源（UPS）。另外，在拔插计算机的配件时，都必须先断电，以免烧坏接口。

2. 养成正确的使用习惯

除了环境外，用户的使用习惯对计算机也会造成很大的影响。误操作往往是导致计算机故障的常见原因之一，因此在计算机的日常使用中应该养成良好的操作习惯。正确的操作习惯如下：

（1）正确开关机。

①注意开关机顺序。计算机在刚加电和断电的瞬间会有较大的电冲击，会给主机发送干扰信号导致主机无法启动或出现异常，因此，在开机时应该先给外部设备加电，然后再给主机加电。关机时则相反，应该先关主机，然后关闭外部设备的电源。这样可以避免主机中的部件受到大的电冲击。

②尽量避免强行关机。Windows 系统一定要正常关机，正常关机也就是平时所说的"软关机"，如果死机，应先设法"软启动"（按【Ctrl＋Alt＋Delete】快捷键），再"硬启动"（按【Reset】键），如果还是不行再"硬关机"（按电源开关数秒钟）。 另外在驱动器灯亮时应避免强行关机。

③不要频繁开关机。关机后立即加电会使电源装置产生突发的大冲击电流，造成电源装置中的器件损坏，也可能造成硬盘驱动突然加速，使盘片被磁头划伤。应该在关闭机器至少30 s 以后再启动机器。计算机不使用时要切断电源，防止雷雨天气或断电、电压不稳定等情况带来的电冲击损伤计算机。

（2）计算机在运行时禁止带电插拔部件，以免损坏板卡。

（3）进行定期除尘，正确擦拭计算机内部各部件。

（4）当计算机在使用中出现意外断电或死机及系统非正常退出时，应尽快对硬盘进行扫描维护，及时修复文件或硬盘簇的错误。在这种情形下硬盘的某些文件或簇链接会丢失，给系统造成潜在的危险，如不及时扫描修复，会导致某些程序紊乱，有时甚至会影响系统的稳定运行。

（5）合理选择软件。计算机软件种类繁多，可以带来许多便利。但是软件之间存在一些冲突，软件不是越多越好，够用就行，比如有一套暴风影音就已经能够完成音频播放、视频播放、音频压缩等各种实用功能，就不必再去安装其他功能相似的多媒体软件了。选择软件应坚持少而精的原则。也不要频繁地安装和卸载各类软件。

（6）定期进行系统维护。操作系统是控制和指挥计算机各个设备和软件资源的系统软件，一个安全、稳定、完整的操作系统有利于计算机系统的稳定工作和使用寿命。

用户可利用 Windows 操作系统的"附件→系统工具→磁盘清理程序"定期对磁盘进行清理、维护和碎片整理，彻底删除一些无效文件、垃圾文件和临时文件，这样使得磁盘空间及时释放。磁盘空间越大，系统操作性能越稳定，特别是 C 盘的空间尤为重要，也可以使用"诺顿"或其他工具软件对 Windows 进行扫描清理。

（7）加强病毒防护意识。尽可能使用正版软件，经常对系统进行查毒、杀毒，定期升级杀毒软件，更新病毒库。

8.1.3　计算机故障检测

计算机设备由于使用不当或意外损害等原因，难免会出现故障。计算机的故障多种多样，根据故障产生的原因，可以将计算机故障分为硬件故障和软件故障。

1. 硬件故障

硬件故障是指用户使用不当或者由于各电子部件自身质量差而造成的故障。如计算机无法启动、有报警音、计算机频繁死机、显示器无显示等故障。

2. 软件故障

软件故障是指安装在计算机中的操作系统或者应用软件发生错误而引起的故障，主要包括以下几个方面：

（1）操作系统中的文件损坏引起的故障。计算机是在操作系统的平台下运行的，如果把操作系统的某个文件删除或者修改，会引起计算机运行不正常甚至无法运行。例如计算机自检后无法初始化系统，这一般是由系统启动相关的文件被破坏所致。

（2）驱动程序不正确引起的故障。硬件能正常运行要有相应的驱动程序与之配合，如果没有安装驱动程序或安装不当会造成设备运行不正常。例如声卡不能发声，显示卡不能正常显示色彩或分辨率问题等，这些都与驱动程序有关。

（3）计算机病毒引起的故障。计算机病毒会干扰和影响计算机的使用，染上病毒的计算机其运行速度会变慢，计算机存储的数据和信息可能会遭受破坏，甚至全部丢失。

（4）不正确的系统设置引起的故障。系统设置故障可以分为以下三种类型：

①系统启动时的 CMOS 设置。

②系统引导实时配置程序的设置。

③注册表的设置。

如果这些设置不正确，或者没有设置，计算机可能会不工作和产生操作故障。

3. 故障的检测

在排查故障时，对于机器配置要了解清楚；先排除由于接触不良引起的假故障后再考虑真故障。软件故障是计算机系统故障中最为常见的故障，在排查故障时，先分析是否存在软故障，再去考虑硬故障。在排查硬故障时，先检查机箱外部，比如接线问题，供电问题等，然后再考虑打开机箱。

引起计算机故障的原因很多，要想解决故障，还需要掌握正确的检测方法，从而找出故障所在。下面列出几种典型故障检测方法。

（1）直观检察法。看一看计算机各板卡连接是否正常、是否有烧焦变色的地方，线路是否断裂等；闻一闻主机、板卡中是否有烧焦的气味；听一听电源风扇是否转动，磁盘电机、显示器变压器等设备的工作声音是否正常，系统有无异常声响等；摸一摸 CPU、显示器、硬盘等关键设备的外壳，根据其温度可以判断设备运行是否正常。

（2）清洁法。由于计算机板卡上一些插卡或芯片采用插脚形式，使用中震动或灰尘等原因常会引起引脚氧化，导致接触不良，此时可用橡皮擦或专业的清洁剂擦去表面氧化层，这样做可以排除一些隐性故障。

（3）插拔法。插拔法是关机后将插件板或芯片逐块拔出，每拔出一块板就开机观察机器运行状态，一旦拔出某插件后主板运行正常，那么可以基本确定故障原因就在该插件上。若拔出所有插件后系统启动仍不正常，则故障很可能就在主板上。插拔法虽然简单，却是确定故障在主板或 I/O 设备的一种实用而有效的方法。

（4）交换法。用同型号插件或芯片替换现有插件或芯片，然后根据故障现象的变化判断故障所在。此法多用于易拔插的维修环境，例如内存自检出错故障就可以采用这种方法检测。

（5）比较法。运行两台或多台相同或类似的微机，根据正常微机与故障微机在执行相同操作时的不同表现可以初步判断故障产生的部位。

（6）振动敲击法。用手指轻轻敲击机箱外壳，有可能解决因接触不良或虚焊造成的故障问题。然后可进一步检查故障点的位置并排除。

（7）升温降温法。升温降温法采用的是故障促发原理，人为升高或降低机器运行环境的温度，以制造故障出现的条件来促使故障频繁出现以观察和判断故障所在的位置。

（8）最小系统法。所谓最小系统法是指保留系统能运行的最小环境，即只安装 CPU、内存、主板和显卡（甚至只安装主板），若不能正常工作，说明问题出在这几个关键部件，这样就缩小了诊断范围；若能正常工作，再依次连接硬盘等其他设备，直到找出故障的原因。这种方法适用于开机后没有任何反应的严重故障。

8.2　常用工具软件

8.2.1　工具软件基础知识

工具软件是指除系统软件、大型商业应用软件之外的能帮助计算机用户解决一些特定问题的专门应用软件。大多数工具软件是共享软件、免费软件、自由软件或者软件厂商开发的小型的商业软件。工具软件的使用熟练程度，也是衡量计算机用户技术水平的一个重要标志。

1.　工具软件分类

工具软件可分为系统类、图形图像类、多媒体类、网络类和文本类等。

（1）系统类。系统类工具主要包括磁盘工具与系统维护工具。使用系统类工具软件对计算机系统进行管理、维护和测试，可以提高系统的整体性能及工作效率。例如，磁盘分区管理工具 Partition Magic、磁盘碎片整理工具 VoptXP、磁盘备份工具 Ghost、优化系统的 Windows 优化大师和超级兔子等。

（2）图形图像类。图形图像类软件是指具有创建、编辑、管理、查看图片等功能的工具软件。这类软件有著名的集看图片和管理图片于一身的软件 ACDSee、图像捕获工具软件 Snagit、可以对数码照片进行多种画质改善和效果处理且操作简单的光影魔术手、平面图形图像设计软件 Photoshop、CorelDRAW 等。

（3）多媒体类。多媒体类工具软件主要应用于媒体的视频、音频的制作、浏览、播放以及文件格式之间的转换等。由于多媒体类文件的格式种类繁多，因此该类工具软件不胜枚举。如支持 MP3 播放的 Winmap、支持 RM 格式的 RealPlayer、支持多种格式的暴风影音以及音频编辑软件 Goldwave 等。

（4）网络类。网络类工具软件的功能主要包括浏览器、邮件处理、上传下载、即时通信等。这类软件大大丰富了网络的应用。如 peer to peer 下载工具 BitComet、即时通信腾讯 QQ、微信和美国在线的 ICQ 等。

（5）文本类。文本类工具软件可以对电子文档进行编辑与阅读，也是比较常用的软件。如功能强大文本编辑器 UltraEdit 和 EditPro、文本阅读软件 Adobe Acrobat 等。

除了上面介绍的类别外，还有许多不便于归入某类，但是同样使用非常广泛的工具软件，如反病毒软件、翻译工具软件等。

2.　获取方法

使用某个工具软件，必须先得到它的安装程序，然后安装到计算机中才能使用。获取常用工具软件的方法主要有以下几个：

（1）购买安装光盘。一部分收费的工具软件需要到各地软件经销商处进行购买，如反病毒软件等，用户可以根据自己的需要选择并购买相应的工具软件安装光盘。

（2）到官方网站下载。官方网站是一些公司为介绍和宣传公司产品所开通的一个权威性站点。如可以到金山公司网站下载金山词霸等系列软件。

（3）通过普通网站下载。由于大部分工具软件都是免费或共享软件，因此可以通过提供下载的网站进行下载。

8.2.2　磁盘与文件管理工具

计算机磁盘是存储数据的主要场所，在使用较长时间后用户可能觉得当前磁盘分区不合理，觉得磁盘碎片太多影响计算机整体性能的发挥，或者遇到将某个分区拷贝到另一块硬盘中的情况，此时就需要使用磁盘管理类工具进行有效管理。

1. 磁盘备份软件——Ghost

Ghost 是赛门铁克公司推出的一款出色的硬盘备份与还原工具，俗称克隆软件。Ghost 支持将分区或硬盘直接备份到一个扩展名为.gho 的镜像文件里，也支持直接备份到另一个分区或硬盘里。它可以实现多种硬盘分区格式的备份和还原，并且以最快速度为用户提供最可靠保护，该软件在市场中的应用极为广泛。

通常把 Ghost 文件复制到启动盘，用启动盘进入 Dos 环境后，在提示符下输入 Ghost，回车即可运行 Ghost。首先出现的是关于界面，按键后进入 Ghost 主界面，如图 8-15 所示：在 Ghost 主菜单上共有四项，从下至上分别为 Quit（退出）、Options（选项）、Peer to Peer（点对点，主要用于网络中）、Local（本地）。一般情况下用户只用到 Local 菜单项，其下有三个子项：Disk（硬盘备份与还原）、Partition（磁盘分区备份与还原）、Check（硬盘检测），下面着重讲述磁盘分区备份与还原。

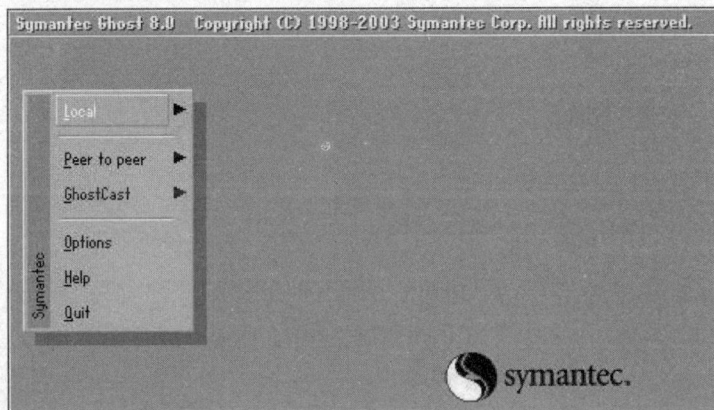

图 8-15　Ghost 主界面

（1）磁盘分区备份。在系统刚刚安装完成之后，此时的系统是最为干净的，为避免以后重装系统的麻烦，可以用 Ghost 对系统盘进行镜像备份。

在 Ghost 主菜单上，先选"Local"，再选"Partition"，最后选择"To Image"菜单项，表示将一个分区备份为一个镜像文件，镜像是 Ghost 的一种存放硬盘或分区内容的文件格式，扩展名为.gho，如图 8-16 所示。

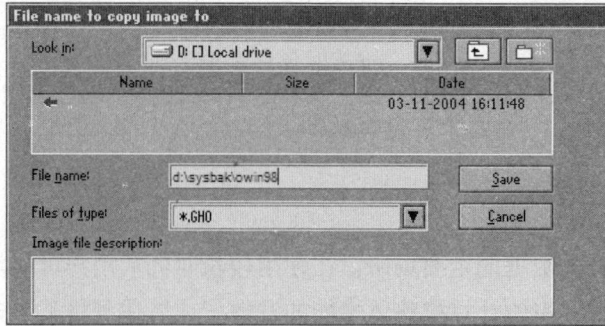

图 8-16　设置镜像文件的存储路径及文件名

①选择源分区。源分区就是要把它制作成镜像文件的那个分区，一般是选择系统所在的分区。具体的操作步骤为：在 Ghost 主菜单上进行正确的选择后，出现选择本地硬盘窗口，选择需要备份的系统所在的分区，直接进入下一步即可。

②设置镜像文件的存储路径及文件名。要备份的源分区选择好之后，进入下一界面选择镜像文件的存储路径及输入镜像文件的文件名，注意镜像文件不能存放在源分区。按【Enter】键，出现"是否要压缩镜像文件"窗口。有"No（不压缩）、Fast（快速压缩）、High（高压缩比压缩）"，压缩比越低，保存速度越快。一般选 Fast 即可。

③Ghost 开始制作镜像文件，如图 8-17 所示。建立镜像文件成功后，会出现提示创建成功窗口，回车即可回到 Ghost 主界面。

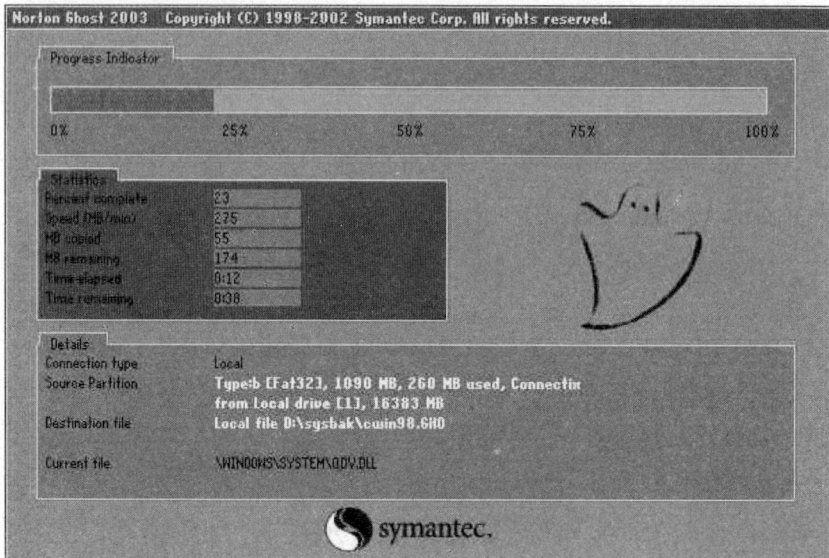

图 8-17　制作镜像

（2）磁盘分区还原。当系统崩溃时，可以用前面制作的镜像文件对系统进行还原。在 Ghost 主菜单内依次选择菜单命令"Local→Partition→From Image"，其中"From Image"表示从镜像文件中恢复分区（将备份的分区还原），如图 8-18 所示，然后按【Enter】键。

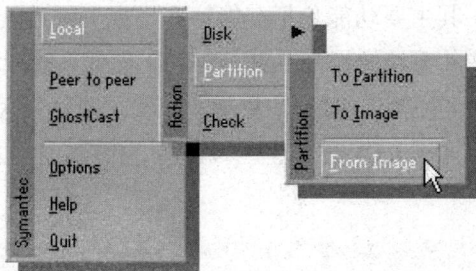

图 8-18　Ghost 主菜单（分区还原）

①选择镜像文件。在 Ghost 主菜单上进行正确的选择后，出现"镜像文件还原位置窗口"，如图 8-19 所示，选择要恢复的 Ghost 的镜像文件。如果镜像文件不在默认的分区，需要改变路径，找到备份文件所存放的分区和文件夹。

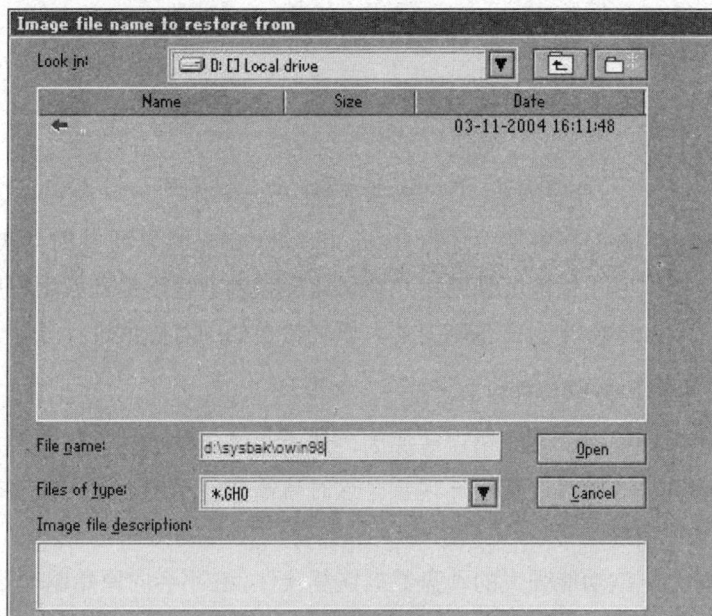

图 8-19　选择镜像文件

②选择目标分区。选择好镜像文件后，再选择镜像文件要还原到那个分区。出现提问窗口，确认是否真的还原分区。还原后不可恢复，选定 Yes 回车确定，Ghost 开始还原分区。需要特别强调的是执行还原命令后，目标分区原来的数据将全部消失，所以，在还原前，应尽可能将被还原分区的个人数据备份到其他分区。

Ghost 的 Disk 菜单下的子菜单项可以实现硬盘到硬盘的直接对拷（Disk→To Disk）、硬盘到镜像文件（Disk→To Image）、从镜像文件还原硬盘内容（Disk→From Image）的操作。Ghost 的 Disk 菜单各项使用与 Partition 大同小异，这里就不再讲述。

2. 磁盘分区工具 Paragon Partition Manager

Paragon Partition Manager 是一套磁盘管理软件，如图 8-20 所示，该软件有着直观的图形使用界面和支持鼠标操作。其主要功能包括：能够在不损失硬盘资料的情况下对硬盘分区大小做调整；能够将 NTFS 文件系统转换成 FAT、FAT32 文件系统或将 FAT32 文件系统转换成 FAT 文件系统；支持制作、格式化、删除、复制、隐藏、搬移分区；可复制整个硬盘资料到其他分区、支持长文件名、支持 FAT、FAT32、NTFS、HPFS、Ext2FS 分区和大于 8 GB 大容量硬盘。

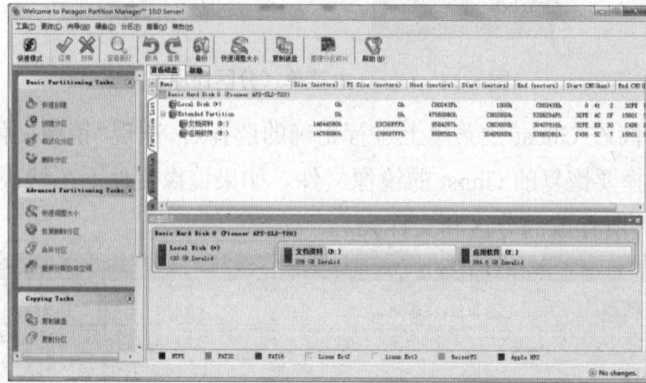

图 8-20　Paragon Partition Manager 界面

Paragon Partition Manager 中文版是由 Paragon Soft Group 团队研发的一款功能强大、轻便小巧的磁盘分区工具，它不仅能够帮助用户在优化磁盘的前提下提升应用程序以及系统运行效率，而且在基于 windows 平台的基础上还可以轻松自如的对磁盘进行分区管理操作。

3. 数据恢复软件 EasyRecovery

由于病毒攻击、误操作、系统错误等原因，造成系统无法启动、程序或系统报错、重要文件丢失、分区表丢失等硬盘逻辑损坏现象。这时就需要使用硬盘数据恢复软件来恢复丢失的数据以及重建文件系统。

EasyRecovery 是一款功能强大的硬盘数据恢复软件。它不会向原始驱动器写入任何东西，它主要是在内存中重建文件分区表使数据能够安全地传输到其他驱动器中。使用 EasyRecovery 可以从被病毒破坏或是已经格式化的硬盘中恢复数据，该软件可以恢复大于 8.4GB 的硬盘。支持长文件名，被破坏的硬盘中像丢失的引导记录、BIOS 参数数据块、分区表、FAT 表、引导区都可以由它来进行恢复。EasyRecovery 的界面如图 8-21 所示。

4. Windows 优化大师

Windows 优化大师是由成都共软网络科技有限公司出品的国产软件。它具备系统检测、系统优化、系统清理及系统维护四大功能模块及数个附加的工具软件。使用 Windows 优化大师，能够有效地帮助用户了解自己的计算机软硬件信息；简化操作系统设置步骤；提升计算机运行效率包括开关机速度和运行速度，增强系统运行的稳定性；清理系统运行时产生的垃圾；修复系统故障及安全漏洞。

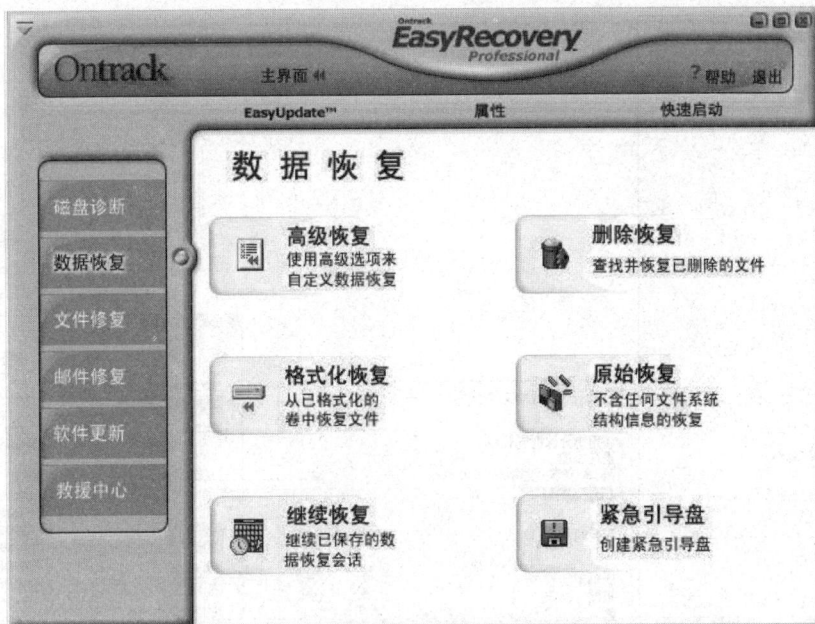

图 8-21　EasyRecovery 主界面

5. 压缩软件 WinRAR

WinRAR 是在 Windows 环境下对.rar 格式的文件进行管理和操作的压缩软件，是目前使用非常广泛的一种压缩软件。它支持.rar 和.zip 等多种压缩格式，可以创建固定压缩，分卷压缩，自释放压缩等多种压缩方式，还可以选择不同的压缩比例来压缩文件。

（1）使用 WinRAR 压缩和解压缩文件。WinRAR 常用的功能是解压文件，用户压缩文件时，单击左键选中要压缩的名为"应用型计算机技术"的文件，然后单击鼠标右键，在弹出的快捷菜单中有四种压缩文件的方式可供选择。

①在弹出的快捷菜单中选择添加到"应用型计算机技术.rar"，开始压缩文件，生成默认名为"应用型计算机技术.rar"，如图 8-22 所示。

②在弹出的快捷菜单中选择添加到"压缩文件（A）"实现对文件的压缩，这种压缩文件的方式可以设置要生成的压缩文件名和相应的参数，如图 8-23 所示。

③在弹出的快捷菜单中选择"压缩并 E-mail."，除了设置压缩文件名和参数之外，在压缩前还要添加需要发送的 E-mail 地址。

④在弹出的快捷菜单中选择压缩到"应用型计算机技术.rar"并 E-mail 生成默认名为"应用型计算机技术.rar"的压缩文件，并设置 E-mail 地址。

用户解压文件时，单击左键选中要解压的名为"应用型计算机技术"的文件，然后点击鼠标右键，在弹出的快捷菜单中有三种压缩文件的方式可供选择，如图 8-24 所示。

在弹出的快捷菜单中选择"解压文件（A）"，在弹出的对话框中设置解压路径和选项，如图 8-25 所示。

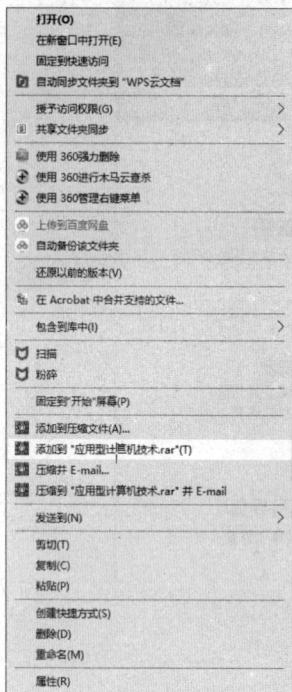

图 8-22　右键菜单与创建压缩

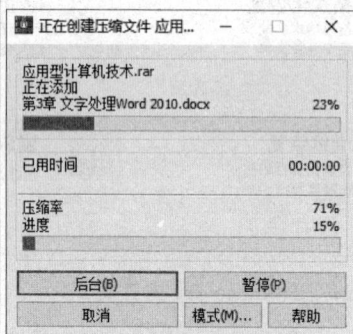

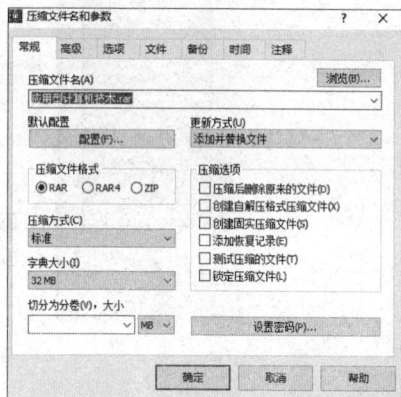

图 8-23　压缩文件名和参数

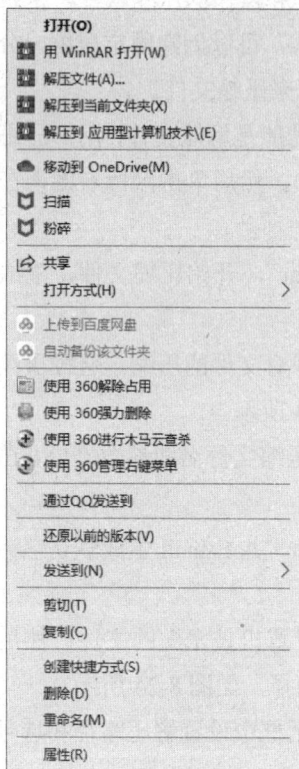

图 8-24　解压右键菜单

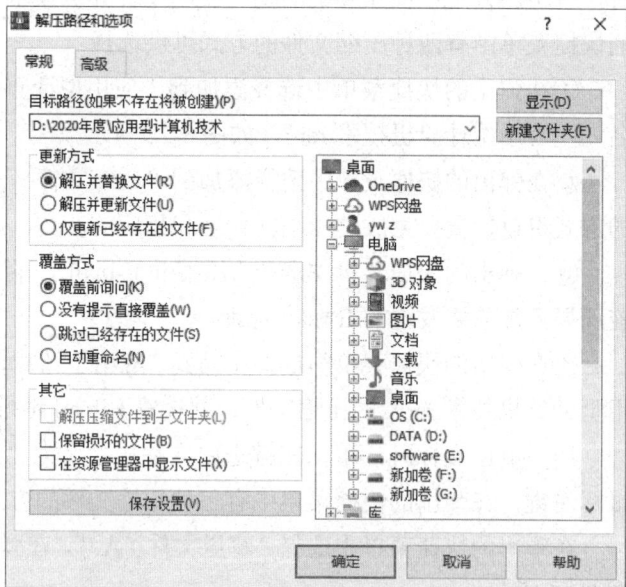

图 8-25　解压路径和选项

在弹出的快捷菜单中选择"解压到当前文件夹（X）"，表示将压缩文件"应用型计算机技术.rar"中的所有文件及文件夹解压到当前文件所在目录中。

在弹出的快捷菜单中选择"解压到应用型计算机技术\（E）"，表示将压缩文件"应用型计算机技术.rar"中的所有文件及文件夹解压到一个生成的名为"应用型计算机技术"的文件夹中。

（2）文件加密。为了提高文件的安全性，在压缩文件时，可以利用 WinRAR 的加密功能对压缩文件进行加密，具体步骤如下。

①右键单击选中的文件。

②在弹出的快捷菜单中选择"添加到压缩文件（A）"。

③选择【高级】选项卡，在【高级】选项卡中单击"设置密码（P）"，在弹出的对话框中设置具体的密码，然后单击"确定"，如图 8-26 所示。

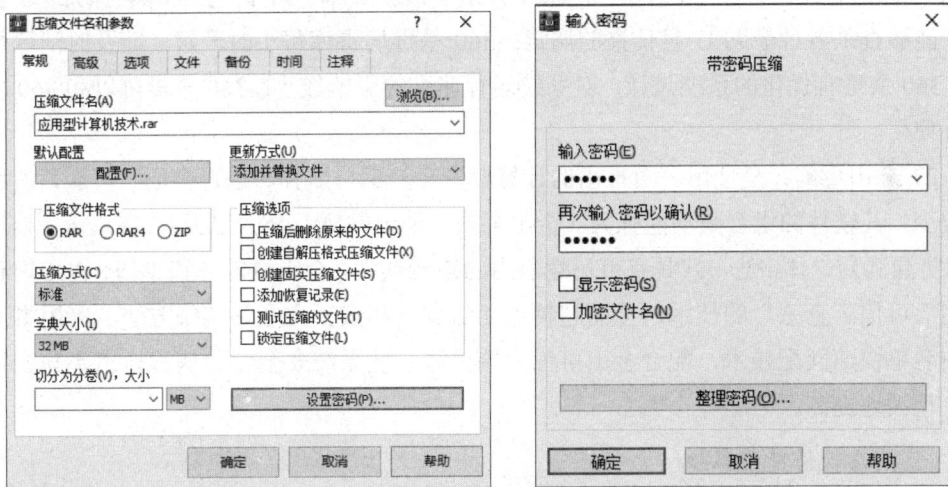

图 8-26　设置密码

8.2.3　反病毒工具

反病毒软件，也称杀毒软件或防毒软件，是用于消除计算机病毒、特洛伊木马和恶意软件的一类软件。杀毒软件通常集成监控识别、病毒扫描和清除、自动升级等功能，有的反病毒软件还带有数据恢复等功能，是计算机防御系统（包含杀毒软件，防火墙，特洛伊木马和其他恶意软件的查杀程序，入侵预防系统等）的重要组成部分。

1. 反病毒软件的任务

反病毒软件的任务是实时监控和扫描磁盘。部分反病毒软件通过在系统添加驱动程序的方式，进驻系统，并且随操作系统启动。大部分的反病毒软件还具有防火墙功能。

（1）实时监控：反病毒软件的实时监控方式因软件而异。有的反病毒软件，是通过在内存里划分一部分空间，将计算机里流过内存的数据与反病毒软件自身所带的病毒库（包含病毒定义）的特征码相比较，以判断是否为病毒。另一些反病毒软件则在所划分到的内存空间里面，虚拟执行系统或用户提交的程序，根据其行为或结果做出判断。

（2）扫描磁盘：扫描磁盘是指反病毒软件将磁盘上所有的文件（或者用户自定义的扫描范围内的文件）与病毒库的特征码相比较，做一次检查。扫描计算机中的病毒和漏洞是确保计算机安全的最重要任务之一。

2. 反病毒软件简介

著名的国内反病毒软件有：360 安全卫士、瑞星、金山毒霸、江民、东方微点等，国外的有卡巴斯基、麦咖啡（McAfee）、诺顿等。

（1）360 安全卫士：是国内首款永久免费、性能强大的反病毒软件。360 杀毒采用领先的病毒查杀引擎及云安全技术，不但能查杀数百万种已知病毒，还能有效防御最新病毒的入侵。360 杀毒拥有可信程序数据库，能防止误杀；最新版本 360 安全卫士具有防御 U 盘病毒功能，能够查杀各种借助 U 盘传播的病毒；360 杀毒病毒库每小时升级，能及时清除最新的病毒；360 杀毒有优化的系统设计，对系统运行速度的影响较小。360 杀毒可以和 360 安全卫士配合使用。

（2）金山毒霸：是金山公司推出的计算机安全产品，监控、杀毒全面、可靠，占用系统资源较少。其软件的组合版功能强大（金山毒霸、金山网盾、金山卫士），集杀毒、监控、防木马、防漏洞为一体，是一款具有市场竞争力的杀毒软件。金山毒霸体积小巧、占用内存小，它应用"可信云查杀"的技术，全面超越主动防御及初级云安全等传统方法，采用本地正常文件白名单快速匹配技术，配合金山可信云端体系，使系统安全性、病毒检出率与扫描速度得到了极大地提高。

3. 反病毒软件使用事项

（1）反病毒软件的设置。一般这类软件都有设置界面，可以设置比如开启实时保护、定期扫描、手动扫描、隔离和备份等。如图 8-27 和图 8-28 所示为 360 杀毒软件的界面。

图 8-27　360 杀毒软件主界面　　　　图 8-28　360 杀毒软件设置界面

（2）目前反病毒软件对被感染的文件杀毒方式包括清除、删除、重命名、禁止访问、隔离、跳过不处理等，用户可以根据具体情况进行用户选择。

（3）反病毒软件不可能查杀所有病毒；反病毒软件能查到的病毒，不一定能杀掉。

（4）一台计算机每个操作系统下不应同时安装两种或以上的反病毒软件，除非有兼容或绿色版。即使安装了两个有兼容或绿色版的反病毒软件，也只能有一个软件开启主动防护。

（5）大部分反病毒软件是滞后于计算机病毒的。因此，需要及时更新升级软件版本、不随意打开陌生的文件或者不安全的网页，不浏览不健康的站点，注意更新自己的隐私密码，配套使用安全助手与个人防火墙等。

8.2.4　电子文档阅读工具

1．Acrobat Reader 阅读器

Adobe Acrobat Reader（也称为 Acrobat Reader）是美国 Adobe 公司开发的一款优秀的 PDF 文档免费阅读软件。

PDF 是便携式文档文件（Portable Document Format ）的简称，是由 Adobe 公司推出的一种全新的电子文档格式。如同 Word 一样，PDF 也可以用来保存文本格式、图形的信息，并能如实保留原来的面貌和内容，以及字体和图像。文档的撰写者可以向任何人分发自己制作的 PDF 文档而不用担心被恶意篡改。PDF 文件的尺寸都很小，在 Internet 上有很多的信息是用 PDF 保存的，目前有很多的图书也都是用 PDF 格式来保存的。PDF 文件格式是电子发行文档事实上的标准，如图 8-29 所示，利用 Adobe Acrobat Reader 可以查看、阅读和打印 PDF 文件。而用 Acrobat Professional 则可以创建、审阅、批准、加密和在线共享 PDF 文件。

除 Adobe Acrobat 之外，Foxit reader （福昕 PDF 阅读器）是一个完全免费的、体积小巧的 PDF 文档阅读器，而且启动快速，功能丰富，对中文支持非常好。Foxit PDF Editor 则是一款能对 PDF 文件进行创建和编辑修改的软件。

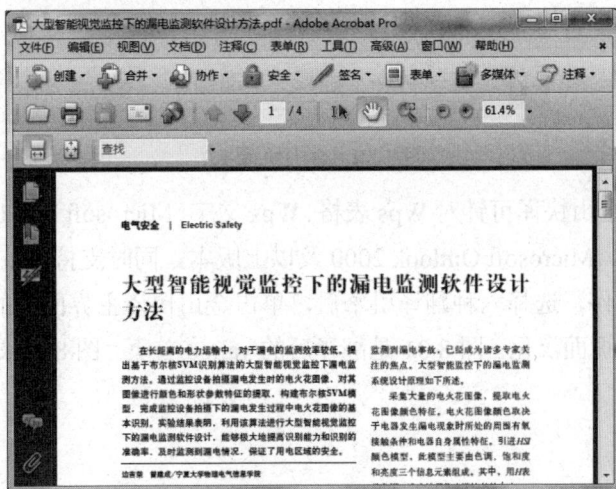

图 8-29　Acrobat Reader 主界面

2. SSReader 阅读器

SSReader 阅览器是超星公司拥有自主知识产权的图书阅览器，是专门针对数字图书的阅览、下载、打印、版权保护和下载计费而研究开发的。超星公司通过全国各家图书馆，收集了庞大数量图书，并且把书籍经过扫描后存储为 PDG 数字格式，存放在超星数字图书馆中，利用超星阅读器可以阅读这些书，并可阅读其他多种格式的数字图书。

8.2.5　语言翻译工具

翻译软件有很多，如金山词霸、金山快译、有道桌面词典、灵格斯词霸、Google 在线翻译等。

1. 金山词霸

金山词霸是由北京金山公司推出的一款优秀的词典类软件，它是集真人语音和汉英、英汉、汉语词典于一体的多功能翻译软件。

金山词霸移动版中，Android 版和 IOS 版是一款经典、权威、免费的词典软件，完整收录柯林斯高阶英汉词典；整合 500 多万双语及权威例句，141 本专业版权词典；并与 CRI 合力打造 32 万纯正真人语音。同时支持中文与英语、法语、韩语、日语、西班牙语、德语六种语言互译。采用更年轻、时尚的 UI 设计风格，界面简洁清新，在保证原有词条数目不变基础上，将安装包压缩至原来的 1/3，运行内存也大大降低。

2. 金山快译

金山快译是由金山软件推出的一款网页文本专业翻译工具如图 8-30 所示。它全新支持 QQ、RTX、MSN 等软件的全文翻译聊天功能，可以进行无障碍的多语言聊天，并且还支持英文、日文网页和 txt、PDF、Word 等格式文档的即时翻译功能，并能保持翻译后网页的版式不变。以下简要介绍金山快译个人版 1.0 的功能。

图 8-30　金山快译 1.0

（1）快速翻译。金山快译可针对 Wps 表格、Wps 文字、Microsoft Word、Microsoft Excel 、Microsoft Powerpoint、Microsoft Outlook 2000 及以上版本，同时支持 IE、txt 文本，具体操作是打开需要翻译的文件，选择六种翻译引擎后，单击金山快译主界面上的"翻译"按钮，即可快速方便地将当前页面汉化。图 8-31 是翻译后的 yahoo 首页，图 8-32 是翻译后文本文档界面状态。

图 8-31　翻译 yahoo 首页

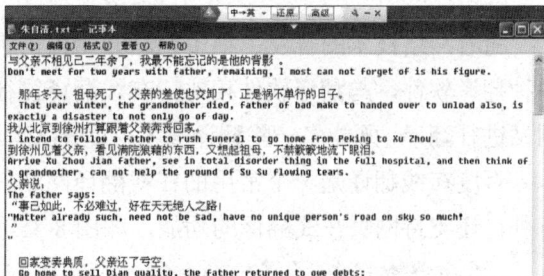

图 8-32　翻译文本

（2）高级翻译。金山快译个人版 1.0 高级翻译是用于全文翻译的专业工具，用户可以在此功能里进行专业词典的选择，并进行专业领域的翻译；同时还提供翻译筛选的功能，用户可以根据需要，选择同一翻译的不同结果；而"中文摘要"可以对用户中文文章内容进行提取，并将提取的重点进行英文翻译。单击金山快译主界面上的"高级"按钮，打开金山全文翻译窗口，如图 8-33 所示。

（3）聊天翻译助手。金山快译个人版 1.0 全新支持 QQ、RTX、MSN、雅虎通进行六向语言的翻译功能，可以同时进行多语言的聊天，达到无障碍的沟通。具体操作是通过软件主界面【综合设置】→【工具】—【聊天翻译助手】开启或禁用助手功能，如图 8-34 所示。

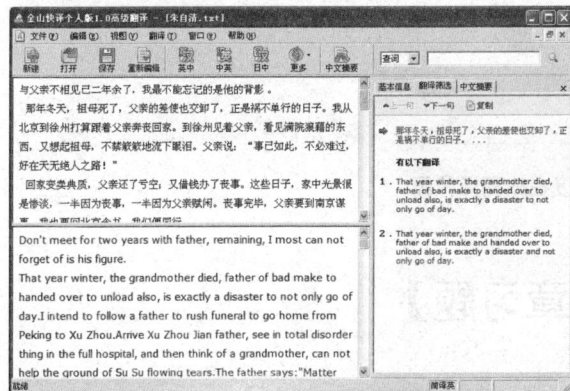

图 8-33　高级翻译界面

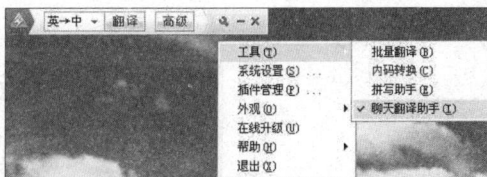

图 8-34　聊天翻译助手

（4）多内码转换。用户在访问港台地区或其他地区的网页时，经常会发现网页中显示的内容都是乱码，这是因为这些网页采用的语言编码与大陆地区使用的简体编码不同，此时可以使用金山快译的内码转换工具来解决这个问题。

（5）英文拼写助手。英文拼写助手是一个帮助用户书写英语的小工具，可以使用在任何文本编辑器中。开启拼写助手后，显示出与拼写相似的单词列表，同时还可以自动识别大小写。用户可以根据列表迅速找到需要输入的英文单词。拼写助手不仅可以帮用户找到单词，同时还可以帮助用户输入相关的词组。该拼写助手在快译安装后自动安装在系统输入法栏中，可以脱离快译运行，启动和切换拼写助手与其他输入法操作方法一样，随时可以调用。

3. 在线翻译

随着网络技术的普及，很多网站开始提供优质的在线翻译及词典服务，使用户免于安装各种翻译软件。与翻译软件相比，在线翻译往往会提供更多语言的翻译支持。使用在线翻译网站进行翻译，既能多一些翻译参考，又可以满足不同的翻译需要，是一种不错的翻译工具。

百度在线翻译是一个常用的在线翻译网站。其除了提供单词、句段、文章等常规翻译服务外，还支持网页在线翻译的功能，如图 8-35 所示。

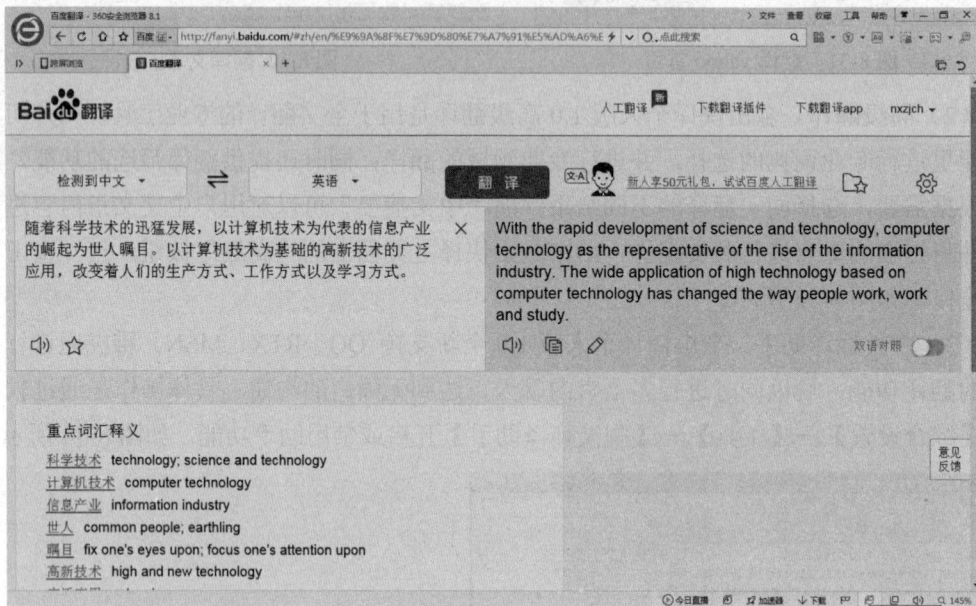

图 8-35 百度在线翻译界面

【本章习题】

一、单项选择题

1. 一般来说，硬盘分区遵循_____的次序原则，而删除分区则相反。

A. 逻辑分区扩展分区主分区 　　　　　B. 扩展分区主分区逻辑分区

C. 扩展分区逻辑分区主分区 　　　　　D. 主分区扩展分区逻辑分区

2. 暴风影音属于_____常用工具软件。

A. 系统类 　　　　B. 多媒体类 　　　　C. 网络类 　　　　D. 图像类

3. 主板上有一组跳线叫 RESET SW，其含义是_____。

A. 速度指示灯 　　　B. 复位键开关 　　　C. 电源开关 　　　D. 电源指示灯

4．为了避免人体静电损坏微机部件，在维修时可采用_____来释放静电。

A．电笔　　　　　　B．防静电手套　　　　C．钳子　　　　　　D．螺丝刀

5．计算机的理想环境温度是_____。

A．-5～20 ℃　　　　B．0～42 ℃　　　　　C．10～35 ℃　　　　D．-10～35 ℃

6．下列功能中，哪一项是 ACDSee 所不具备的_____。

A．图片浏览　　　　B．图片裁剪　　　　　C．图片转换　　　　D．动画制作

7．以下软件中，属于压缩软件的是_____。

A．WinRAR　　　　B．Realplayer　　　　C．BitComet　　　　D．AcdSee

8．以下对压缩软件的描述，不正确的是_____。

A．通过数据压缩，便于文件的传输

B．数据压缩为文件的传输节省了时间

C．通过数据压缩，可以节约存储成本

D．计算机中的程序压缩都采用有损压缩方式进行压缩

9．下列对 Partition Magic 的描述，不正确的是_____。

A．Partition Magic 又称硬盘分区魔术师

B．Partition Magic 不能识别 NTFS 文件系统

C．使用 Partition Magic 可在不删除原有文件的情况下调整分区容量

D．使用 Partition Magic 可对分区进行合并

10．下列不属于图像处理软件 ACDSee 在处理图片时的主要功能是_____。

A．去除红眼　　　　B．剪切图像　　　　C．曝光调整　　　　D．制作动态效果

11．为了防止重要的文件被轻易窃取，WinRAR 通过_____操作来保护文件。

A．快速压缩　　　　B．设置密码　　　　C．分卷压缩　　　　D．解压到指定文件夹

12．Ghost 是一款_____。

A．杀毒软件　　　　B．音频软件　　　　C．图像处理软件　　　D．备份软件

13．PartitionMagic 是一款_____工具。

A．杀毒软件　　　　B．硬盘分区　　　　C．播放器　　　　　D．浏览器

14．下列不属于图像处理软件 ACDSee 主要的功能是_____。

A．编辑图片　　　　B．浏览图片　　　　C．管理图片　　　　D．创建图片

15．PartitionMagic 提供了丰富的分区任务，下列_____不属于它的主要任务。

A．创建新分区　　　B．调整分区大小　　　C．合并分区　　　　D．分区分类

16．在应用 PartitionMagic 进行任何硬盘操作前，请先将涉及操作过程的部分进行_____，否则数据资料很可能会被破坏。

A．资料备份　　　　B．数据排序　　　　C．分区碎片整理　　　D．磁盘检查

17．除了.rar 和.zip 格式的文件外，WinRar 还可为其他格式的文件解压缩，还可以创建_____。

A．文本　　　　　　B．BMP　　　　　　C．自解压可执行文件 D．DOC

18．Ghost 镜像文件的扩展名是_____。

A．.exe　　　　　　B．.doc　　　　　　C．.gho　　　　　　D．.mpeg

19．下列软件中不属于系统类工具的是_____。

A．SSreader　　　　B．Partition Magic　　C．GHOST　　　　　D．Easyrecovery

20．基于 Peer to Peer 技术的下载软件采用了多点对多点的传输原理，同时间_____。

A．下载的人数越少，下载的速度越快　　　B．下载的人数越多，下载的速度越快

C．下载的人数越多，下载的速度越慢　　　D．下载的人数与速度没有关系

21．下列杀毒软件中_____是国外的。

A．瑞星　　　　　　B．江民　　　　　　C．卡巴斯基　　　　D．微点

22．下列软件属于文件下载的是_____。

A．WinRar　　　　　B．迅雷　　　　　　C．GHOST　　　　　D．CAJViewer

23．下列文件格式中属于视频文件的是_____。

A．MP3　　　　　　B．PDF　　　　　　C．RMVB　　　　　D．GHO

24．下列哪一个是具有播放、转换、歌词等众多功能的音乐播放软件_____。

A．SSreader　　　　B．Google　　　　　C．千千静听　　　　D．BitComet

25．计算机开机时的顺序，一般应该_____。

A．先开外部设备，再开主机　　　　　　B．先开主机，再开外部设备

C．没有顺序　　　　　　　　　　　　　D．先开主机，再开显示器

二、问答题

1．简述计算机硬件的组装过程。

2．简述驱动程序的作用。

3．和使用 Fdisk 命令相比，使用 PQMagic 进行合并分区有什么优点？

参考文献

[1] 曾建成等. 实用计算机技术[M]. 上海：复旦大学出版社，2017.

[2] 曾建成等. 大学计算机实用技术教程[M]. 北京：邮电大学大学出版社，2012.

[3] 曾建成等. 大学计算机应用基础[M]. 北京：北京邮电大学大学出版社，2014.

[4] 杨焱林. 大学计算机基础[M]. 上海：复旦大学出版社，2013.

[5] 杨宏，范欣楠. 实用计算机技术[M]. 北京：清华大学出版社，2012.

[6] 吕英华. 大学计算机基础教程（Windows7+office2010）[M]. 北京：人民邮电出版社，2014.

[7] 柳炳祥. 大学计算机基础[M]. 上海：同济大学出版社，2010.

[8] 互联网+计算机教育研究院. 电脑组装、维护、维修全能一本通[M]. 北京：人民邮电出版社，2018.